Praxisnahe Anlagenbuchhaltung mit DATEV Kanzlei-Rechnungswesen

Aktualisierte Version 2024

Günter Lenz

Verlag:
BILDNER Verlag GmbH
Bahnhofstraße 8
94032 Passau
http://www.bildner-verlag.de
info@bildner-verlag.de

ISBN: 978-3-8328-0671-2
Bestellnummer: 100687

Autor: Günter Lenz, Betriebswirt und Fachbereichsleiter kaufmännische Qualifizierung;
Kölner Wirtschaftsfachschule - Wifa-Gruppe - GmbH
Koblenzer Straße 29
57072 Siegen
www.wifa.de
Aktualisierung 2024: Christa Pfeifer und Nicole Zimmermann, Kölner Wirtschaftsfachschule

Bildnachweise:
Cover: © Gilles ARROYO - stock.adobe.com
Kapitelbild: © Dmitry Vereshchagin - Fotolia.com

Druck: CPI Clausen & Bosse GmbH, Birkstr. 10, 25917 Leck

Vorabinformationen

Inhalte

Dieses Lernbuch führt Sie als Anwender in die praxisorientierte Anlagenbuchhaltung mit dem Programm DATEV Kanzlei-Rechnungswesen ein. Anhand einer Übungsfirma werden das Programm und seine Bedienung praxisnah und anschaulich erklärt.

Dabei werden Situationen aus dem Tagesgeschäft einer Anlagenbuchhaltung mit DATEV Kanzlei-Rechnungswesen umgesetzt und ausführlich dargestellt. Die Arbeitsabläufe in der Anlagenbuchhaltung werden systematisch und Schritt für Schritt durchgeführt, anhand verschiedener Beispiele ausführlich erläutert und mit zahlreichen Übungen ergänzt. Das Buch beinhaltet unter anderem folgende Themenschwerpunkte:

- Firmenneuanlage
- Firmenstammdaten für die Anlagenbuchhaltung festlegen
- Inventare erfassen, ändern und löschen
- Anlagenspiegelwerte
- Auswertungen von vorgetragenen Anlagegütern
- Abschreibungsbewegungen einsehen
- Leistungsabschreibungen erfassen
- GWG und GWG Sammelposten buchen
- GWG-Zugänge in der Anlagenbuchhaltung kontrollieren
- Soforterfassung Anlagenbuchhaltung aktivieren
- Anlagegüter im laufenden Geschäftsjahr erfassen
- Anschaffungsnebenkosten erfassen
- Anschaffungspreisminderungen zu einem Anlagengut buchen
- Auswertungen zu neu erfassten Wirtschaftsgütern drucken
- Verkauf von Anlagegütern
- Abgangsliste ausdrucken
- Buchungsübergabe an DATEV Kanzlei-Rechnungswesen
- Anlagenbuchhaltung abstimmen

Für die Übungsteile haben wir uns für die Firma „Fielbauer und Partner GmbH" entschieden. Die Firma stellt Dachpfannen her und bietet diese Baumärkten und Dachdeckergroßhändlern an. Das Lernbuch beginnt mit der Inventarisierung des Anlagevermögens zum Jahresende des Vorjahres und der Umsetzung in DATEV Kanzlei-Rechnungswesen und endet mit der Übergabe der Abschreibungsbuchungssätze aus der Anlagenbuchhaltung für den Jahresabschluss in DATEV Kanzlei-Rechnungswesen. Auswertungen, Listen, Abschlüsse und Meldungen werden ebenfalls ausführlich behandelt.

Hinweise zum Umgang mit dem Buch

- Das aktuelle Wirtschaftsjahr für diesen Übungsfall ist das Jahr 2023.
- Es wird der Standardkontenrahmen SKR04 verwendet.
- Im Buch wird die Anlagenbuchhaltung vorrangig am DATEV Einzelplatzrechner, ohne Anbindung an das DATEV-Rechenzentrum durchgeführt und ist auch für die Versionen 13.x und 14.x geeignet.
- Wichtig: Die Arbeitsabläufe werden Schritt für Schritt dargestellt, dabei sind die Schrittfolgen unbedingt zu beachten!

Voraussetzungen

Es werden kaufmännische und buchhalterische Kenntnisse vorausgesetzt, Vorkenntnisse zu den Programmen DATEV Arbeitsplatz und DATEV Kanzlei-Rechnungswesen sind für dieses Lernbuch ebenfalls zwingend erforderlich.

Schreibweise

Alle Programmbeschriftungen, wie z. B. Befehle, Schaltflächen und die Bezeichnung von Dialogfenstern sind zur besseren Unterscheidung farbig und kursiv gesetzt. Beispiel: *Datei* ▶ *Beenden*. Von Ihnen einzugebende Angaben sind andersfarbig und abweichender Schrift hervorgehoben. Beispiel: Geben Sie das Datum 04.01.2023 ein.

Verwendete Symbole

Wichtige Sachverhalte, die Sie unbedingt beachten sollten, sind mit diesem Symbol gekennzeichnet.

Wichtige Hinweise und Tipps erkennen Sie an diesem Symbol.

Fragen zu einem Thema und praktische Übungsteile sind mit diesem Symbol gekennzeichnet.

Musterlösungen

Soweit Übungsaufgaben bzw. deren Lösungen auch ausgedruckte Listen und Auswertungen umfassen, können Sie die Musterlösungen im PDF-Dateiformat kostenlos herunterladen unter

www.bildner-verlag.de/00687

Lösungsbuch

Die Lösungen zu den Übungsaufgaben sind im PDF-Dateiformat verfügbar und können ebenfalls unter **www.bildner-verlag.de/00687** kostenlos heruntergeladen werden.

Inhalt

1 Die Übungsfirma Fielbauer und Partner GmbH

In diesem Kapitel erfahren Sie, wie Sie ...

- die Übungsfirma Fielbauer und Partner als Mandanten anlegen,
- Stammdaten für das Rechnungswesen erfassen,
- wichtige Mandantenstammdaten zur Anlagenbuchhaltung festlegen,
- die AfA-Tabelle und die standardmäßige Abschreibungsmethode wählen.

1.1 Unternehmensdaten Fielbauer und Partner GmbH

Ausgangssituation
Die Buchhaltung für unseren Übungsfall wurde bisher von der mitwirkenden Steuerberaterin Frau Bettina Trichter, Bad Honnef durchgeführt.

Ab dem Jahr 2023 soll die Finanzbuchhaltung und die Anlagenbuchhaltung erstmals durch eine eigene Buchhaltungsabteilung in der Firma Fielbauer und Partner GmbH umgesetzt werden.

Laut Frau Trichter werden folgende Stammdaten für den Mandanten benötigt:

Zentrale Mandantendaten

Mandat	
Zentrale Mandantennummer	600
Mandantentyp	Unternehmen/Vereinigung
Mandant seit	01.12.2007
Anrede	Firma
Unternehmensname	Fielbauer und Partner GmbH
Unternehmensform	GmbH

Leistung	Buchführung
Geschäftsjahr	2023
Beraternummer	129805
Mandantennummer	600

Weitere Angaben	gültig ab: 01.12.2007	
Adressdaten	Waldrand 36, 53604 Bad Honnef	
Kommunikation	Tel.:	+49 2224 895020
	E-Mail:	Buchhaltung@fielbauer.de
	Internet:	www.fielbauer.de
	Fax:	+49 2224 895090

Weitere Angaben	gültig ab: 01.12.2007
Bankdaten	St Spk Bad Honnef BLZ: 38051290, Kto-Nr.: 900100 BIC: WELADED1HON IBAN: DE95 3805 1290 0000 9001 00
Finanzamt	5220 Siegburg Steuernummer: 220/5178/0176
Unternehmensdaten	Unternehmensgegenstand: Herstellung und Vertrieb von Dachpfannen Wirtschaftsjahr: 01.01. – 31.12. Ort des Firmensitzes: Bad Honnef Art der Ergebnisverteilung: Nach gezeichnetem Kapital
Klassifizierung der Wirtschaftszweige nach WZ 2008	23.32.0 Herstellung von Ziegeln und sonstiger Baukeramik
Umsatzsteuer-ID	DE 123202979
Bundesland	Nordrhein-Westfalen
Registergerichts-informationen	Handelsregister, HRB 8520, Siegburg, 01.12.2007

1.2 Übungsmandanten anlegen

Zunächst muss der Übungsmandant Fielbauer und Partner GmbH angelegt werden. Um den Mandanten für die Durchführung der Anlagenbuchhaltung vorzubereiten, sind außerdem eine Vielzahl von Mandantendaten zu erfassen.

Zentrale Mandantendaten

Zum Anlegen der Firma gehen Sie wie folgt vor:

1. Starten Sie das Programm DATEV Arbeitsplatz und klicken Sie in der Übersicht doppelt auf den Eintrag *Mandantenübersicht* ❶ (Bild 1.1).
2. Das Arbeitsblatt *Mandantenübersicht* wird geöffnet. Klicken Sie auf das Symbol *Mandant anlegen* ❷.

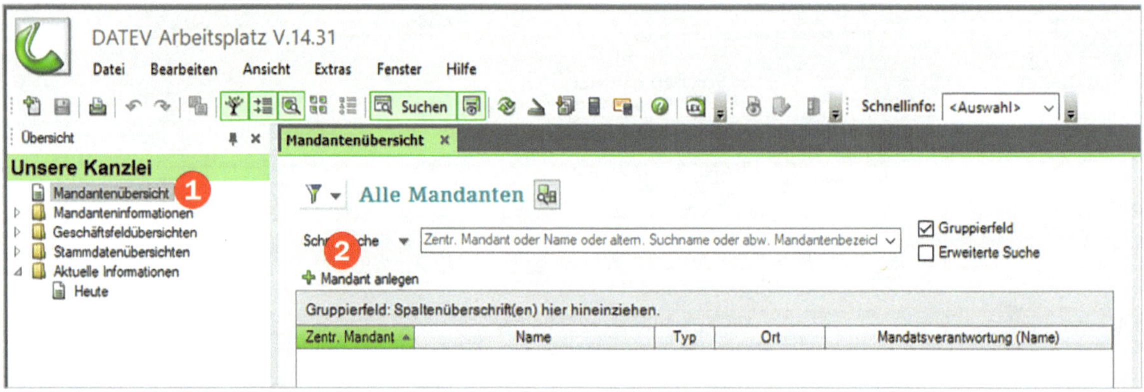

1.1 Mandantenübersicht - Neuer Mandant

3 Es öffnet sich das Programmfenster *Neuen Mandanten anlegen - Stammdaten - Mandant* mit dem Arbeitsblatt *Mandat* (Bild 1.2).

4 Geben Sie die Mandatdaten für unsere Übungsfirma Fielbauer und Partner GmbH wie in Bild 1.2 ein und klicken Sie anschließend auf die Schaltfläche *Fertig stellen* ❸.

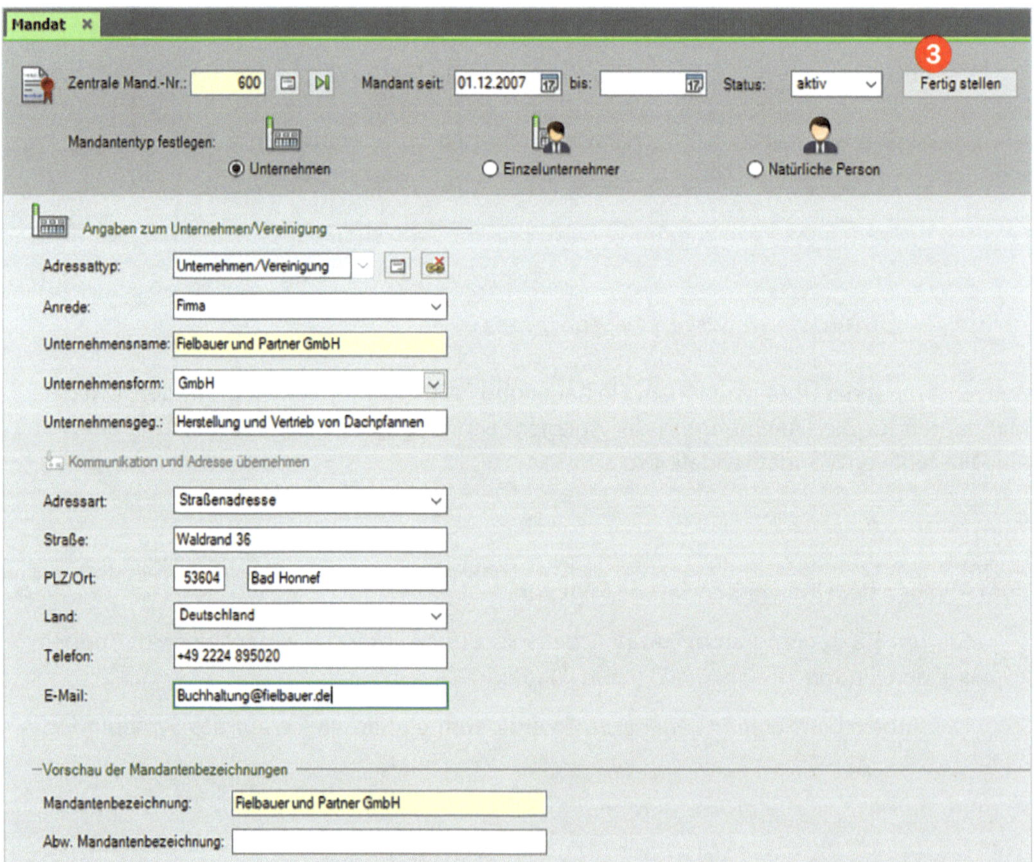

1.2 Neuen Mandanten anlegen

Leistung anlegen

5 Im nächsten Schritt legen Sie die Leistung Buchführung für die Firma Fielbauer und Partner fest. Aktivieren Sie dazu das Kontrollkästchen *Buchführung* und geben Sie im Feld *Beraternummer* die Nummer 129805 ein (Bild 1.3).

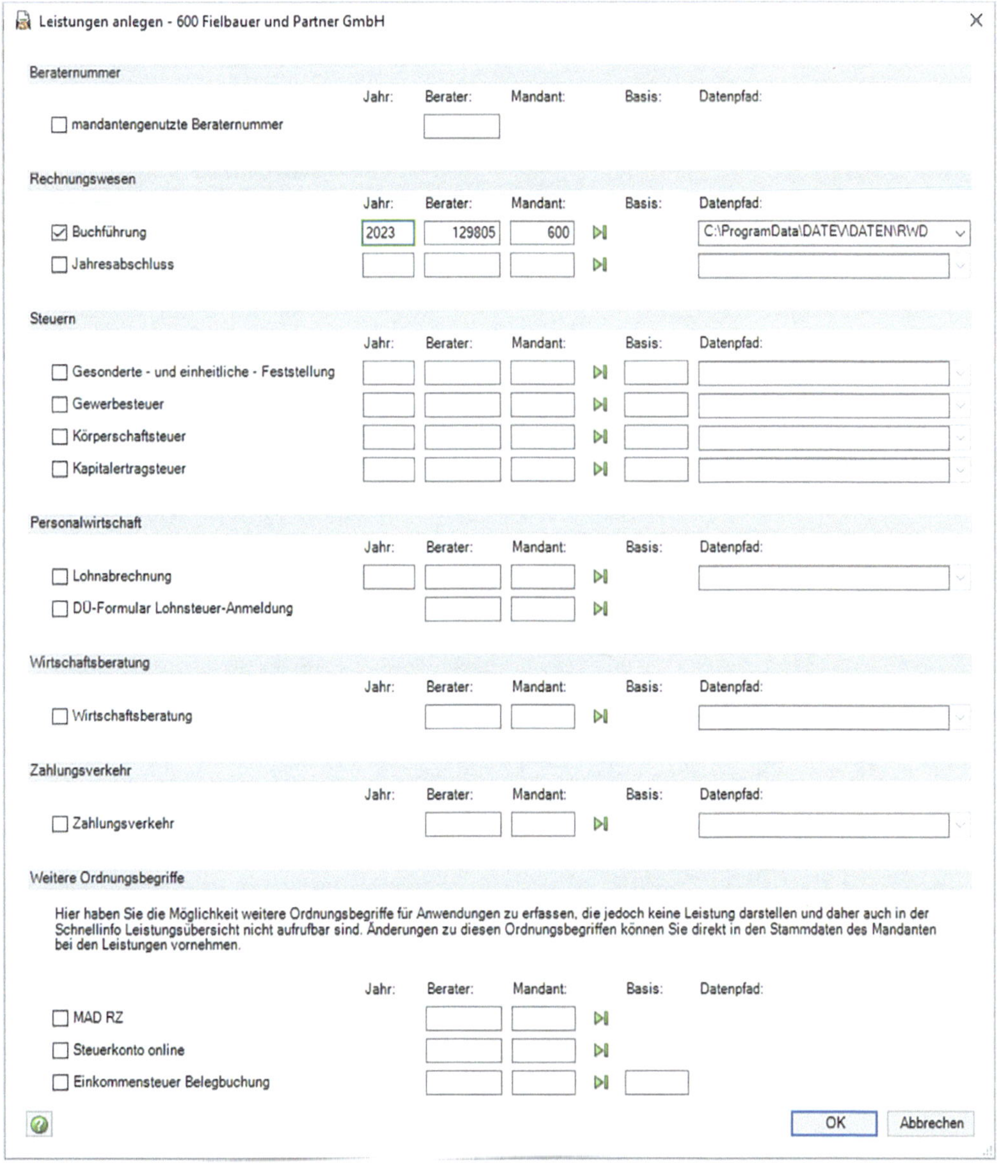

1.3 Leistungen anlegen

Wichtiger Hinweis: Je nachdem, in welchem Geschäftsjahr Sie sich befinden, können Sie im Feld *Jahr* das jeweilige Geschäftsjahr eingeben. Standardmäßig wird immer das aktuelle Jahr vorgeschlagen. Da wir aber bei unserem Übungsmandanten mit dem Geschäftsjahr 2023 arbeiten, achten Sie bitte darauf, dass im Feld *Jahr* das Jahr *2023* eingestellt ist. Das Jahr lässt sich nachträglich nicht mehr ändern und der Mandant müsste nochmals neu angelegt werden.

6 Klicken Sie anschließend auf die Schaltfläche *OK*. Die Leistung ist damit festgelegt. Anschließend sind noch weitere Angaben erforderlich, siehe Bild 1.4.

1.4 Arbeitsblatt Unternehmen/Vereinigung

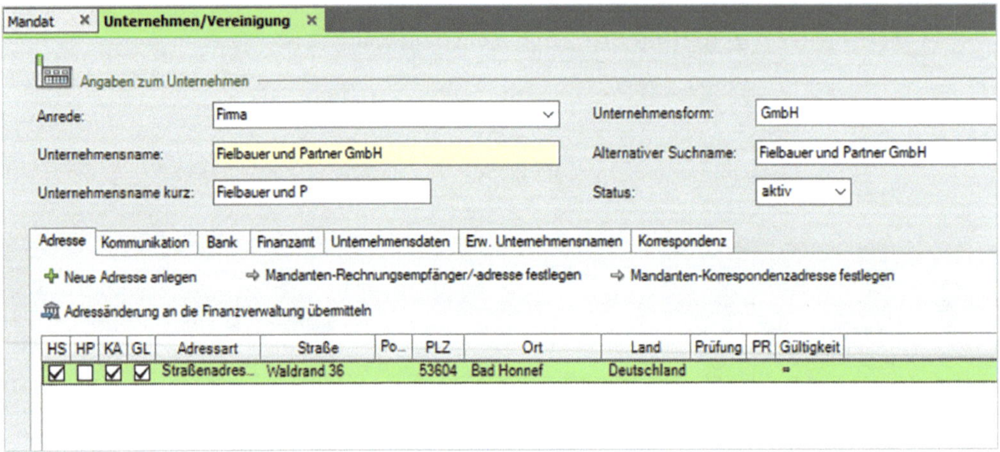

Weitere Stammdaten

7 Geben Sie anschließend - wie in den nachfolgenden Abbildungen dargestellt - über die entsprechenden Register die weiteren Stammdaten zur Übungsfirma ein.

1.5 Register Kommunikation

Kommunikation

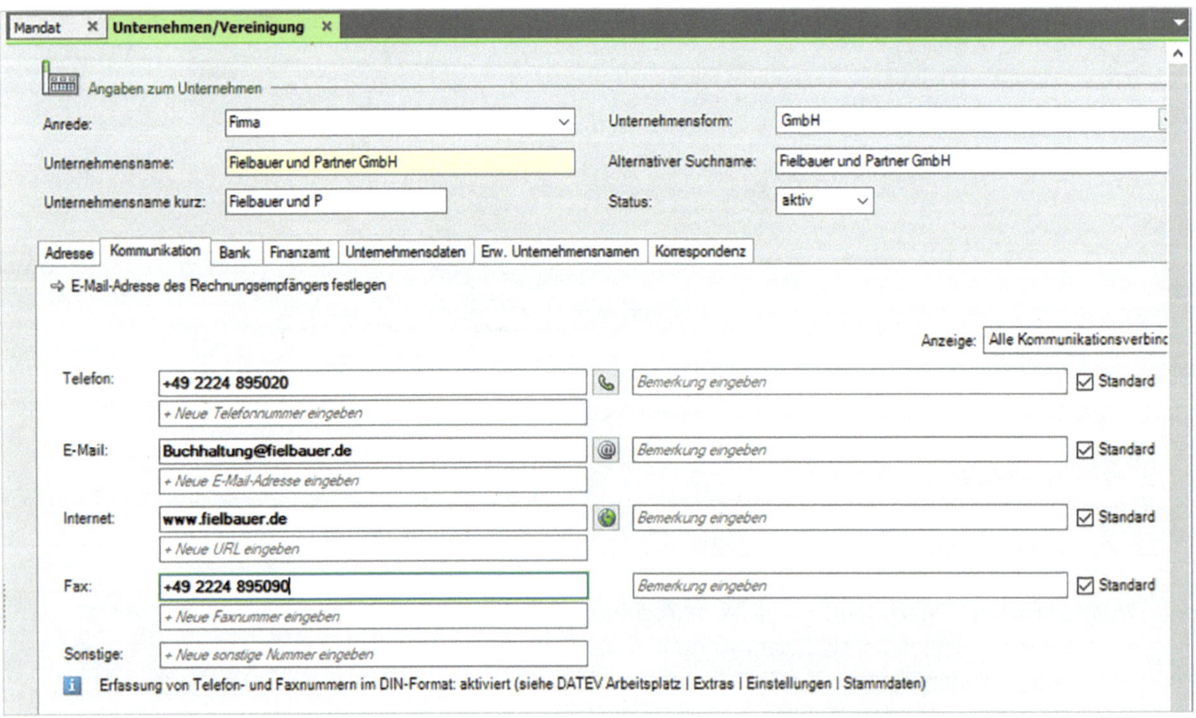

Bank

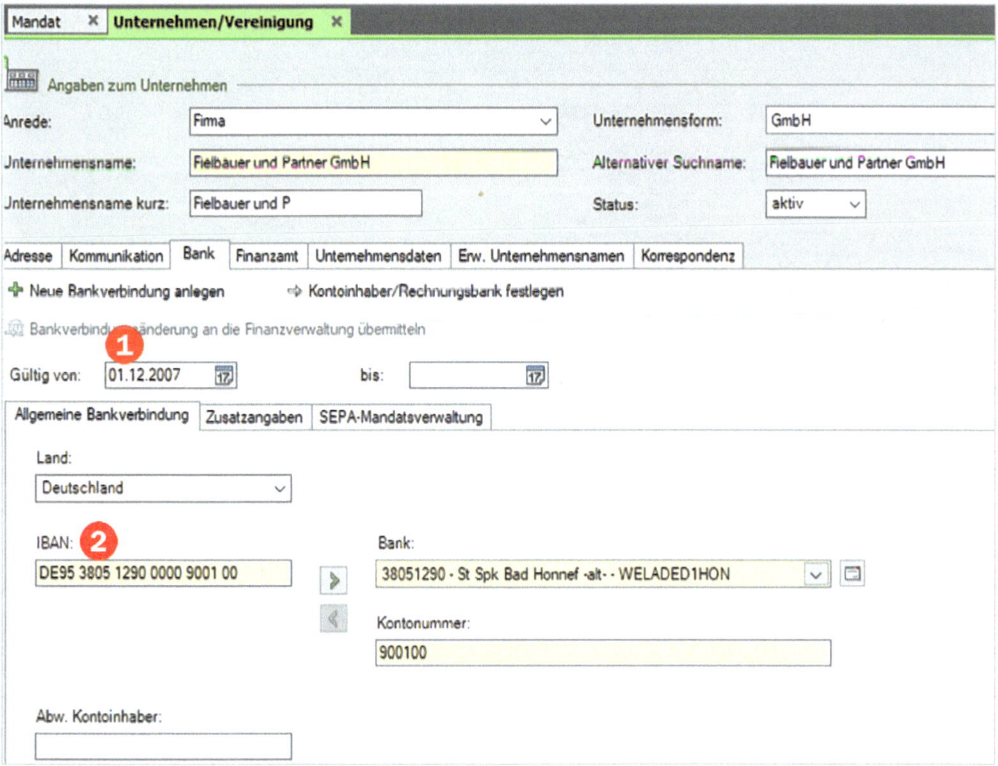

1.6 Register Bankdaten

1. Gültig ab = Mandant seit (01.12.2007)
2. Bankdaten

Finanzamt

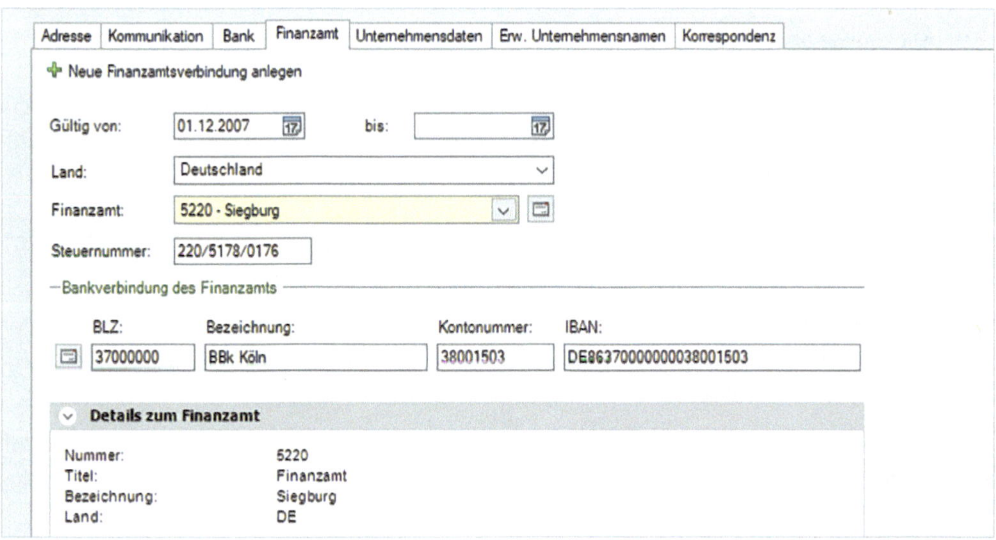

1.7 Register Finanzamt

Unternehmensdaten

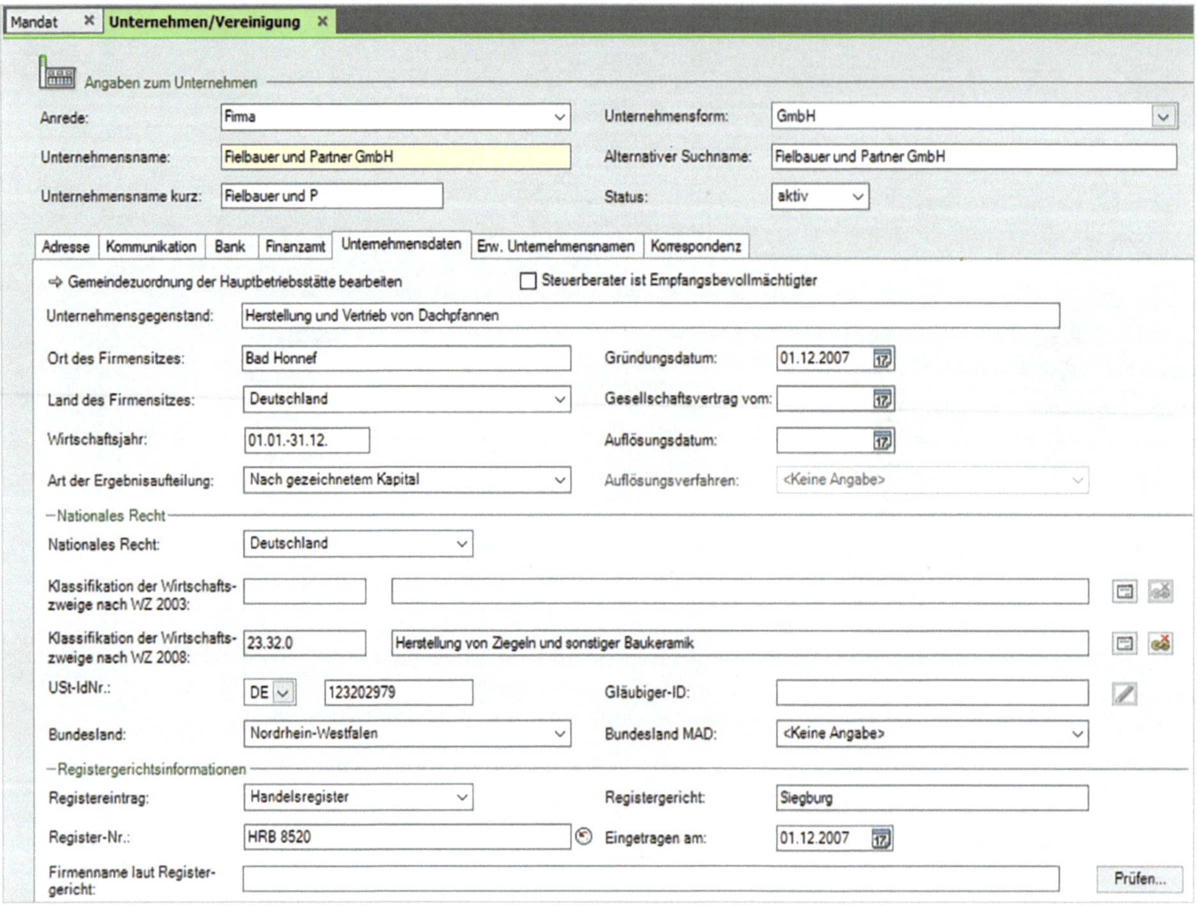

1.8 Register Unternehmensdaten

8 Klicken Sie anschließend in der Symbolleiste auf das Symbol *Speichern* .

1.9 Eingaben speichern

Mit Ausnahme der Register *Erw. Unternehmensnamen* und *Korrespondenz* sind nun alle zentralen Stammdaten zur Übungsfirma Fielbauer und Partner GmbH angelegt.

Tipp: Über den Eintrag *Änderungshistorie* in der Übersicht (Bild 1.10) können alle hinterlegten zentralen Mandantenstammdaten per Klick mit der rechten Maustaste und dem Befehl *Liste drucken* ausgedruckt werden.

Um Details zu den Eingaben einzusehen, können diese mit Klick auf die Pfeilsymbole auf- und wieder zugeklappt werden.

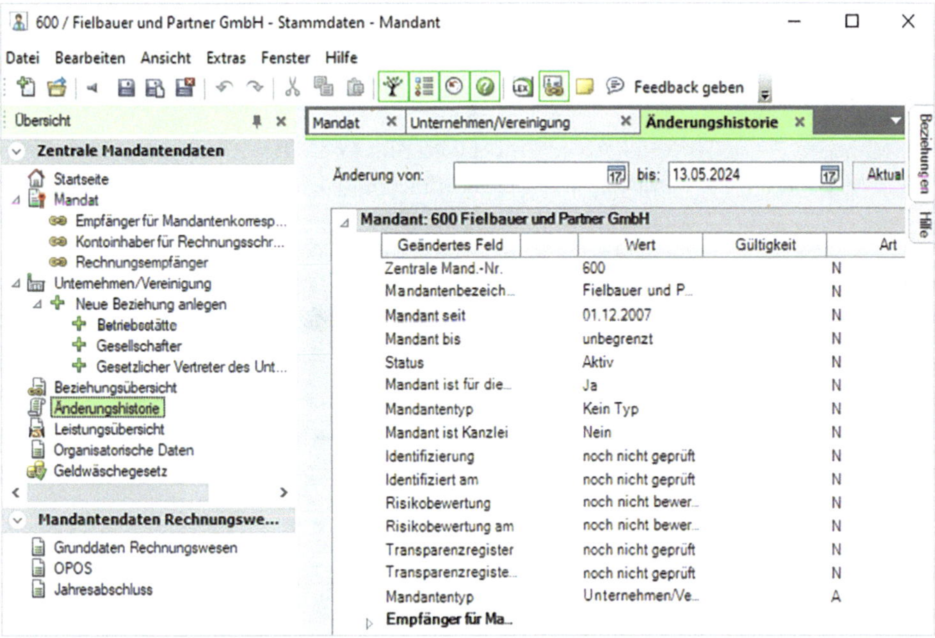

1.10 Änderungshistorie

9 Klicken Sie abschließend in der Übersicht doppelt auf den Eintrag *Startseite*. Sie erhalten hier eine Übersicht der erfassten zentralen Mandantendaten zur Übungsfirma Fielbauer und Partner GmbH (Bild 1.11).

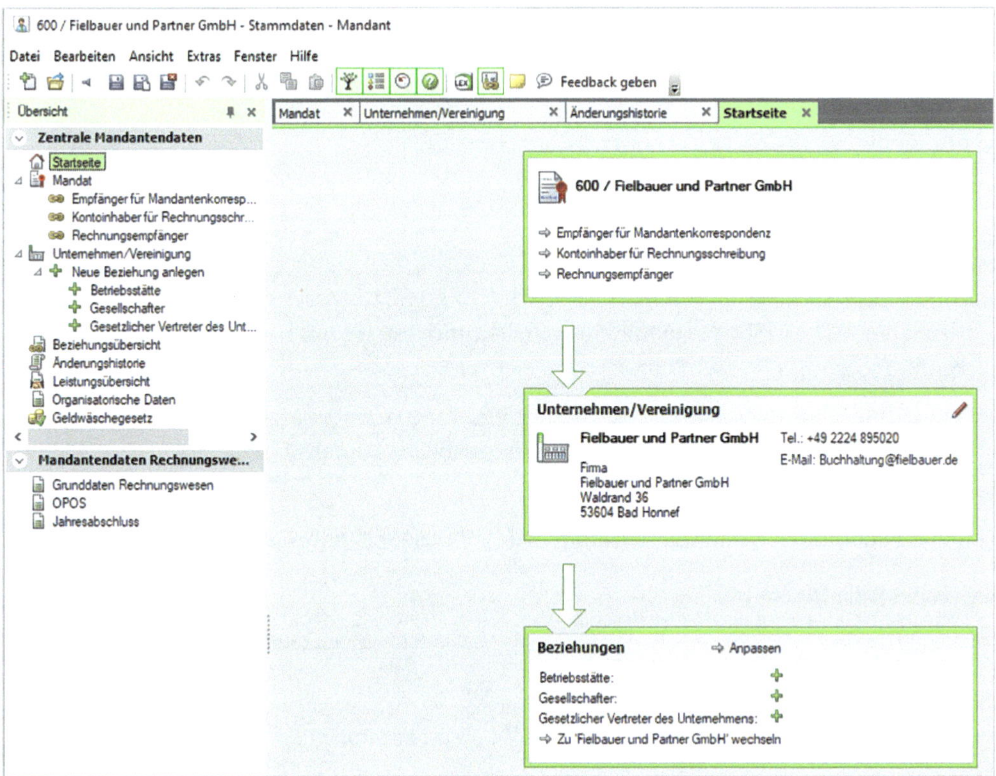

1.11 Startseite

10 Schließen Sie zuletzt das Fenster *Stammdaten Mandant*, indem Sie in der Symbolleiste auf das Symbol *Speichern und Schließen* klicken.

11 Die nachfolgende Hinweismeldung bestätigen Sie mit Klick auf die Schaltfläche *Nein*.

1.12 Der angelegte Mandant

Der Mandant Fielbauer und Partner GmbH wird nun im DATEV Arbeitsplatz in der Mandantenübersicht als neuer Mandant Nr. 600 aufgeführt (Bild 1.12).

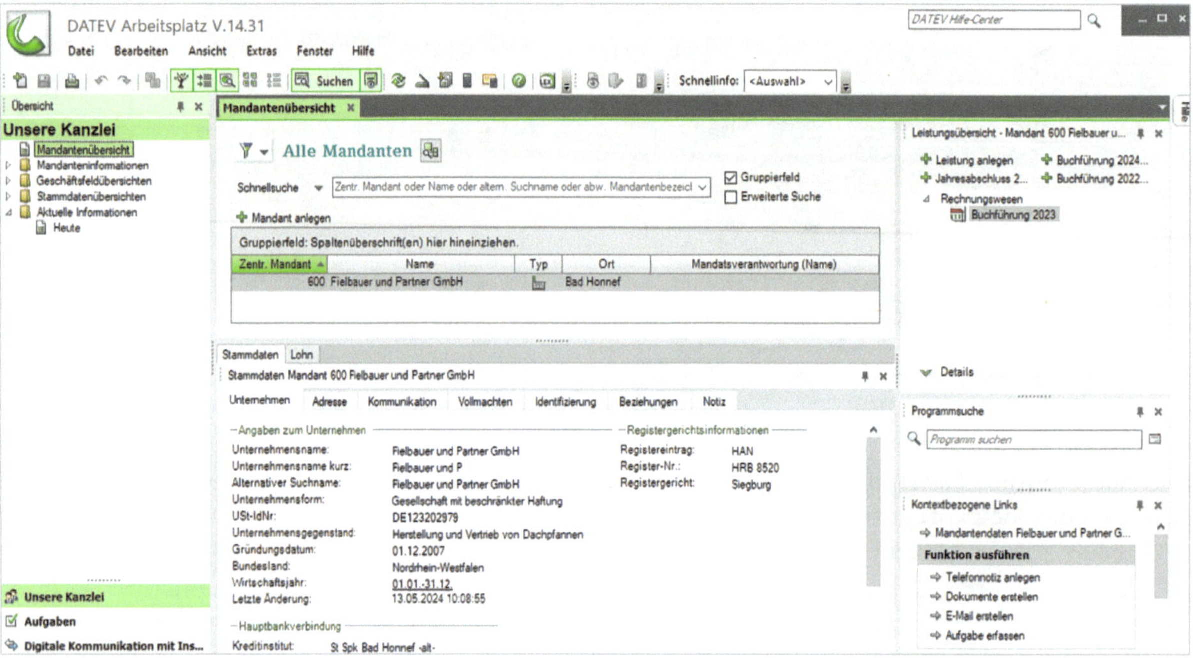

Stammdaten Rechnungswesen

Ausgangssituation

Um die Buchhaltung für den Mandanten durchführen zu können, müssen natürlich neben den zentralen Mandantendaten auch Stammdaten für das Rechnungswesen erfasst werden.

Frau Trichter - die mitwirkende Steuerberaterin - legt Ihnen zusätzlich die Mandantendaten für das Rechnungswesen und die Eröffnungsbilanz zum 02.01.2023 vor.

Folgende Stammdaten für das Programm DATEV Kanzlei-Rechnungswesen werden benötigt:

Grunddaten Rechnungswesen

Geschäftsjahr	01.01.2023 - 31.12.2023
Kontenrahmen	SKR04
Besteuerungsart	Soll-Versteuerung

Voranmeldungszeitraum	Monatlich
Zeitraum für zusammenfassende Meldung	Quartalsweise
DATEV Rechenzentrum	Ohne Anbindung DATEV RZ
Rechtsform	Kapitalgesellschaft
Kontenzweckprüfung	Einheitsbilanz
Gewinnermittlungsart	Bilanz

Offene-Posten-Buchführung

Offene Posten Buchführung	Nutzen
Kontengruppen	Alle

Jahresabschluss

Zuordnungstabelle	Kapitalgesellschaft, HGB erweitert
Bearbeitungsform	Integrierter Bestand

Die Eröffnungsbilanz für das Jahr 2023 liegt mit folgenden vorzutragenden Eröffnungsbilanzwerten vor:

1.13 Die Eröffnungsbilanz

Aktiva	**Konto**		**Eröffnungsbilanz Fielbauer und Partner GmbH**		**Konto**		**Passiva**
EDV-Software **	0135	€	12.150,00	Gezeichnetes Kapital	2900	€	1.014.318,00
Bauten**	0230	€	611.550,00	Verbindlichkeiten gegenüber Kreditinstituten größer 5 J.	3170	€	360.888,00
Maschinen**	0440	€	81.037,00				
Pkw**	0520	€	31.819,00				
Lkw**	0540	€	357.006,00				
Ladeneinrichtung**	0640	€	40.108,00				
Wirtschaftsgüter Sammelposten**	0675	€	760,00				
Sonst. Betriebs- und Geschäftsausstattung**	0690	€	33.876,00				
Bestand RHB-Stoffe	1000	€	5.000,00				
Unfertige Erzeugnisse	1050	€	15.000,00				
Fertige Erzeugnisse	1110	€	35.000,00				
Kasse	1600	€	15.900,00				
Bank	1800	€	136.000,00				
		€	**1.375.206,00**			**€**	**1.375.206,00**

02.01.2023

gez. Unterschrift der Gesellschafter

**Anlagegüter Firma Fielbauer und Partner GmbH

Zum Anlegen der Stammdaten für das Rechnungswesen gehen Sie wie folgt vor:

1 Klicken Sie im Programm DATEV Arbeitsplatz in der Mandantenübersicht doppelt auf den Übungsmandanten 600, Fielbauer und Partner GmbH ❶.

1.14 *Arbeitsplatz - Mandantenübersicht*

2 Das Fenster *Stammdaten - Mandant* mit den bisher erfassten zentralen Stammdaten des Mandanten wird wieder angezeigt (Bild 1.15). Um die Grunddaten für das Rechnungswesen zum Mandanten Fielbauer und Partner GmbH zu erfassen, klicken Sie in der Übersicht doppelt auf *Grunddaten Rechnungswesen* ❷.

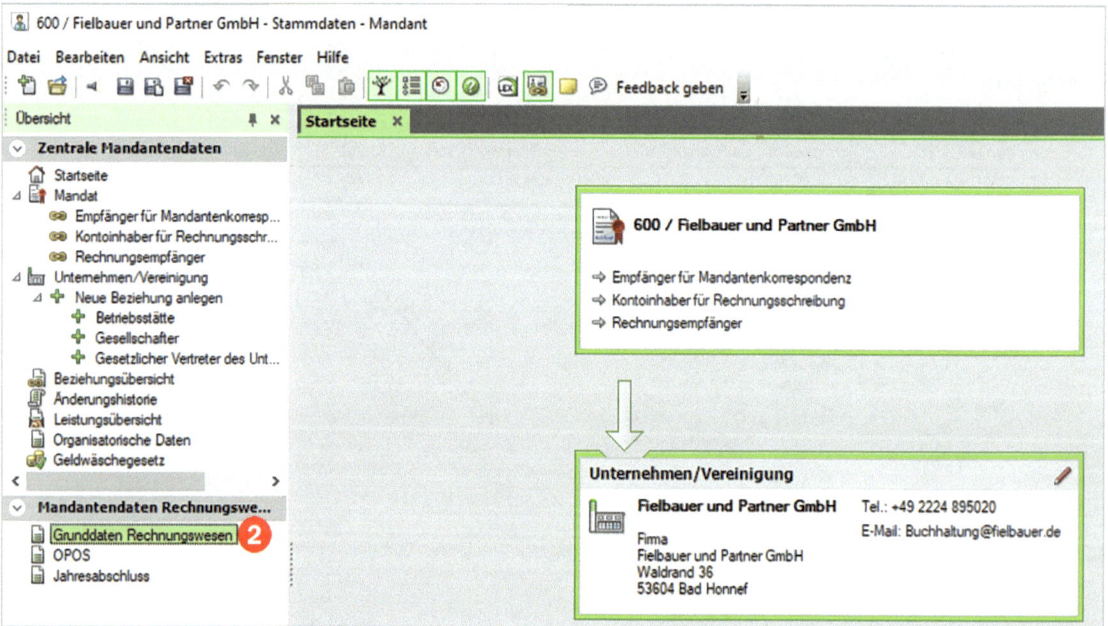

1.15 *Stammdaten Mandant - Startseite*

3 Erfassen Sie im Arbeitsblatt die Einstellungen zu den Grunddaten zum Rechnungswesen wie in Bild 1.16.

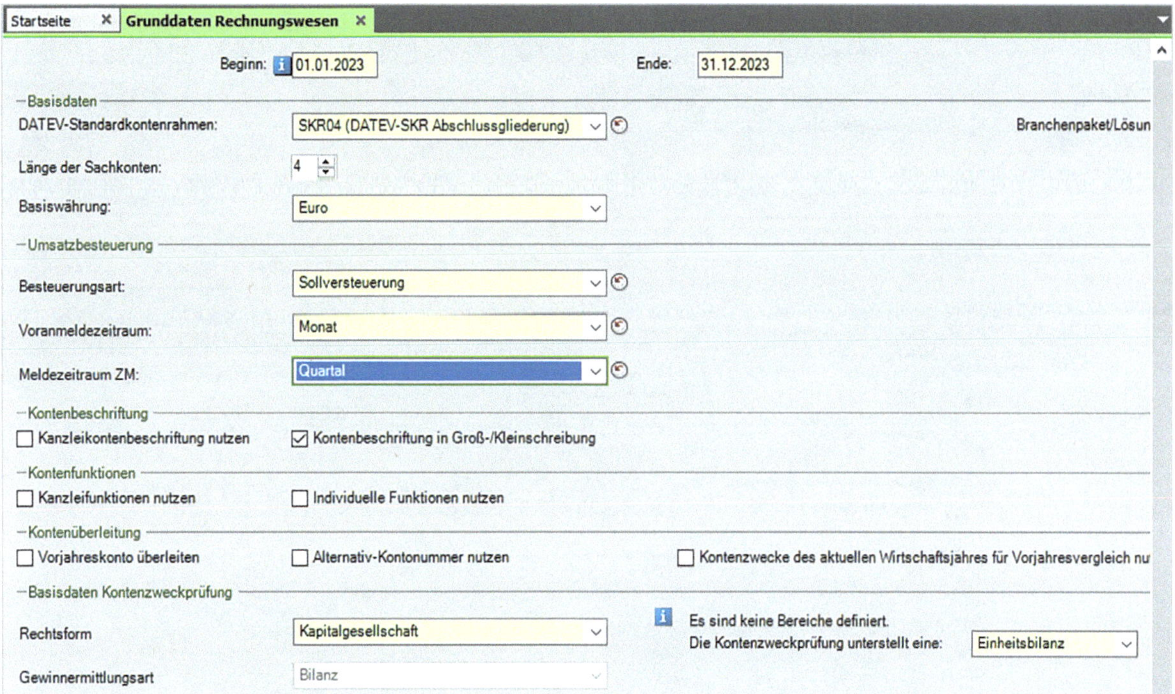

1.16 Grunddaten Rechnungswesen erfassen

4 Klicken Sie anschließend in der Übersicht doppelt auf den Eintrag *OPOS* und aktivieren Sie im Arbeitsblatt *OPOS* die Option *Offene-Posten-Buchführung nutzen* ❸.

5 Um zu kontrollieren, ob alle Kontengruppen automatisch hinterlegt sind, klicken Sie auf den Link *Kontengruppen auswählen* ❹. Schließen Sie dann das Fenster *Kontengruppen auswählen* wieder mit Klick auf die Schaltfläche *OK* ❺.

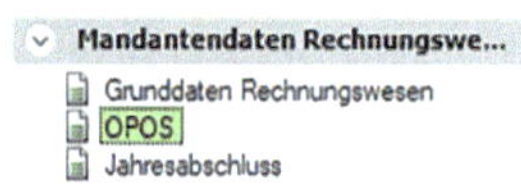

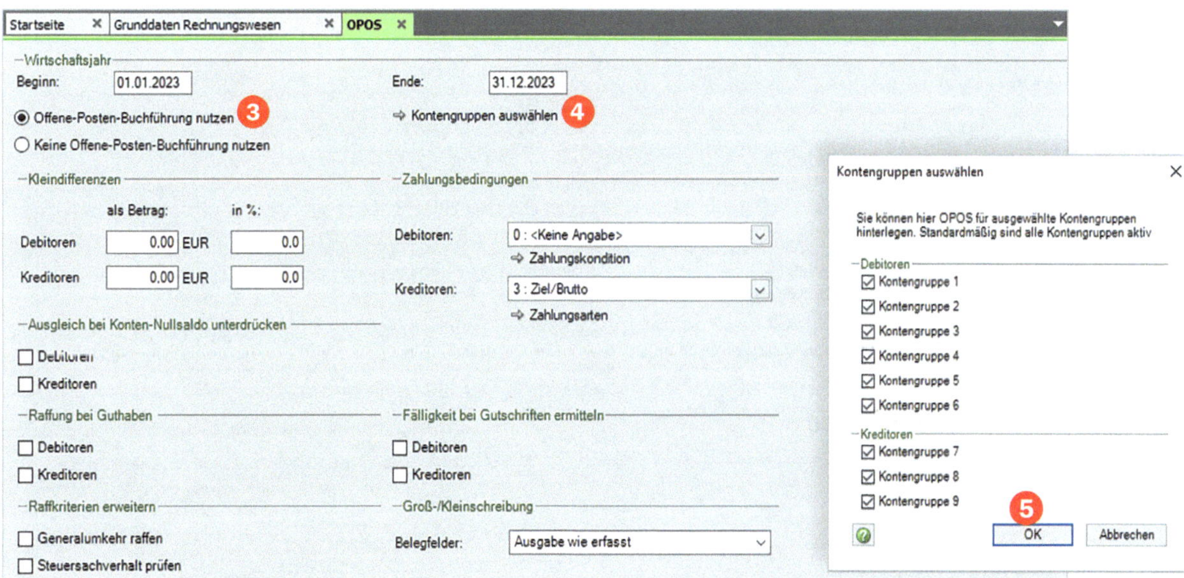

1.17 OPOS und Kontengruppen kontrollieren

6 Klicken Sie zuletzt doppelt auf den Eintrag *Jahresabschluss* 6, um die Einstellungen für den Jahresabschluss festzulegen. Geben Sie die Einstellungen wie in Bild 1.18 an.

1.18 Jahresabschluss

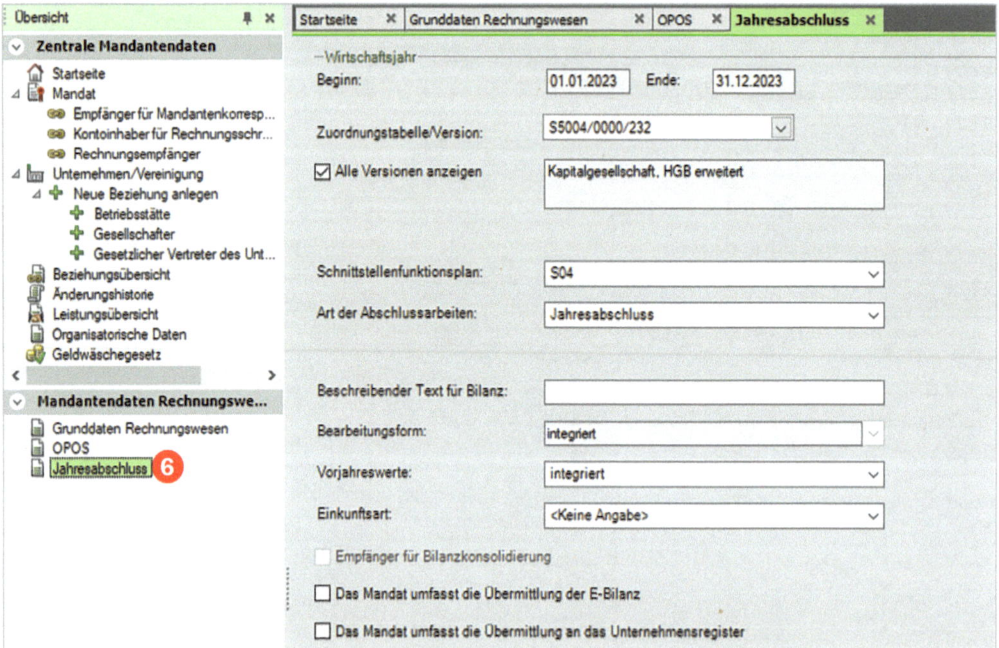

7 Klicken Sie abschließend auf das Symbol *Speichern und schließen*.

1.19 Der angelegte Mandant

Alle erforderlichen Stammdaten für den Übungsmandanten Fielbauer und Partner GmbH sind damit hinterlegt (Bild 1.19).

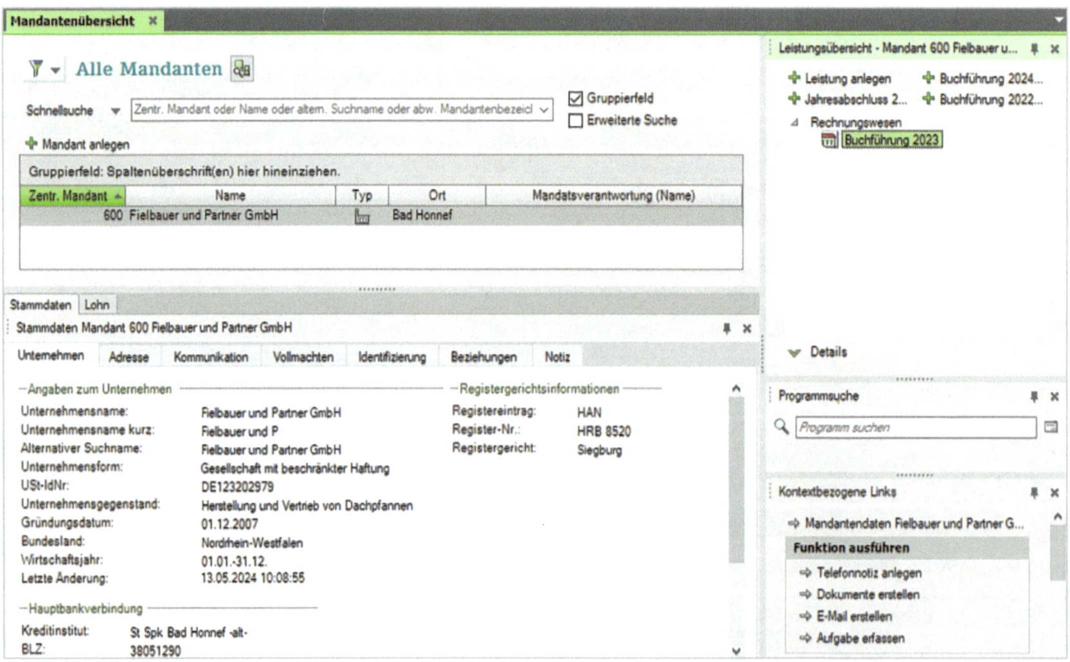

DATEV Kanzlei-Rechnungswesen starten

Da die Anlagenbuchhaltung in das Programm DATEV Kanzlei-Rechnungswesen integriert ist, müssen auch hier spezielle Einstellungen vorgenommen werden. Dazu starten Sie zunächst das Programm Kanzlei-Rechnungswesen:

1 Klicken Sie in der Navigationsübersicht im geöffneten Ordner *Rechnungswesen* doppelt auf den Eintrag *Buchführung* ❶ (Bild 1.20).

2 Markieren Sie anschließend mit einem Klick den Mandanten 600 ❷ und klicken Sie danach im Bereich *Leistungsübersicht* auf *Buchführung 2023* ❸.

1.20 Buchführung

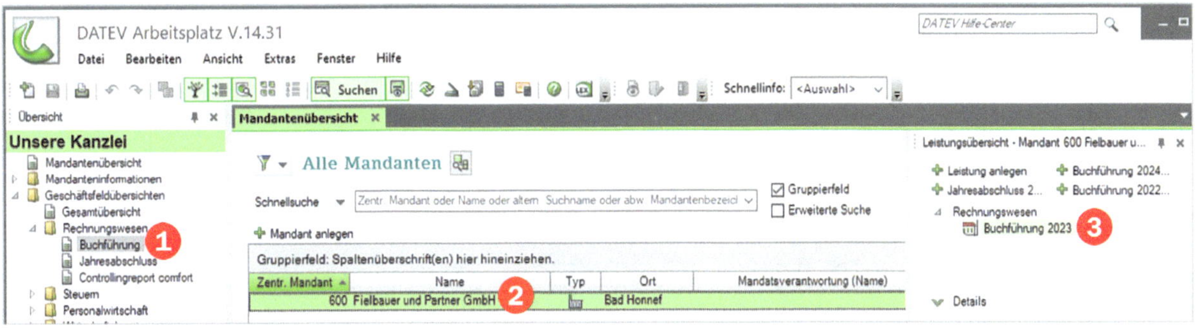

Das Programm DATEV Kanzlei-Rechnungswesen mit dem Übungsmandanten Fielbauer und Partner GmbH wird gestartet (Bild 1.21).

1.21 Das Programm DATEV Kanzlei-Rechnungswesen

Übung: Saldenvorträge buchen

Bevor Einstellungen zur Anlagenbuchhaltung im Programm DATEV Kanzlei-Rechnungswesen vorgenommen werden, sollen zunächst in einer kleinen Buchungsübung die Salden der Eröffnungsbilanz vorgetragen werden.

Die Eröffnungsbilanz zur Übungsfirma Fielbauer und Partner GmbH liegt Ihnen wie folgt vor:

Aktiva	Konto	Eröffnungsbilanz Fielbauer und Partner GmbH		Konto	Passiva
EDV-Software **	0135	€ 12.150,00	Gezeichnetes Kapital	2900	€ 1.014.318,00
Bauten**	0230	€ 611.550,00	Verbindlichkeiten gegenüber Kreditinstituten größer 5 J.	3170	€ 360.888,00
Maschinen**	0440	€ 81.037,00			
Pkw**	0520	€ 31.819,00			
Lkw**	0540	€ 357.006,00			
Ladeneinrichtung**	0640	€ 40.108,00			
Wirtschaftsgüter Sammelposten**	0675	€ 760,00			
Sonst. Betriebs- und Geschäftsausstattung**	0690	€ 33.876,00			
Bestand RHB-Stoffe	1000	€ 5.000,00			
Unfertige Erzeugnisse	1050	€ 15.000,00			
Fertige Erzeugnisse	1110	€ 35.000,00			
Kasse	1600	€ 15.900,00			
Bank	1800	€ 136.000,00			
		€ 1.375.206,00			**€ 1.375.206,00**

02.01.2023

gez. Unterschrift der Gesellschafter

**Anlagegüter Firma Fielbauer und Partner GmbH

Aufgabe 1

Legen Sie einen neuen Buchungsstapel mit dem Buchungsdatum 02.01.2023, der Bezeichnung Saldenvorträge Sachkonten und Ihrem Namenskürzel an.

Aufgabe 2

Buchen Sie die Saldenvorträge mit Belegnummer EBW2023 über das Konto *9000 Saldenvorträge Sachkonten*.

Aufgabe 3

Wechseln Sie in die Ansicht FIBU-Konto und kontrollieren Sie Ihre Vortragsbuchungen anhand der nachfolgenden Salden.

Konto	Fibu-Konto	Saldo	Soll / Haben
EDV-Software	0135	12.150,00	Soll
Bauten	0230	611.550,00	Soll

Konto	Fibu-Konto	Saldo	Soll / Haben
Maschinen	0440	81.037,00	Soll
Pkw	0520	31.819,00	Soll
Lkw	0540	357.006,00	Soll
Ladeneinrichtung	0640	40.108,00	Soll
Wirtschaftsgüter Sammelposten	0675	760,00	Soll
Sonstige Betriebs- und Geschäftsausstattung	0690	33.876,00	Soll
Bestand RHB-Stoffe	1000	5.000,00	Soll
Unfertige Erzeugnisse	1050	15.000,00	Soll
Fertige Erzeugnisse	1110	35.000,00	Soll
Kasse	1600	15.900,00	Soll
Bank	1800	136.000,00	Soll
Gezeichnetes Kapital	2900	1.014.318,00	Haben
Verbindlichkeiten gegenüber Kreditinstituten größer 5 J.	3170	360.888,00	Haben

Das Konto *9000 Saldenvorträge* muss nach den Vortragsbuchungen den Saldo 0 ausweisen.

Schließen Sie den Buchungsstapel. Den Buchungsstapel bitte noch nicht festschreiben.

Die vorbereitenden Arbeiten für das Anlegen des Mandanten und die Buchungen der Saldenvorträge für das Geschäftsjahr 2023 sind damit durchgeführt.

Im nächsten Schritt sind über das Programm DATEV Kanzlei-Rechnungswesen spezielle Stammdaten zur Anlagenbuchhaltung im Mandanten Fielbauer und Partner GmbH zu hinterlegen.

1.3 Mandantenstammdaten zur Anlagenbuchhaltung

Ausgangssituation
Anruf Frau Trichter: Sie möchte, dass in den Stammdaten die AfA-Tabelle „Allgemein verwendbare Anlagegüter (die nach dem 31.12.2000 angeschafft wurden)" und die Abschreibungsmethode PRT (pro rata temporis = anteilmäßige Abschreibung) standardmäßig aktiviert werden.

Um die Mandantenstammdaten zur Anlagenbuchhaltung zu hinterlegen, gehen Sie - wie nachfolgend dargestellt - vor:

1 Wählen Sie den Menüpunkt *Stammdaten* ▶ *Anlagenbuchführung* ▶ *Steuerungsdaten* oder klicken Sie in der Navigationsübersicht auf die Rubrik *Stammdaten*, öffnen dann den Ordner *Anlagenbuchführung* und klicken hier doppelt auf den Eintrag *Steuerungsdaten* (Bild 1.22).

1.22 Stammdaten - Anlagenbuchführung

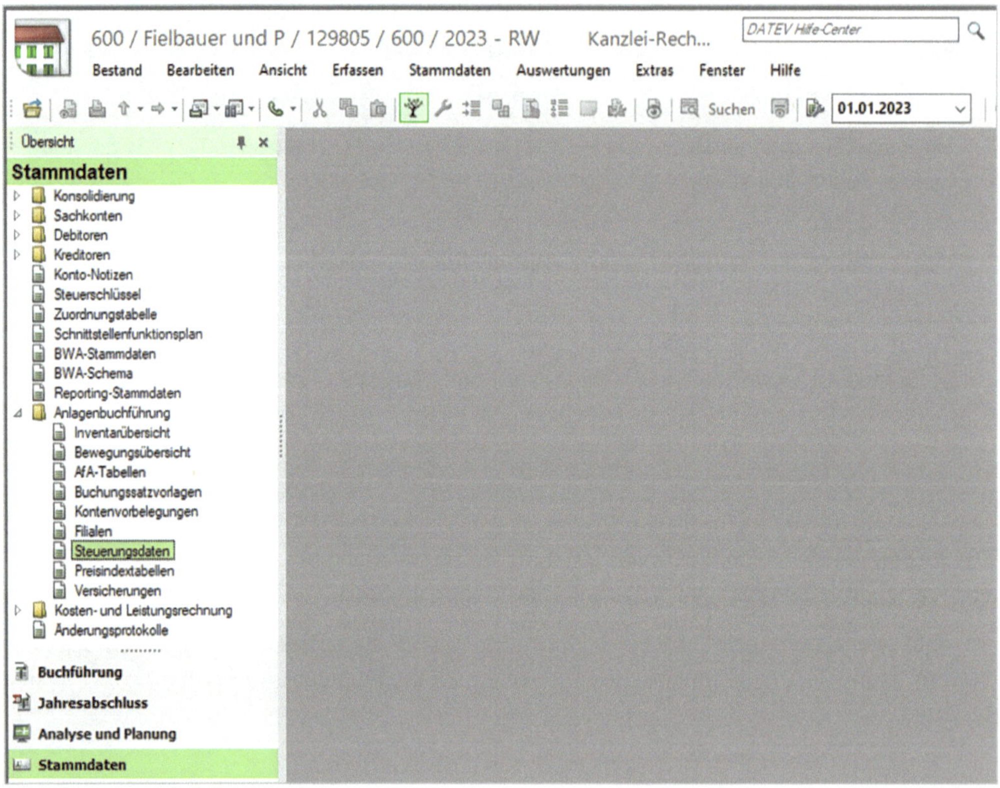

2 Das Dialogfenster *Steuerungsdaten* zur Anlagenbuchhaltung wird geöffnet (Bild 1.23). Über die Übersichtsspalte links können allgemeine Einstellungen, Vorbelegungen, Steuerungsdaten, Einstellungen für die Buchungssatz-Steuerung und Einstellungen für die Buchungssatzauswahl vorgenommen werden. Die Einstellungen der Steuerungsdaten können auch zu einem späteren Zeitpunkt nochmals geändert werden.

AfA-Tabelle wählen

1 Klicken Sie links auf den Eintrag *Allgemeine Daten* ❶. In diesem Bereich können Sie allgemeine Einstellungen für die Anlagenbuchhaltung festlegen.

Über das Auswahlfeld *AfA-Tabelle* können Sie angeben, welche AfA-Tabelle während der Inventarerfassung, der Inventarbearbeitung und der Kontenvorbelegung im Fenster *Nutzungsdauer* standardmäßig dargestellt werden soll. In dieser hinterlegten AfA-Tabelle können Sie später bei der Inventarerfassung nach der Nutzungsdauer suchen und diese ins Inventar übernehmen.

2 Laut Frau Trichter soll die AfA-Tabelle „Allgemein verwendbare Anlagegüter (die nach dem 31.12.2000 angeschafft wurden)“ verwendet werden. Klicken Sie auf den Drop-down-Pfeil des Feldes *AfA-Tabelle* ❷ und wählen Sie den Eintrag *Allgemein verwendbare Anlagegüter (die nach dem 31.12.2000 angeschafft wurden)* aus, siehe Bild 1.23.

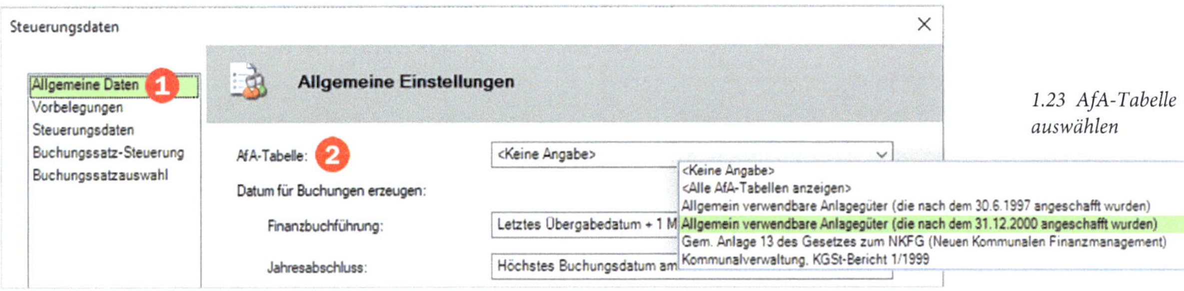

1.23 AfA-Tabelle auswählen

Die weiteren Einstellungen (Bild 1.24)

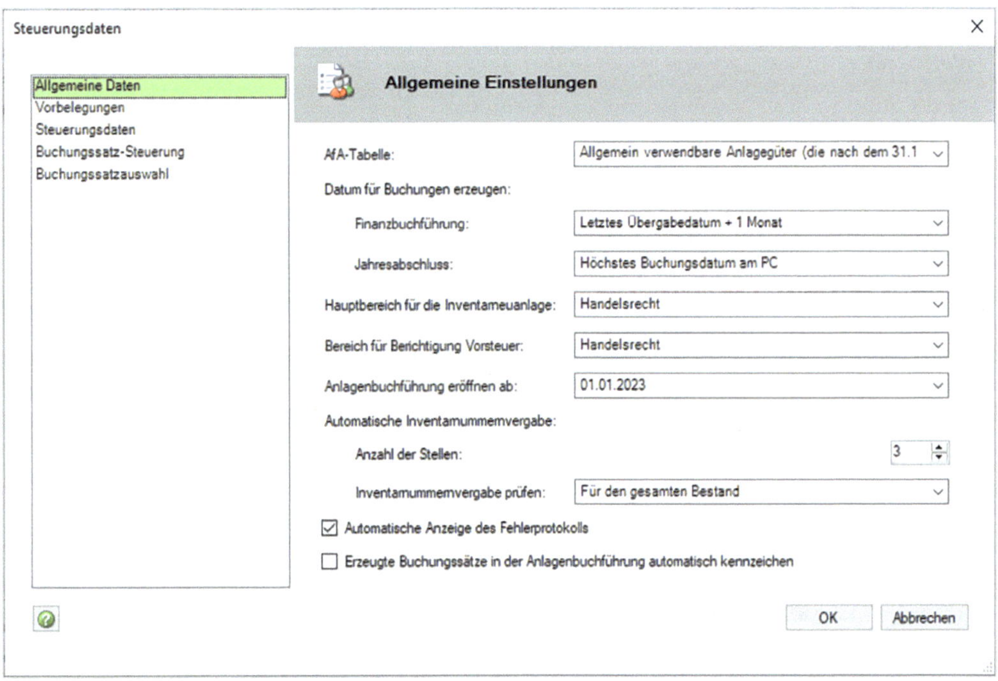

1.24 Allgemeine Daten - Alle Einstellungen

- Im Bereich *Datum für Buchungen erzeugen* geben Sie für eine spätere Übergabe der Abschreibungsbuchungen die Vorbelegung des Feldes *Buchungsdatum* im Fenster *Buchungen erzeugen* an. Hierbei legen Sie das Buchungsdatum getrennt für die Bereiche *Finanzbuchführung* und *Jahresabschluss* fest, siehe Bild 1.24. Sie können zwischen den Optionen *Letztes Übergabedatum + einen Monat* und *Höchstes Buchungsdatum am PC* auswählen.
- Im Auswahlfeld *Hauptbereich für die Inventarneuanlage* kann der Hauptbereich festgelegt werden, von dem die Daten bei der Inventarneuanlage in den anderen Bereich übernommen werden sollen.
- Über das Feld *Bereich für Berichtigung Vorsteuer* können Sie den Bereich wählen, der für die umsatzsteuerlichen Eingaben relevant sein soll. Standardmäßig ist hier die Einstellung nach *Handelsrecht* vorbelegt.
- Im Auswahlfeld *Anlagenbuchführung eröffnen ab* kann angegeben werden, von welchem Jahr an die Anlagenbuchführung eröffnet wird. Da wir die Daten vom Steuerberater zum 01.01.2023 übernehmen, ist das Datum bereits automatisch voreingestellt.
- Wird ein neues Anlagegut inventarisiert, kann über die *Automatische Inventurnummernvergabe* der Nummernkreis für die Inventarnummer an dieser Stelle vorgenommen werden. Die Anzahl der Stellen für die automatische Inventarnummernvergabe ist standardmäßig mit 3 Stellen vorgegeben und kann natürlich geändert werden. Für den Übungsfall Fielbauer und Partner GmbH sind 3 Stellen ausreichend.

  Als Beispiel die Inventarisierung einer Fertigungsmaschine, FIBU-Konto-Nr. 0440: Programmseitig wird über das FIBU Konto 0440 eine automatische Inventarnummer mit zusätzlichen 3 Stellen vorgeschlagen. Ist die Fertigungsmaschine das erste Anlagegut Maschinen, so ist dies die Inventarnummer 440001.
- Das Kontrollkästchen *Automatische Anzeige des Fehlerprotokolls* ist standardmäßig aktiviert. Falls im Bereich der Anlagenbuchführung Fehler bei der Inventarberechnung oder sonstige Hinweise vorliegen, werden Sie automatisch auf den Fehler oder den Hinweis hingewiesen.
- Anhand des Kontrollkästchens *Erzeugte Buchungen in der Anlagenbuchführung automatisch kennzeichnen* können Sie bestimmen, ob erzeugte Buchungen für die Finanzbuchhaltung automatisch als gebucht gekennzeichnet werden sollen.

Die geforderte AfA-Tabelle ist jetzt standardmäßig hinterlegt. Sie wird ab sofort für das Erfassen von Anlagegütern oder beim Buchen von Anlagegütern in der Finanzbuchhaltung zur Verfügung gestellt.

Standardmäßige Abschreibungsmethode wählen

1 Im nächsten Schritt soll die standardmäßige Abschreibungsmethode pro rata temporis (anteilmäßige Abschreibung) eingestellt werden. Um die Einstellungen der Abschreibungsmethode zu kontrollieren, klicken Sie in der Übersicht auf den Eintrag *Vorbelegungen* ❶ (Bild 1.25). Hier legen Sie die handelsrechtlichen Abschreibungen fest.

Abschreibungsbeginn (Bild 1.25)

Bei Neuzugängen ist der Abschreibungsbeginn auf *PRT (anteilmäßige Abschreibung)* ❷ eingestellt. Bei einer Nachaktivierung ist jedoch die Einstellung *VE (Vereinfachungsregel)* ❸ vorbelegt. Bis zum Jahr 2003 durften Anlagegüter nach der Vereinfachungsregel abgeschrieben werden. Anschaffung im ersten Halbjahr (Abschreibungsbetrag für das gesamte Wirtschaftsjahr), Anschaffung im zweiten Halbjahr (Hälfte des Abschreibungsbetrags für das Wirtschaftsjahr).

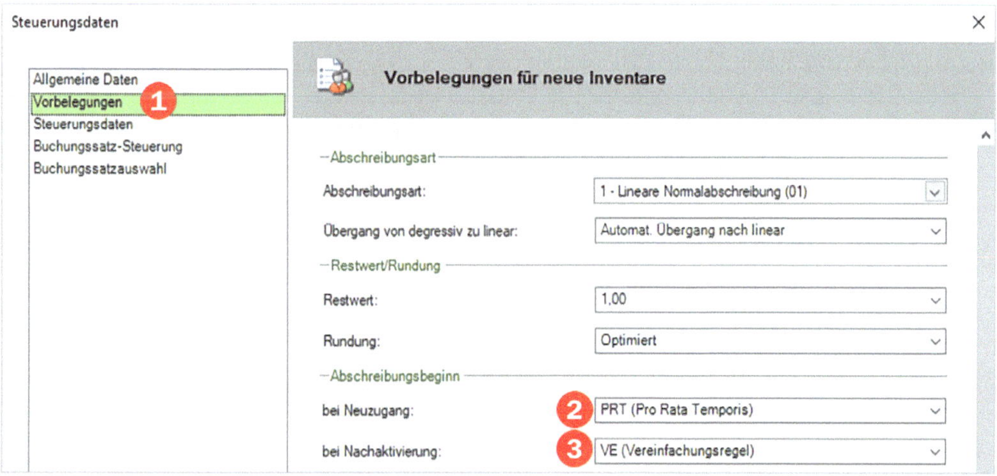

1.25 Abschreibungsbeginn

2 Für unseren Übungsfall Fielbauer und Partner GmbH ist die Vereinfachungsregel nicht mehr anwendbar, da die Firma am 01.12.2007 gegründet wurde. Wählen Sie daher im Feld *bei Nachaktivierung* den Eintrag *PRT (pro rata temporis)* aus (Bild 1.26).

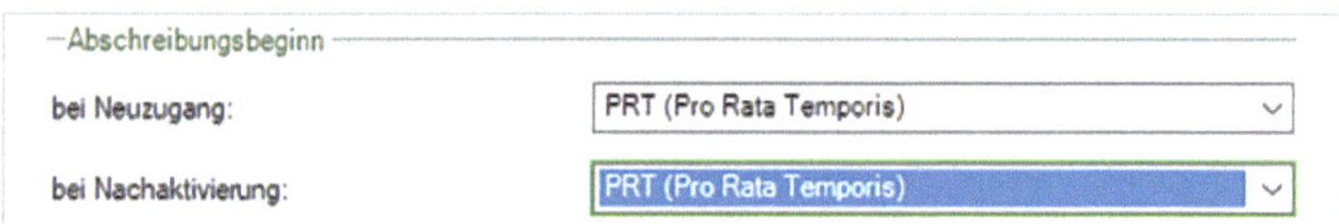

1.26 Abschreibungsbeginn auswählen

Die weiteren Einstellungen (Bild 1.27 auf Seite 30)

- Im Bereich *Abschreibungsart* bestimmen Sie die vorzubelegende Abschreibungsart. Außerdem legen Sie an dieser Stelle fest, ob ein automatischer Wechsel von der degressiven zur linearen AfA-Art erfolgen soll, sobald der Prozentsatz der linearen Abschreibung den der degressiven überschreitet.
- Unter *Restwert/Rundung* können der Restwert nach Ablauf der Abschreibungsphase und die Rundung zur Abschreibungsermittlung bestimmt werden. Standardmäßig: 1 EUR und optimiertes Runden.
- In der Rubrik *Sonderabschreibung* können spezielle Einstellungen für Sonderabschreibungen hinterlegt werden. Es kann bestimmt werden, ob eine Sonderabschreibungsverteilung erfolgen soll, wie der Sonderabschreibungsbetrag gebucht wird und wie die Sonderposten-Buchungssätze zu bilden sind.

- Außerdem können zusätzliche sonstige Einstellungen, z. B. ob eine Lebenslaufakte für ein Anlagegut angelegt werden soll, und Einstellungen für den Vollabgang von Anlagegütern und GWG festgelegt werden (Bild 1.27).
- Im Feld *AfA bei Vollabgang* wählen wir in unserem Übungsfall *AfA bis Vormonat*. In diesem Fall erfassen wir die zeitanteilige Abschreibung bei Anschaffungsgütern ab dem Anschaffungsmonat und bei Vollabgang *AfA bis Vormonat*. In der Praxis muss bei Anschaffungsgütern, die nach dem 31. Dezember 2012 angeschafft wurden, die Einstellung AfA bei Vollabgang *AfA monatsgenau* gewählt werden. Beide Varianten werden von den Finanzbehörden akzeptiert.
- Zusätzliche Einstellungen für die Steuerungsdaten bei Auswertungen, Wertermittlungen etc. und für die Buchungssatzsteuerung können über die Einträge *individuell* vorgenommen werden.

1.27 Vorbelegungen - weitere Einstellungen

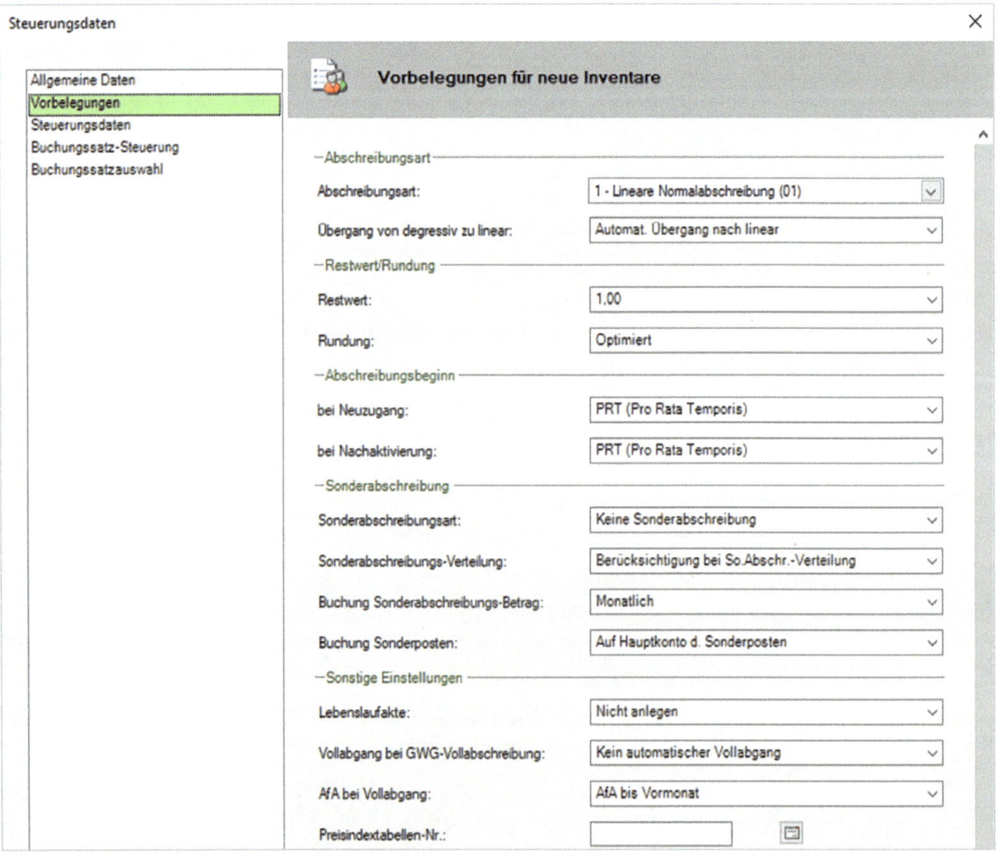

Laut Rücksprache mit der Steuerberaterin Frau Trichter sind im Bereich der Sonderabschreibungen und sonstigen Einstellungen keine zusätzlichen Einstellungen vorzunehmen.

3 Übernehmen Sie zuletzt die Einstellungen, indem Sie auf die Schaltfläche *OK* klicken.

Damit sind alle Stammdaten zur Anlagenbuchhaltung für den Übungsmandanten Fielbauer und Partner GmbH und Einstellungen hinterlegt.

2 Aufnahme bereits bestehender Anlagegüter

In diesem Kapitel erfahren Sie, wie ...

- Sie bereits bestehende Anlagegüter erfassen,
- Sie die Inventarkarte kontrollieren,
- Sie Inventare löschen,
- Inventarübersichten ausgedruckt werden können,
- Sie Mandanten mit der integrierten Anlagenbuchführung sichern und wieder einspielen können.

2.1 Grundlagen

Das Programm DATEV Kanzlei-Rechnungswesen unterstützt Sie bei der wert- und mengenmäßigen Erfassung der Positionen des Anlagevermögens. Dabei ermittelt es die Abschreibungen nach den gesetzlich zulässigen Abschreibungsmethoden. Darüber hinaus können für den Anlagenvermögensbestand vielfältige Auswertungen durchgeführt werden. Im Einzelnen bietet das Programm in Bezug auf die Anlagenbuchhaltung folgende Möglichkeiten:

- Neuanlage von Inventaren in Tabellenform, dies gewährleistet eine komfortable und übersichtliche Inventarerfassung.
- Alle steuerlichen Abschreibungsmethoden, inklusive Sonderabschreibungen und erhöhte Absetzungen.
- Zugriff auf Kontenbeschriftungen aus dem Bereich der Finanzbuchhaltung.
- Automatische Weitergabe der Anschaffungs- und Herstellungskosten, Abgangsbuchungen sowie der ermittelten Abschreibungen in die Finanzbuchhaltung.
- Die Soforterfassung Anlagenbuchführung ermöglicht Ihnen, aus anlagerelevanten Buchungssätzen zeitgleich mit der Erfassung in der Finanzbuchhaltung ein Inventar in der Anlagenbuchhaltung anzulegen.
- Verwaltung der Ansparabschreibungen nach § 7g Abs. 3 ff. EStG (bis 2007) und Verwaltung der Investitionsabzugsbeträge nach § 7g Abs. EStG (ab 2008).
- Import von Buchungssätzen aus der Finanzbuchhaltung in die Anlagenbuchhaltung und Zuordnung zu neuen oder bestehenden Inventaren.
- Durchführen der Jahresübernahme vor Ort und damit parallele Bearbeitung mehrerer Jahre am Computer.
- Anzeige des gesamten Anlagevermögens jederzeit während der Bearbeitung.
- Komfortable Aufbereitung der Auswertungen, z. B. Anlagenspiegel, Entwicklung des Anlagevermögens, Zugangs-, Umbuchungs- und Abgangsliste, Vermögensaufstellung, Anlagen- und Fördernachweise, Sonderabschreibungsliste und Druckausgabe vor Ort oder im Rechenzentrum.
- Ausgabe der Abgangsbuchungen (Buchgewinn/-verlust) in der Buchungsliste.
- Simulation des steuerlichen Abschreibungsverlaufs für mehrere Jahre im Voraus.
- Korrekturbuchungssätze für gelöschte Werte mit Weitergabe bei der nächsten Programmverbindung.
- Möglichkeit zur Darstellung der Lebenslaufakte für jedes einzelne Inventar.
- Berücksichtigung der gesetzlichen Anforderungen der Pflege-Buchführungsverordnung (Anlagennachweis, Fördernachweis, Sonderposten für Förderungen).
- Nutzung von kalkulatorischen Abschreibungen.
- Datenbestände im Rechenzentrum sichern und Auswertungen im Rechenzentrum drucken.

2.2 Begriffsdefinitionen zur Anlagenbuchhaltung

Bevor in unserem Übungsfall die ersten Anlagegüter vorgetragen werden, sollen zunächst wichtige Grundbegriffe rund um die Anlagenbuchhaltung erklärt werden.

AHK-Wert und AHK-Datum

Unter dem Begriff AHK-Wert versteht man die Anschaffungs- und Herstellungskosten eines Anlagegutes. Gemäß § 255 Absatz 1 HGB wird der AHK-Wert genauer spezifiziert. Alle Kosten, um ein Wirtschaftsgut in einen betriebsbereiten Zustand zu versetzen, nennt man Anschaffungs- und Herstellkosten (AHK). Darunter fallen auch die Kosten, die mit dem Wirtschaftsgut fest verbunden sind.

Beim Begriff AHK-Datum handelt es sich um das Anschaffungs- bzw. Herstelldatum des Anlagegutes. Dieses Datum ist für die Ermittlung der Abschreibungsbeträge wichtig, da die Beträge zeitgenau ermittelt werden müssen.

Aufzeichnungspflicht

Die Aufzeichnungspflicht ist in den Steuergesetzen geregelt. Nach § 22 UStG und den entsprechenden Vorschriften der UStDV ist die Firma verpflichtet, zur Feststellung der Umsatzsteuer und der Grundlagen ihrer Berechnung grundsätzliche Aufzeichnungen vorzunehmen. Je nachdem um welches Anlagegut es sich handelt, z. B. bei geringwertigen Wirtschaftsgütern, kann eine Aufzeichnungspflicht bestehen, jedoch die Aktivierungspflicht entfallen.

Aktivierungspflicht

Die Pflicht zur Aktivierung kommt für die Bilanz zum Einsatz. Aktivierung bedeutet, dass gekaufte Anlagegüter auf der Aktivaseite der Bilanz aufgenommen werden. Diese Aktivierungspflicht bezieht sich nur auf das Anlagevermögen der Firma. Sie ist verpflichtet, Anlagegüter, nachdem sie erworben wurden, zu aktivieren. Dies muss in einem besonderen, laufend geführten Verzeichnis vorgenommen werden. Hierfür steht Ihnen in DATEV das Programm DATEV Kanzlei-Rechnungswesen zur Verfügung.

Buchwert

Unter dem Begriff Buchwert versteht man den Wert, zu dem ein Anlagegut zu einem bestimmten Zeitpunkt in der Bilanz ausgewiesen wird. Er ermittelt sich aus den Anschaffungs- bzw. Herstellkosten des Anlagegutes vermindert um deren Abschreibungen oder Sonderabschreibungen und erhöht um evtl. Zuschreibungen für das Anlagegut.

Buchgewinn /-verlust

Wenn ein Anlagegut aus dem Anlagevermögen verkauft wird und höhere Erlöse als den, in der Buchhaltung ausgewiesenen Wert (Buchwert), erbringt, so spricht man von einem Buchgewinn.

Wenn ein Anlagegut aus dem Anlagevermögen verkauft wird und der Verkauf geringere Erlöse als den, in der Buchhaltung ausgewiesenen Wert (Buchwert), erbringt, so spricht man von einem Buchverlust.

2.3 Inventare erfassen

Ausgangssituation
Frau Trichter legt Ihnen eine Inventarübersicht mit den vorzutragenden Anlagegütern zum 31.12.2022 vor.

Das bereits bestehende Inventar mit den Anlagegütern der Firma Fielbauer und Partner GmbH muss jetzt in DATEV Kanzlei-Rechnungswesen vorgetragen werden.

Grundlagen und Neuerungen gesetzliche Abschreibungen

Nutzungsdauer von Computerhardware und Software zur Dateneingabe und -verarbeitung gemäß Bundesfinanzministerium - BMF Schreiben vom 22.02.2022
Den Kernbereich der Digitalisierung bilden die Computerhardware (einschließlich der dazu gehörenden Peripheriegeräte) sowie die für die Dateneingabe und -verarbeitung erforderliche Betriebs- und Anwendersoftware. Diese Wirtschaftsgüter unterliegen aufgrund des raschen technischen Fortschritts einem immer schnelleren Wandel. Die betriebsgewöhnliche Nutzungsdauer, die der Abschreibung nach §7 EstG zugrunde zu legen ist, wurde für diese Wirtschaftsgüter allerdings seit rund 20 Jahren nicht mehr geprüft und bedarf deshalb einer Anpassung an die geänderten tatsächlichen Verhältnisse.

Nutzungsdauer
Für die nach §7 Absatz 1 EstG anzusetzende Nutzungsdauer kann für die Rz. 2 ff. aufgeführten materiellen Wirtschaftsgüter „Computerhardware“ sowie die in Rz. 5 näher bezeichneten immateriellen Wirtschaftsgüter „Betriebs- und Anwendersoftware“ eine betriebsgewöhnliche Nutzungsdauer von einem Jahr zugrunde gelegt werden. Auch bei einer grundsätzlich anzunehmenden Nutzungsdauer von einem Jahr gilt, dass...

- die Abschreibung im Zeitpunkt der Anschaffung oder Herstellung, mithin bei Fertigstellung, beginnt,
- die Wirtschaftsgüter in das, nach R 5.4 EStR 2012 zu führende Bestandsverzeichnis aufzunehmen sind
- der Steuerpflichtige von dieser Annahme auch abweichen kann,
- die Anwendung anderer Abschreibungsmethoden grundsätzlich möglich ist.

Es wird nicht beanstandet, wenn abweichend zu §7 Absatz 1 Satz 4 EStG die Abschreibung im Jahr der Anschaffung oder Herstellung in voller Höhe vorgenommen wird.

Hinweis: In unserem Übungsfall werden wir die bestehenden Anlagegüter EDV-Software (Bürosoftware und SpezS2022) im Buchungsjahr 2023 in voller Höhe bis zum Restwert von je 1,00 EUR abschreiben. Für den, in 2023 angeschafften Computer werden wir die Abschreibung gemäß DATEV AfA Liste für 3 Jahre vornehmen.

Vortrag Anlagegüter erfassen

Die Inventarübersicht Seite 1 führt folgende Anlagegüter auf:

Firma Fielbauer und Partner GmbH Seite 1
Datum: 31.12.2022

Konto Inventar	Bezeichnung/Inventarbezeichnung	Abschreibungsart	Anschaffungsdatum
0135	EDV-Software		
135001	Bürosoftware	Immat. Wirtschaftsgut	03.01.2022
135002	SpezS 2022	Immat. Wirtschaftsgut	01.07.2022
Nutzungsdauer	**Anschaffungspreis**	**Abschreibung in 2023**	**Buchwert: 01.01.2023**
1 Jahr	5.100,00 €	3.399,00 €	3.400,00 €
1 Jahr	10.500,00 €	8.749,00 €	8.750,00 €
		12.148,00 €	12.150,00 €

Konto Inventar	Bezeichnung/Inventarbezeichnung	Abschreibungsart	Anschaffungsdatum
0230	Bauten auf eigenem Grundstück		
230001	Geschäftsgebäude	Wirtsch.geb.(3% lin.)	02.01.2012
230002	Produktionshalle	Wirtsch.geb.(3% lin.)	01.10.2012
Nutzungsdauer	**Anschaffungspreis**	**Abschreibung in 2023**	**Buchwert: 01.01.2023**
33 J. 4 Mon.	520.000,00 €	15.600,00 €	348.400,00 €
33 J. 4 Mon.	380.000,00 €	11.400,00 €	263.150,00 €
		27.000,00 €	611.550,00 €

Konto Inventar	Bezeichnung/Inventarbezeichnung	Abschreibungsart	Anschaffungsdatum
0440	Maschinen		
440001	Druckkessel IFX 2010	geom. degressiv	01.12.2010
440002	Produktionsmaschine FS80	geom. degressiv	15.08.2010
440003	Verpackungsmaschine MS5	lineare Abschreibung	04.11.2015
Nutzungsdauer	**Anschaffungspreis**	**Abschreibung in 2023**	**Buchwert: 01.01.2023**
15 Jahre	78.238,00 €	2.966,00 €	8.649,00 €
15 Jahre	115.000,00 €	6.688,00 €	17.276,00 €
13 Jahre	95.000,00 €	7.311,00 €	42.644,00 €
		16.965,00 €	68.569,00 €

Konto Inventar	Bezeichnung/Inventarbezeichnung	Abschreibungsart	Anschaffungsdatum
-	Fuhrpark gemäß besonderem Verzeichnis	-	-
Nutzungsdauer	**Anschaffungspreis**	**Abschreibung in 2023**	**Buchwert: 01.01.2023**
-	-	-	-

Konto Inventar	Bezeichnung/Inventarbezeichnung	Abschreibungsart	Anschaffungsdatum
0640	Ladeneinrichtung		
640001	Showroom Einrichtung	Lineare Abschreibung	01.10.2020
Nutzungsdauer	**Anschaffungspreis**	**Abschreibung in 2023**	**Buchwert: 01.01.2023**
13 Jahre	48.500,00 €	3.731,00 €	40.108,00 €
		3.731,00 €	40.108,00 €

Hinweis: Die Buchwerte zum 01.01.2023 decken sich mit den Vortragsbuchungen der Eröffnungsbilanz von Seite 19.

Anlagegüter erfassen

Um die vorhandenen Anlagegüter vorzutragen, gehen Sie - wie nachfolgend dargestellt - vor:

1 Wählen Sie den Menüpunkt *Erfassen* ▶ *Anlagenbuchführung* ▶ *Inventare erfassen* oder klicken Sie in der Navigationsübersicht im geöffneten Ordner *Anlagenbuchführung* doppelt auf den Eintrag *Inventare erfassen*.

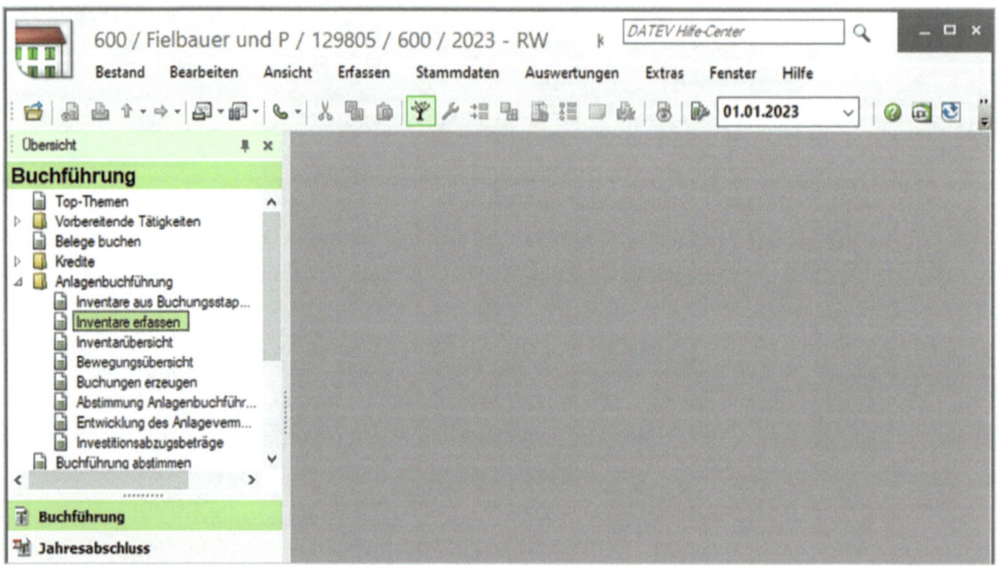

2.1 Übersicht: Inventare erfassen

2 Das Dialogfenster *Neues Inventar erfassen* wird geöffnet (Bild 2.2).

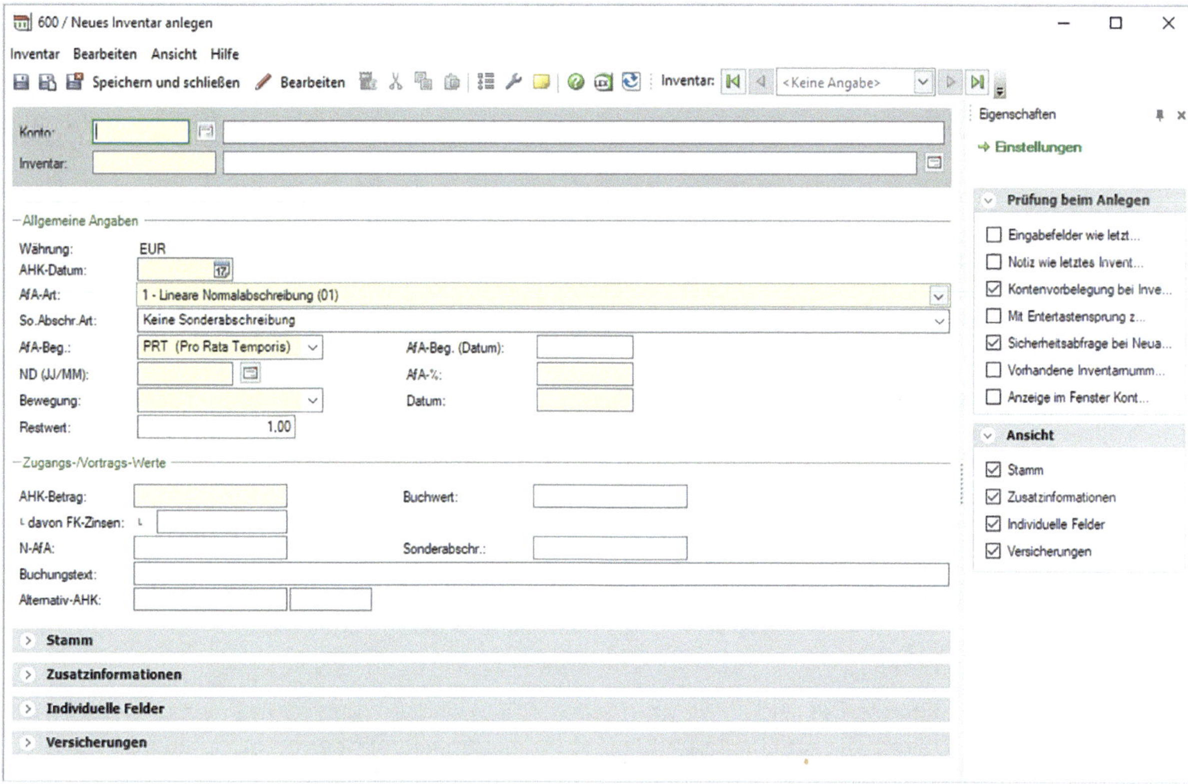

2.2 Neues Inventar erfassen

Zunächst soll die Bürosoftware, die am 03.01.2022 angeschafft wurde, vorgetragen werden.

Konto Inventar	Bezeichnung/Inventarbezeichnung	Abschreibungsart	Anschaffungsdatum
0135	EDV-Software		
135001	Bürosoftware	Immat. Wirtschaftsgut	03.01.2022
135002	SpezS 2022	Immat. Wirtschaftsgut	01.07.2022
Nutzungsdauer	**Anschaffungspreis**	**Abschreibung in 2023**	**Buchwert: 01.01.2023**
1 Jahr	5.100,00 €	3.399,00 €	3.400,00 €
1 Jahr	10.500,00 €	8.749,00 €	8.750,00 €
		12.148,00 €	12.150,00 €

3 Geben Sie im Feld *Konto* das FIBU-Konto 0135 ein und drücken Sie anschließend die Tabulator-Taste (Bild 2.3).

Die Bezeichnung für Konto *135* (SKR04), *EDV-Software*, wird vom Programm automatisch angezeigt. Zusätzlich legt das Programm im Feld *Inventar* automatisch eine Inventarnummer für die vorzutragende Bürosoftware an, siehe Bild 2.3.

Die Inventarnummer setzt sich zusammen aus der FIBU-Kontennummer (135) und einer dreistelligen fortlaufenden Nummer (001). Sie kann natürlich auch individuell an die eigenen Bedürfnisse angepasst werden.

Hinweis: Über das Symbol *Konto auswählen* kann ggf. ein FIBU-Konto anhand des hinterlegten Kontenrahmens SKR04 ausgewählt werden.

4 Im Feld *Bezeichnung* geben Sie Bürosoftware ein (Bild 2.3).

2.3 FIBU Konto erfassen

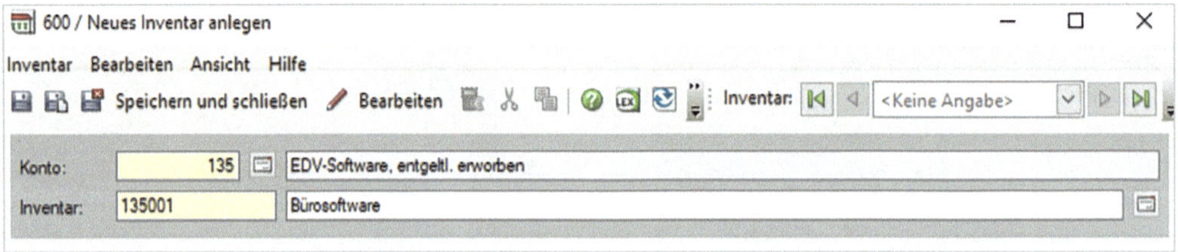

5 Hiermit sind im oberen Teil die Stammdaten für die Bürosoftware erfasst. Im nächsten Schritt muss das Anschaffungs- bzw. Herstelldatum angegeben werden. Geben Sie im Feld *AHK-Datum* das Anschaffungsdatum 03.01.2022 (Bild 2.4) ein.

Hinweise: Das Feld *AfA-Beginn* (siehe Bild 2.5) wird automatisch aus dem AHK-Datum gebildet. Die Abschreibung beginnt standardmäßig mit der gesetzlichen Regelung PRT Pro Rata Temporis (zeitanteilige monatliche Abschreibung).

Je nach Anschaffungsdatum z. B. vor 01.01.2004 kann auch die Vereinfachungsregel VE Anschaffung erstes oder zweites Halbjahr ausgewählt werden. In besonderen Fällen sogar individuell mit einem einzugebenden individuellen Beginndatum.

6 Im Feld *AfA-Art* (Bild 2.4) kann die Abschreibungsart über den Dropdown-Pfeil ausgewählt bzw. die AfA-Nr., z. B. 1 für Lineare Normalabschreibung oder 2 für geometrisch degressive Abschreibung usw., eingeben werden.

Bei der Bürosoftware handelt es sich um ein immaterielles Wirtschaftsgut. Klicken Sie auf das Auswahlfeld und wählen die Abschreibungsart *Abschreibung bei immateriellen WG (82)* aus.

Achtung: Für immaterielle Wirtschaftsgüter (z. B. Urheberrechte, Patente, Lizenzen, Software, Geschäftswert) gibt es nur die lineare AfA. Der Abschreibungszeitraum ist unterschiedlich (z. B. Geschäftswert 15 Jahre; Software 1 Jahr, gemäß BMF-Schreiben vom 22.02.2022 oder auch 3 Jahre, siehe Hinweistext auf Seite 34). In DATEV kann diesen Wirtschaftsgütern die Abschreibungsart immaterielles Wirtschaftsgut zugewiesen werden.

2.4 *AfA-Art auswählen*

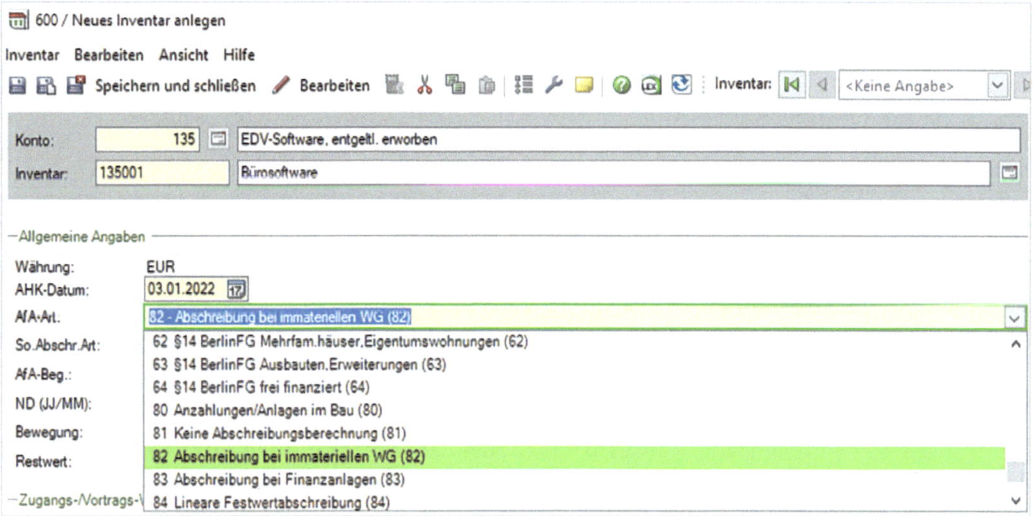

Hinweis: Im Feld *So.Abschr.-Art* kann ggf. über das Pfeilsymbol eine gewünschte Sonderabschreibungsart ausgewählt werden. Standardmäßig ist das Feld mit dem Eintrag *Keine Sonderabschreibung* belegt ❶ (Bild 2.5).

2.5 *Neues Inventar - weitere Eingaben*

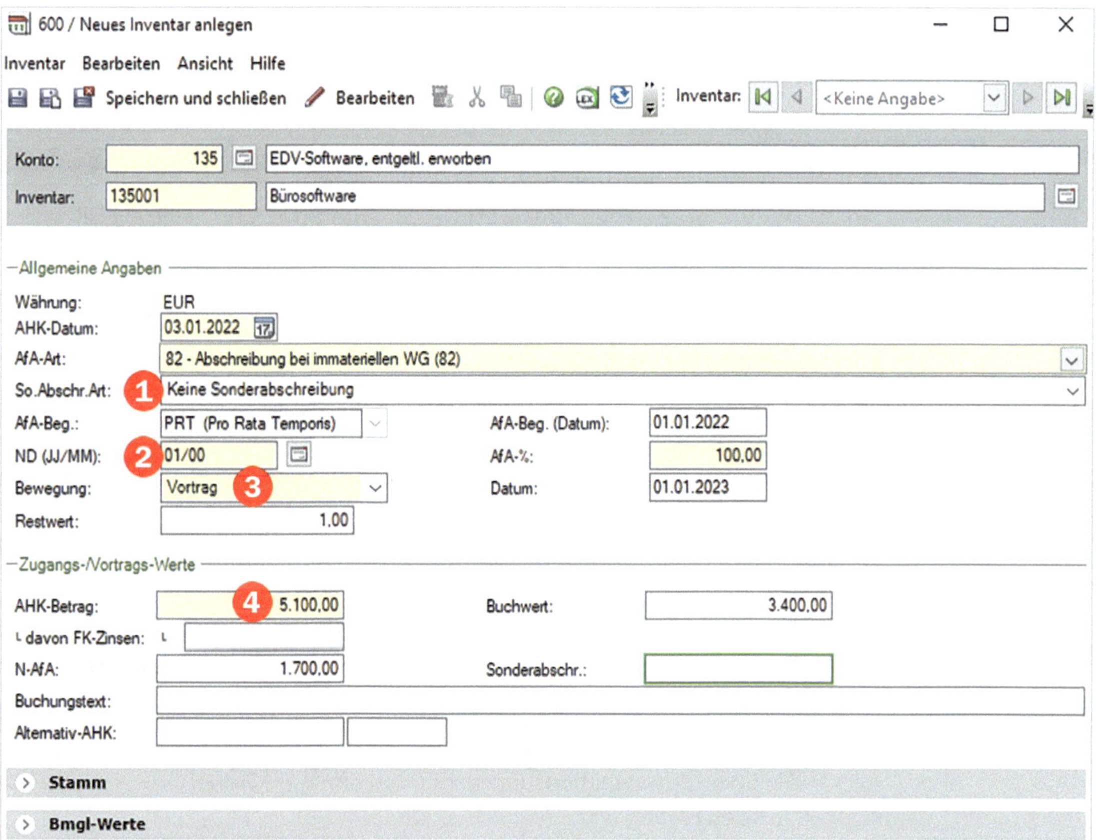

7 Geben Sie im Feld *ND (JJ/MM)* die Nutzungsdauer der Bürosoftware, 1 Jahr, 01/00 ein ❷ (Bild 2.5). Aus der Nutzungsdauer wird durch das Programm automatisch der lineare Abschreibungsprozentsatz von 100 % berechnet. In Bezug auf das AHK-Datum für die Bürosoftware sind damit die Abschreibungsart und die Abschreibungsdauer erfasst.

Eingaben im Feld *ND* (Nutzungsdauer) erfolgen in der Form JJ/MM, also z. B. 01 = 1 Jahr 00 = 0 Monate .

8 In einem weiteren Schritt müssen die Bewegung und im Feld *AHK-Betrag* die Anschaffungs- oder Herstellkosten des Anlagegutes erfasst werden, siehe Bild 2.5.

Das Feld *Bewegung* ❸ ist mit *Vortrag* - gleichbedeutend mit Saldovortrag - und das Feld *Datum* mit dem *01.01.2023* durch das Programm automatisch vorbelegt. Die Bewegung bewirkt einen Saldovortrag zum Datum 01.01.2023.

Die Bürosoftware wurde am 02.01.2022 zu einem Nettokaufpreis (Anschaffungskosten) von 5.100,00 EUR erworben. Geben Sie im Feld *AHK-Betrag* die Anschaffungskosten von 5.100,00 EUR ein ❹ und drücken Sie anschließend die Tabulatortaste.

!

Achtung: Achten Sie darauf, dass Sie das Komma mit eingeben, da die letzten zwei Stellen automatisch als Cent-Beträge formatiert werden.

!

Wichtiger Hinweis: Das Programm ermittelt automatisch aus dem eingegebenen AHK-Betrag den Buchwert zum 01.01.2023 von 3.400,00 EUR und die aufgelaufene (kumulierte Summe) Normal-AfA von 1.700,00 EUR bis zum Bilanzstichtag 01.01.2023.

Die Berechnung der Abschreibungswerte

- 1. Jahr 03.01.2022 Buchwert: 5.100,00 EUR Abschreibung 1. Jahr 1.700,00 EUR
- 2. Jahr 01.01.2023 Buchwert: 3.400,00 EUR Abschreibung 2. Jahr 3.399,00 EUR
- Erinnerungswert: 1,00 EUR

9 Alle notwendigen Eingaben für den Vortrag der Bürosoftware sind damit erfasst. Speichern Sie den Datensatz, indem Sie in der Standardsymbolleiste auf das Symbol *Speichern und Schließen* klicken.

Ergebnis: Der Vortrag der Bürosoftware mit der Abschreibungsmethode 82 - Abschreibung bei immateriellen Wirtschaftsgütern über den Zeitraum von 1 Jahr ist erfasst.

Vortragswerte kontrollieren

Die Vortragswerte und der Abschreibungsplan der Bürosoftware müssen natürlich sofort kontrolliert werden. Um die Vortragwerte über die Inventarübersicht zu kontrollieren, gehen Sie wie folgt vor:

1 Wählen Sie den Menüpunkt *Stammdaten* ▶ *Anlagenbuchführung* ▶ *Inventarübersicht* oder klicken Sie über die Navigationsübersicht im geöffneten Ordner *Anlagenbuchführung* doppelt auf den Eintrag *Inventarübersicht* ❶ (Bild 2.6).

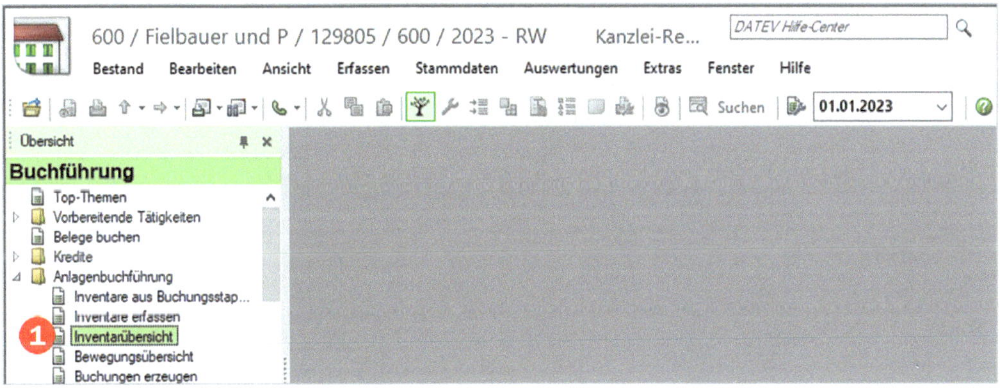

2.6 Anlagenbuchführung - Inventarübersicht

Als Ergebnis wird das Arbeitsblatt *Inventarübersicht* ❷ mit der erfassten Bürosoftware angezeigt (Bild 2.7). Innerhalb der Inventarübersicht sehen Sie Informationen zur vorgetragenen Bürosoftware.

Tipp: Über das Auswahlfeld *Auswertungsart* ❸ stehen Ihnen verschiedene Übersichten zur Verfügung.

2.7 Arbeitsblatt Inventarübersicht

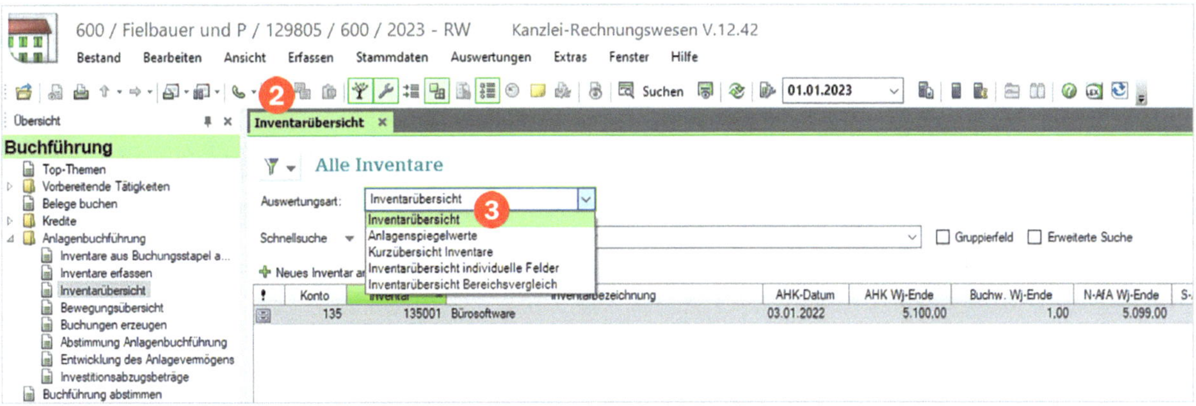

2 Durch Verschieben der horizontalen Bildlaufleiste (bzw. Klick auf den Pfeil nach rechts >) können Sie weitere Informationen zur vorgetragenen Bürosoftware einsehen.

2.8 Inventarübersicht

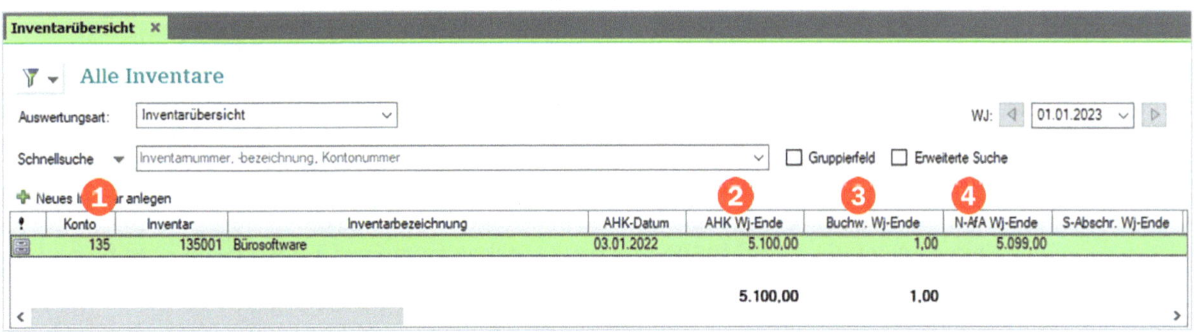

❶ FIBU-Konto, Inventarnummer und Inventarbezeichnung

❷ Anschaffungs- bzw. Herstellkosten

3. Buchwert zum 31.12.2023
4. Kumulierte Abschreibungswerte bis zum 31.12.2023

3 Verschieben Sie die horizontale Bildlaufleiste weiter nach rechts, um *Nutzungsdauer*, *AfA-Art*, *AHK Wj-Beginn*, *Buchw. Wj-Beginn* und *N-AfA Wj-Beginn* anzuzeigen.

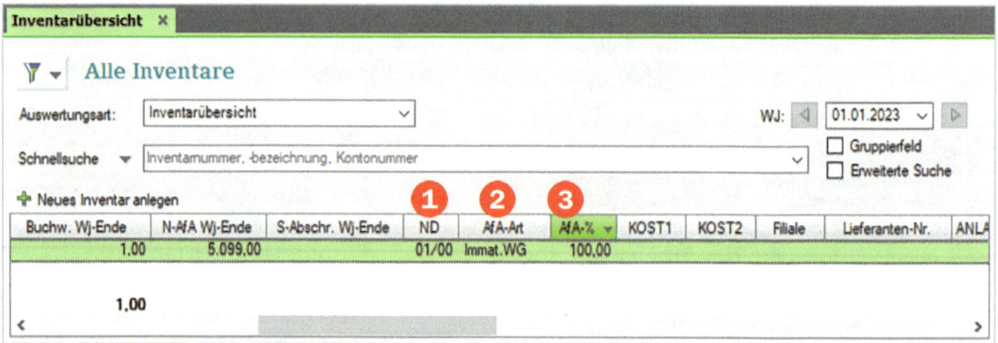

2.9 Inventarübersicht- weitere Informationen

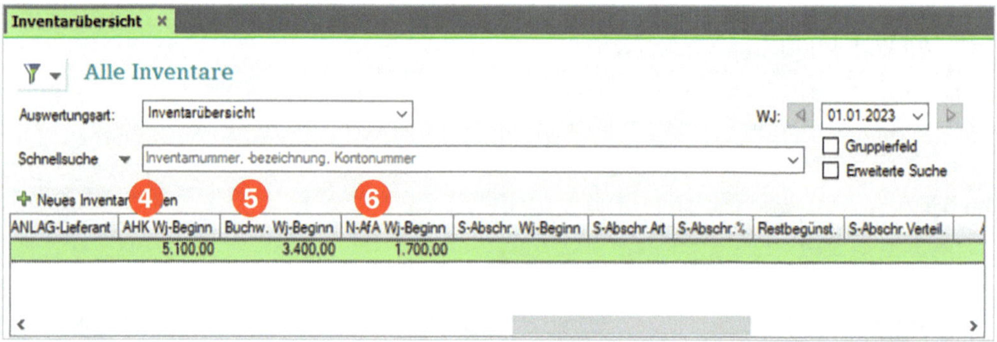

2.10 AHK Wj-Beginn

1. Nutzungsdauer: 1 Jahr
2. AfA-Art: Immaterielles Wirtschaftsgut
3. AfA-Prozentsatz
4. Anschaffungs- bzw. Herstellkosten
5. Buchwert zum 01.01.2023
6. Kumulierte Abschreibungswerte bis zum 31.12.2022

2.4 Abschreibungsbewegungen einsehen

In der Inventarübersicht ist die Abschreibungsbewegung der Bürosoftware nicht ersichtlich. Sie kann jedoch sehr leicht eingesehen werden. Dazu gehen Sie - wie nachfolgend dargestellt - vor:

1 Klicken Sie in der Inventarübersicht im unteren Zusatzbereich auf das Register *Details zum Inventar 1350001 - Bürosoftware* ❶, siehe Bild 2.11.

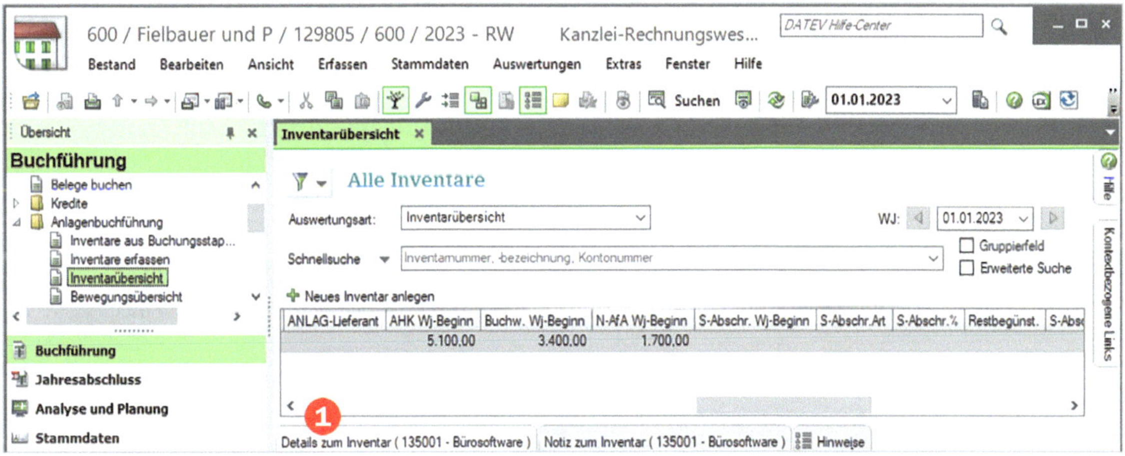

2.11 Register im Zusatzbereich

2 Die Details werden am unteren Rand eingeblendet, klicken Sie auf das Register *Vortragswerte* ❷ (Bild 2.12).

Der erfasste Anschaffungswert von 5.100,00 EUR zur Bürosoftware und der vorgetragene Buchwert zum 01.01.2023 in Höhe von 3.400,00 EUR sowie die aufgelaufene (kumulierte Summe) Normal-AfA von 1.700,00 EUR bis zum Bilanzstichtag 01.01.2023 werden angezeigt (Bild 2.12).

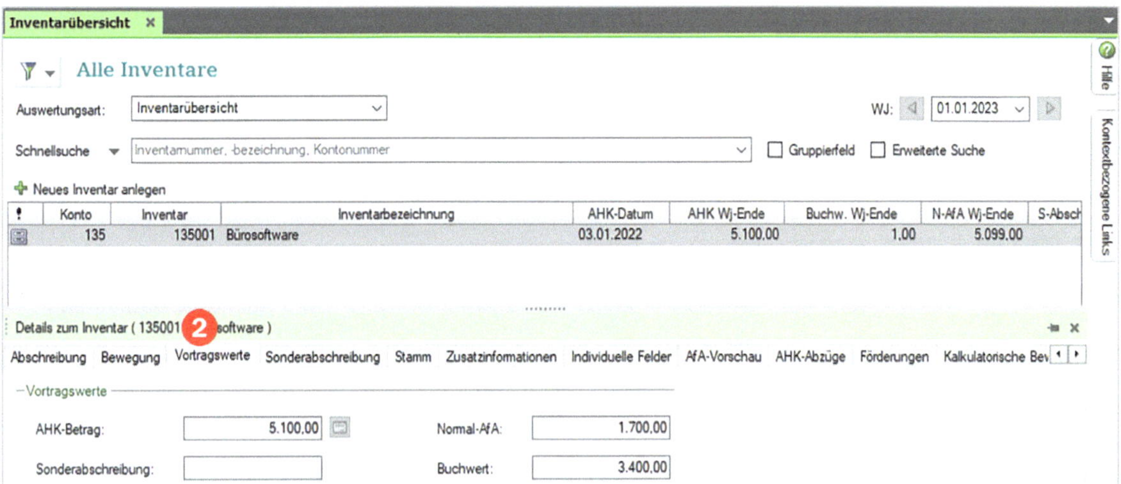

2.12 Vortragswerte anzeigen

3 Klicken Sie anschließend auf das Register *Bewegung* ❸ (Bild 2.13).

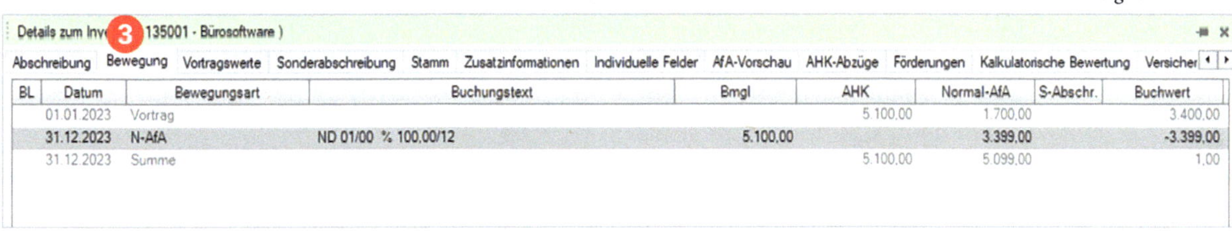

2.13 Bewegung anzeigen

Tipp: Mit Klick auf das Register *Abschreibung* ❹ können AHK-Datum, Abschreibungsart und Nutzungsdauer eingesehen werden.

Über die übrigen Register können natürlich darüber hinaus weitere Informationen zum vorgetragenen Anlagengut eingesehen werden. Auch im unteren Zusatzbereich finden Sie noch weitere Register. Das Register *Hinweise* ❺ zeigt ggf. fehlerhafte oder fragliche Angaben an.

2.14 Register Abschreibung

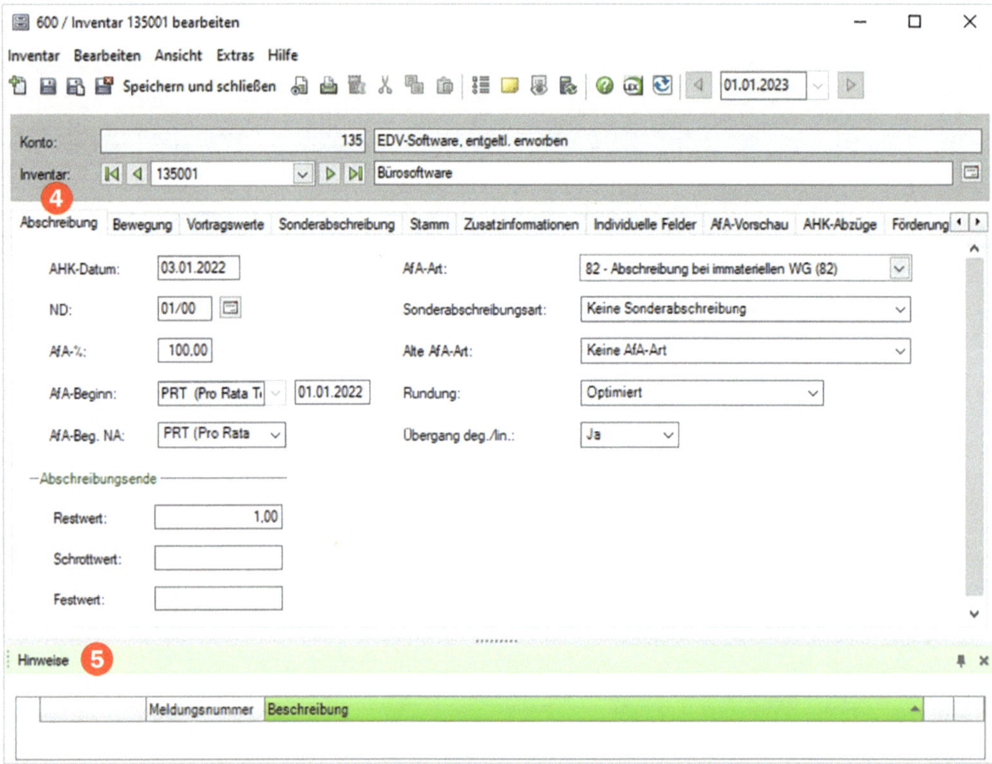

2.5 Neues Inventar über das Arbeitsblatt Inventarübersicht erfassen

Ausgangssituation

Als nächstes Anlagegut soll der Druckkessel IFX 2010 vorgetragen werden. Der Druckkessel wurde am 01.12.2010 zu einem Anschaffungswert von 78.238,00 EUR erworben. Die Nutzungsdauer beträgt 15 Jahre. Der Druckkessel wird geometrisch degressiv abgeschrieben. Degressiver Höchstsatz im Jahr 2010: 16,67 %.

Inventar erfassen

1 Um den Druckkessel vorzutragen, klicken Sie im Arbeitsblatt *Inventarübersicht* auf den Link *Neues Inventar anlegen* ❶.

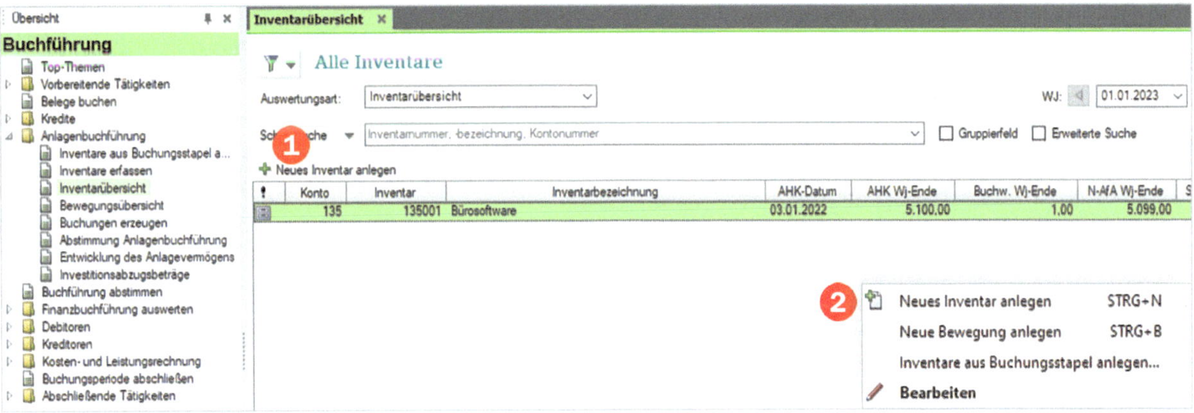

2.15 Inventar anlegen

Alternativ können Sie ein neues Inventar in der Inventarübersicht über einen Rechtsklick und den Befehl *Neues Inventar anlegen* ❷ erfassen (Bild 2.15) oder drücken Sie die Tastenkombination Strg+N.

2 Geben Sie die Stammdaten für den Druckkessel ein ❸ (Bild 2.16).

3 Im Feld *AHK-Datum* geben Sie das Datum 01.12.2010 ein und wählen danach im Feld *AfA-Art* die Abschreibungsart *2 Geom. degressive Abschreibung(02)* aus (Bild 2.16).

4 Klicken Sie beim Feld *ND (JJ/MM)* (Nutzungsdauer) auf das Symbol *Nutzungsdauer auswählen* ❹ (Bild 2.16).

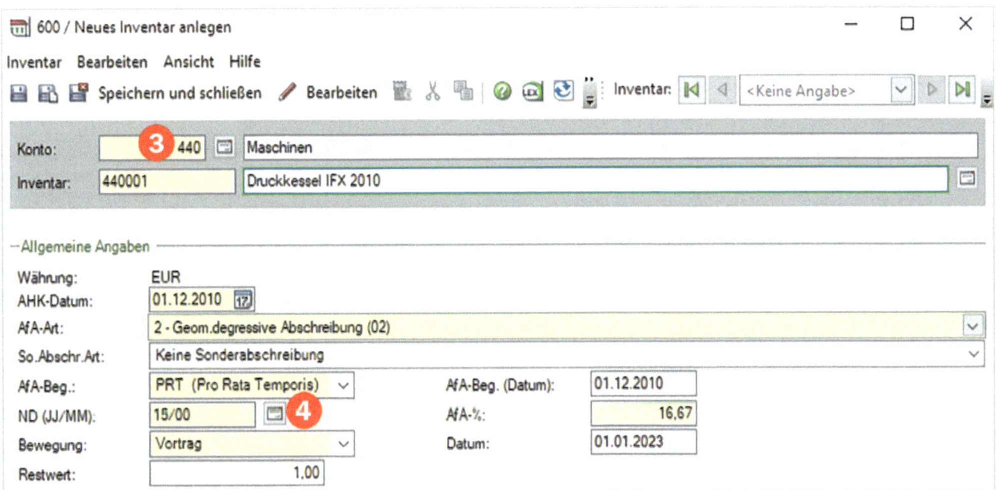

2.16 Neues Inventar: AHK-Datum und Abschreibungsart

5 DATEV Anlagenbuchführung bietet standardmäßig eine Liste mit AfA-Tabellen für Anlagegüter an. Die jeweilige Nutzungsdauer eines Anlagegutes kann, sofern es in der Ta-

belle enthalten ist, aus der Liste übernommen werden. Geben Sie im Feld *Schnellsuche* den Suchbegriff Druck ein (Bild 2.17).

2.17 Nutzungsdauer übernehmen

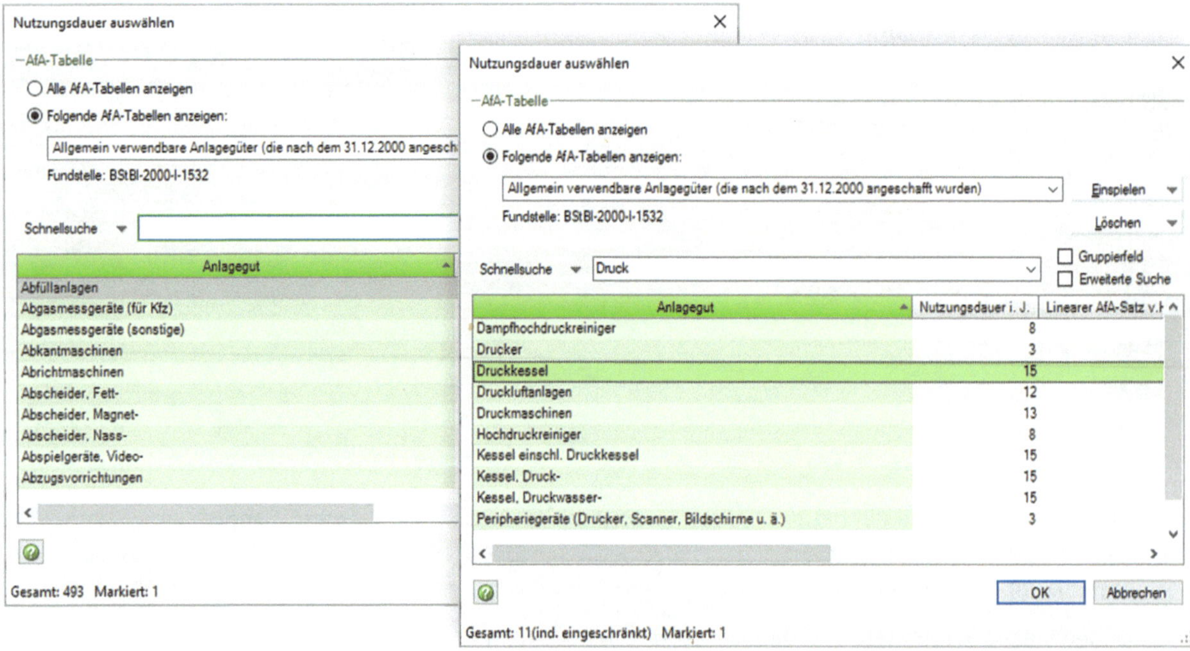

6 Der Druckkessel wird in der Liste der Anlagegüter aufgeführt. Die Nutzungsdauer beträgt 15 Jahre. Klicken Sie auf den Eintrag *Druckkessel* und übernehmen Sie die Nutzungsdauer mit Klick auf die Schaltfläche *OK*.

Hinweis: Ist das Anlagegut nicht in der Liste aufgeführt, muss über das Finanzamt die Nutzungsdauer des Anlagegutes erfragt werden.

7 Das Programm ermittelt aus der jeweiligen Nutzungsdauer den AfA-Prozentsatz. Da es sich beim Druckkessel um eine geometrisch degressive Abschreibung handelt, wird automatisch der zulässige Abschreibungshöchstsatz von 16,67 % gebildet ❺ (Bild 2.18).

8 Geben Sie im Feld *AHK-Betrag* die Anschaffungskosten von 78.238,00 EUR ein und drücken Sie anschließend die Tabulator-Taste. Das Programm ermittelt automatisch aus dem eingegebenen Betrag den vorzutragenden Buchwert (Saldovortrag) zum 01.01.2023 in Höhe von 8.649,00 EUR ❻ und die aufgelaufene (kumulierte Summe) Normal-AfA vom 01.12.2010 bis zum Bilanzstichtag 01.01.2023 von 69.589,00 EUR ❼, s. Bild 2.18.

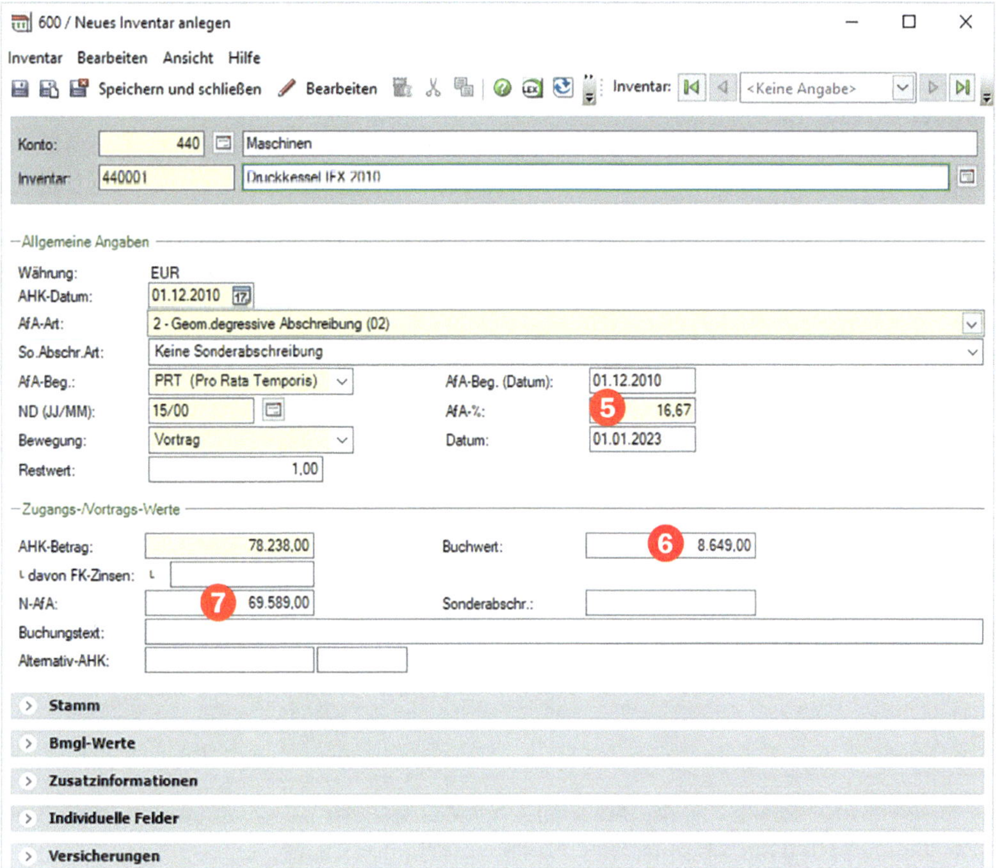

2.18 Neues Inventar: Weitere Angaben

Alle notwendigen Eingaben für den Vortrag des Druckkessels sind damit erfasst.

Der Abschreibungsverlauf des Druckkessels vom 01.12.2010 bis 31.12.2022 stellt sich manuell berechnet - wie nachfolgend abgebildet - dar:

2.19 Der Abschreibungsverlauf

Beginn	01.12.2010
AHK-Wert	78.238,00 €
Nutzungsdauer	15 Jahre
AfA-Satz	16,67%

	Abschreibung	Buchwert	Wirtschafts-jahresende	
1. Jahr (2010)	1.087,00 €	77.151,00 €	31.12.2010	
2. Jahr (2011)	12.861,00 €	64.290,00 €	31.12.2011	
3. Jahr (2012)	10.717,00 €	53.573,00 €	31.12.2012	
4. Jahr (2013)	8.931,00 €	44.642,00 €	31.12.2013	
5. Jahr (2014)	7.442,00 €	37.200,00 €	31.12.2014	
6. Jahr (2015)	6.201,00 €	30.999,00 €	31.12.2015	
7. Jahr (2016)	5.168,00 €	25.831,00 €	31.12.2016	
8. Jahr (2017)	4.306,00 €	21.525,00 €	31.12.2017	
9. Jahr (2018)	3.588,00 €	17.937,00 €	31.12.2018	
10. Jahr (2019)	2.990,00 €	14.947,00 €	31.12.2019	
11. Jahr (2020)	2.492,00 €	12.455,00 €	31.12.2020	
12. Jahr (2021)	2.076,00 €	10.379,00 €	31.12.2021	
13. Jahr (2022)	1.730,00 €	8.649,00 €	31.12.2022	
14. Jahr (2023)	2.966,00 €	5.683,00 €	31.12.2023	⇨ Wechsel auf lineare Abschreibung
15. Jahr (2024)	2.966,00 €	2.717,00 €	31.12.2024	
16. Jahr (2025)	2.716,00 €	1,00 €	31.12.2025	

9 Speichern Sie abschließend den Datensatz, indem Sie auf das Symbol *Speichern und Schließen* klicken.

Vortragswerte kontrollieren

Im Arbeitsblatt *Inventarübersicht* ist jetzt neben der bereits erfassten Bürosoftware auch der Vortrag des Druckkessels mit aufgelistet (Bild 2.20).

1 Verschieben Sie die horizontale Bildlaufleiste oder klicken Sie auf den Pfeil >, um weitere Informationen zum vorgetragenen Druckkessel IFX 2010 einzusehen (Bild 2.20 und Bild 2.21).

2.20 Inventarübersicht Neu

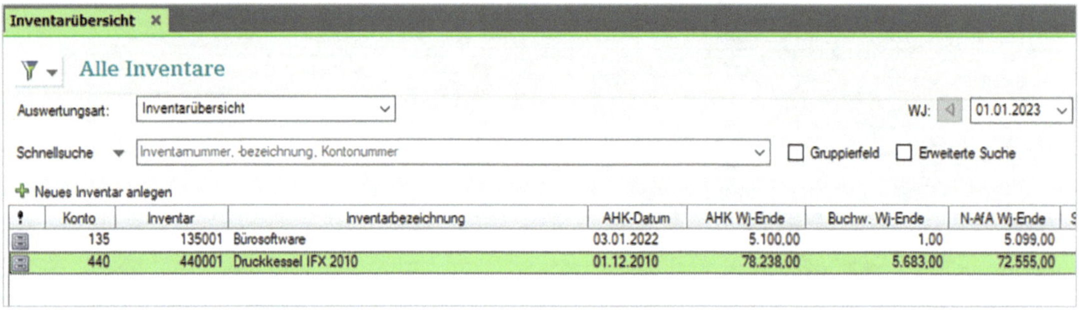

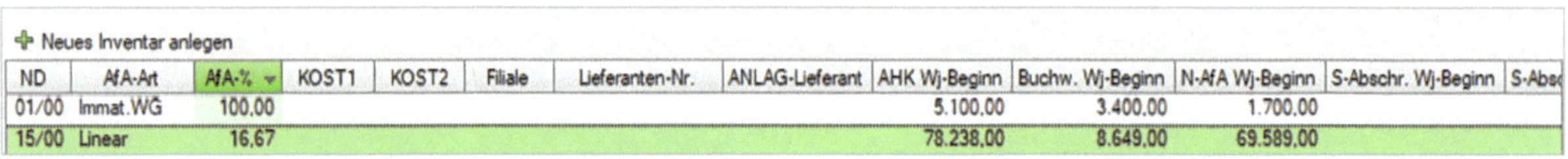

2.21 Weitere Informationen

Hinweis zur Spalte *AfA-Art*: Automatischer Wechsel der Abschreibungsmethode von geometrisch degressiv auf lineare Abschreibung.

2.22 Details kontrollieren

2 Doppelklicken Sie auf den Druckkessel IFX 2010 und wählen Sie anschließend das Register *Bewegung* (1) (Bild 2.22)

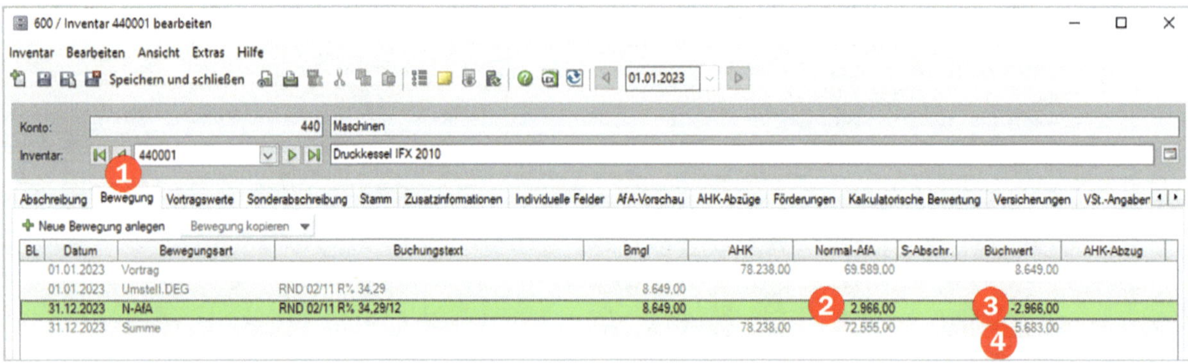

(2) Abschreibungswert im Jahr 2023: 2.966,00 EUR

(3) Minderung Buchwert zum 31.12.2023: -2.966,00 EUR

(4) Restbuchwert zum 31.12.2023: 5.683,00 EUR

Abschreibungsverlauf einsehen

Zusätzlich zur Abschreibungsbewegung kann auch der weitere Abschreibungsverlauf des Druckkessels IFX 2010 eingesehen werden. Dazu gehen Sie - wie nachfolgend dargestellt - vor:

2.23 Doppelklick auf das Anlagegut

1 Klicken Sie im Arbeitsblatt *Inventarübersicht* doppelt auf den Druckkessel IFX 2010 ❶.

2 Das Anlagegut wird nun zur Bearbeitung angezeigt und kann ggf. geändert werden. Klicken Sie auf das Register *AfA-Vorschau* ❷.

Nun wird der gesamte weitere Abschreibungsverlauf des Anlagegutes angezeigt (Bild 2.24).

2.24 AfA-Vorschau

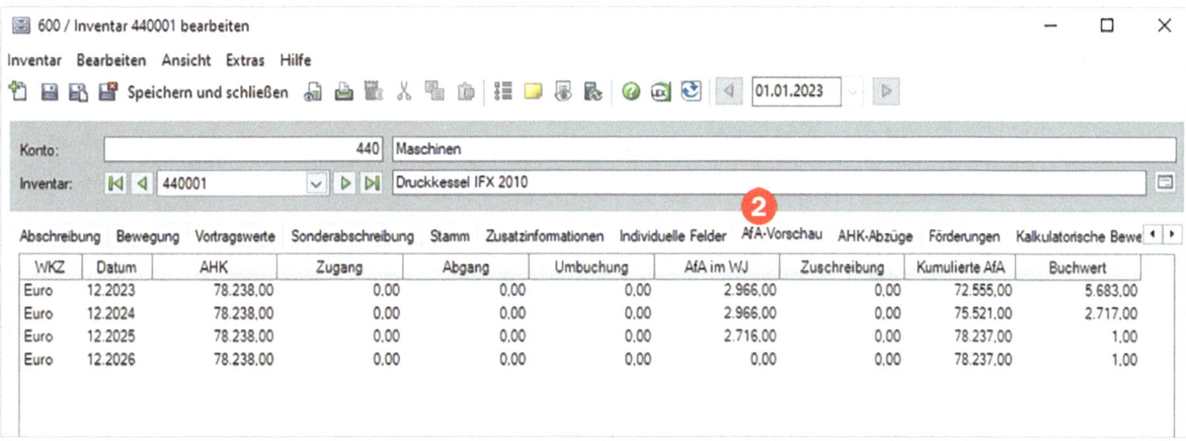

Da es sich bei der Abschreibungsart um eine geometrisch degressive Abschreibung handelt, wird der AfA-Wechsel automatisch berechnet. Ab dem Jahr 2023 ist der lineare Abschreibungswert höher als der degressive. Zu diesem Zeitpunkt kann der Wechsel auf die lineare Abschreibung üblicherweise stattfinden.

3 Schließen Sie anschließend das Fenster, indem Sie auf das Symbol *Schließen* ✕ klicken. Sie befinden sich nun wieder in der Inventarübersicht mit den vorgetragenen Anlagegütern, siehe Bild 2.23.

Wichtige Hinweise zur Abschreibungsart geometrisch degressiv

Bei der degressiven AfA auf bewegliche Anlagegüter werden im Gegensatz zur linearen AfA die AfA-Beträge von Jahr zu Jahr niedriger (§7 Abs. 2). Dies betraf in den letzten Jahren nur Anlagegüter, die vor dem 31.12.2010 angeschafft wurden. Die Bundesregierung hat mit dem Wachstumschancengesetz die degressive AfA für bewegliche Wirtschaftsgüter befristet wieder eingeführt.

- 01.01.2011 - 31.12.2019 degressive AfA abgeschafft
- 01.01.2020 - 31.12.2022 höchstens 2,5facher lin. AfA-% (jedoch max. 25 %)
- 01.01.2023 - 30.09.2023 degressive AfA abgeschafft
- 01.10.2024 - 31.12.2024 höchstens 2,5facher lin. AfA-% (jedoch max. 25 %)

Steuerlich ist die Abschreibungsart für angeschaffte bzw. hergestellte Wirtschaftsgüter anwendbar, wenn diese in den nachfolgend aufgeführten Zeiträumen erworben wurden.

- 01.01.2001 - 31.12.2005 höchstens 2-facher lin. AfA-% (jedoch max. 20 %)
- 01.01.2006 - 31.12.2007 höchstens 3-facher lin. AfA-% (jedoch max. 30 %)
- 01.01.2008 - 31.12.2008 degressive AfA aufgehoben
- 01.01.2009 - 31.12.2010 höchstens 2,5facher lin. AfA-% (jedoch max. 25 %)
- Ab dem Jahr 01.01.2011 wurde die geometrisch degressive Abschreibungsart wieder außer Kraft gesetzt.

2.6 Inventare ändern und löschen

Inventare ändern

Wenn Sie nachträglich Änderungen in den Vorträgen durchführen möchten, können Sie dies auf einem der folgenden Wege vornehmen:

- Doppelklicken Sie auf das zu ändernde Wirtschaftsgut in der Inventarübersicht und nehmen Sie anschließend die Änderung vor.
- Rechtsklick auf das zu ändernde Wirtschaftsgut und wählen Sie aus dem Kontextmenü den Befehl *Bearbeiten*.
- Markieren Sie per Mausklick das zu ändernde Wirtschaftsgut und verwenden Sie den Menüpunkt *Bearbeiten* ▶ *Inventar bearbeiten*.

Inventare löschen

Soll ein Anlagegut gelöscht werden, verwenden Sie dazu eine der folgenden Möglichkeiten, wobei Sie vor dem eigentlichen Löschen in jedem Fall noch die Sicherheitsabfrage bestätigen müssen.

- Klicken Sie in der Inventarübersicht auf das zu löschende Anlagegut und betätigen Sie die Entf-Taste.
- Rechtsklick auf das zu löschende Wirtschaftsgut und Befehl *Löschen*.

- Markieren Sie das zu löschende Wirtschaftsgut und verwenden Sie den Menüpunkt *Bearbeiten* ▶ *Löschen*.

Tipp: In der Praxis ist es üblich, bei fehlerhaften Vorträgen das vorzutragende Anlagegut zu löschen und neu anzulegen, anstatt ein bestehendes Anlagegut zu ändern, da durch die Änderungen oftmals auch Veränderungen im Abschreibungsplan stattfinden.

Übung Anlagegüter vortragen

Erfassen Sie die nachfolgenden Anlagengüter über die Inventarübersicht von Frau Trichter. Hinweis: Die Inventarübersicht führt übungstechnisch die noch nicht vorgetragenen Anlagegüter auf.

Die Lösungen zu den Aufgaben 1 bis 4 finden Sie im Lösungsbuch

Firma Fielbauer und Partner GmbH Seite 1
Datum: 31.12.2022

Aufgabe 1, Konto 135 Software

Kontrollieren Sie anschließend die Werte, insbesondere die Abschreibungswerte in 2023 sowie die Buchwerte zum 01.01.2023 mit der Inventarübersicht.

Konto Inventar	Bezeichnung/Inventarbezeichnung	Abschreibungsart	Anschaffungsdatum
0135	EDV-Software		
135002	SpezS 2022	Immat. Wirtschaftsgut	01.07.2022
Nutzungsdauer	**Anschaffungspreis**	**Abschreibung in 2023**	**Buchwert: 1.01.2023**
1 Jahr	10.500,00 €	8.749,00 €	8.750,00 €

Aufgabe 2, Konto 230 Bauten auf eigenem Grundstück

Konto Inventar	Bezeichnung/Inventarbezeichnung	Abschreibungsart	Anschaffungsdatum
0230	Bauten auf eigenem Grundstück		
230001	Geschäftsgebäude	Wirtsch.geb.(3% lin.)	04.01.2012
230002	Produktionshalle	Wirtsch.geb.(3% lin.)	01.10.2012
Nutzungsdauer	**Anschaffungspreis**	**Abschreibung in 2023**	**Buchwert: 01.01.203**
33 J. 4 Mon.	520.000,00 €	15.600,00 €	348.400,00 €
33 J. 4 Mon.	380.000,00 €	11.400,00 €	263.150,00 €
		27.000,00 €	611.550,00 €

!

Achtung: Wirtschaftsgebäude, die zum Betriebsvermögen gehören und deren Bauantrag / Kaufvertrag nach dem 31.12.2000 gestellt wurde, können mit einem linearen AfA-Satz von 3 %, vor 2001 mit einem linearen AfA-Satz mit 4 %, abgeschrieben werden. Bemessungsgrundlage hierbei sind die Anschaffungs- bzw. Herstellkosten. Die Abschreibung im ersten Jahr ist zeitanteilig vorzunehmen. Der AfA-Satz richtet sich nach dem Bauantrag und AfA-Beginn ist ab Fertigstellung. DATEV bietet für diese Fälle die Abschreibungsart (10) §7 IV, S.1, Nr.1 EStG (3%) Wirtschaftsgebäude.
Bei Wirtschaftsgebäuden, die zum Betriebsvermögen gehören und deren Bauantrag / Kaufvertrag nach dem 31.03.1985 und vor dem 31.01.1994 gestellt wurden, können degressiv über eine Staffelabschreibung Staffel 85 abgeschrieben werden. 4 mal 10 %, 3 mal 5 %, 18 mal 2,5 %.

Aufgabe 3, Konto 440 Maschinen

Kontrollieren Sie anschließend die Werte, insbesondere die Abschreibungswerte in 2023 sowie die Buchwerte zum 01.01.2023 mit der Inventarübersicht.

Konto Inventar	Bezeichnung/ Inventarbezeichnung	Abschreibungsart	Anschaffungsdatum
0440	Maschinen		
440002	Produktionsmaschine FS80	geom. degressiv	15.08.2010
440003	Verpackungsmaschine MS5	lineare Abschreibung	04.11.2015
Nutzungsdauer	**Anschaffungspreis**	**Abschreibung in 2023**	**Buchwert: 01.01.2023**
15 Jahre	115.000,00 €	6.688,00 €	17.276,00 €
13 Jahre	95.000,00 €	7.311,00 €	42.644,00 €

Aufgabe 4, Konto 640 Ladeneinrichtung

Kontrollieren Sie anschließend die Werte, insbesondere die Abschreibungswerte in 2023 sowie die Buchwerte zum 01.01.2023 mit der Inventarübersicht.

Konto Inventar	Bezeichnung/ Inventarbezeichnung	Abschreibungsart	Anschaffungsdatum
0640	Ladeneinrichtung		
640001	Showroom Einrichtung	Lineare Abschreibung	01.10.2020
Nutzungsdauer	**Anschaffungspreis**	**Abschreibung in 2023**	**Buchwert: 01.01.2023**
13 Jahre	48.500,00 €	3.731,00 €	40.108,00 €
		3.731,00 €	40.108,00 €

2.7 Anlagespiegelwerte anzeigen

Mit der Auswertungsart Anlagespiegelwerte werden die Inventare des aktuell ausgewählten Wirtschaftsjahres angezeigt. Die standardmäßig eingeblendeten Spalten ermöglichen eine Darstellung der Inventarwerte analog zu einem Brutto-Anlagenspiegel. Um die Anlagespiegelwerte einzusehen, gehen Sie wie folgt vor:

1 Wählen Sie den Menüpunkt *Stammdaten* ▶ *Anlagenbuchführung* ▶ *Inventarübersicht* oder klicken Sie in der Navigationsübersicht im geöffneten Ordner *Anlagenbuchführung* doppelt auf den Eintrag *Inventarübersicht*.

Das Arbeitsblatt *Inventarübersicht* mit den bisher vorgetragenen Anlagegütern wird geöffnet (Bild 2.25).

2.25 Inventarübersicht mit den bisher angelegten Anlagegütern

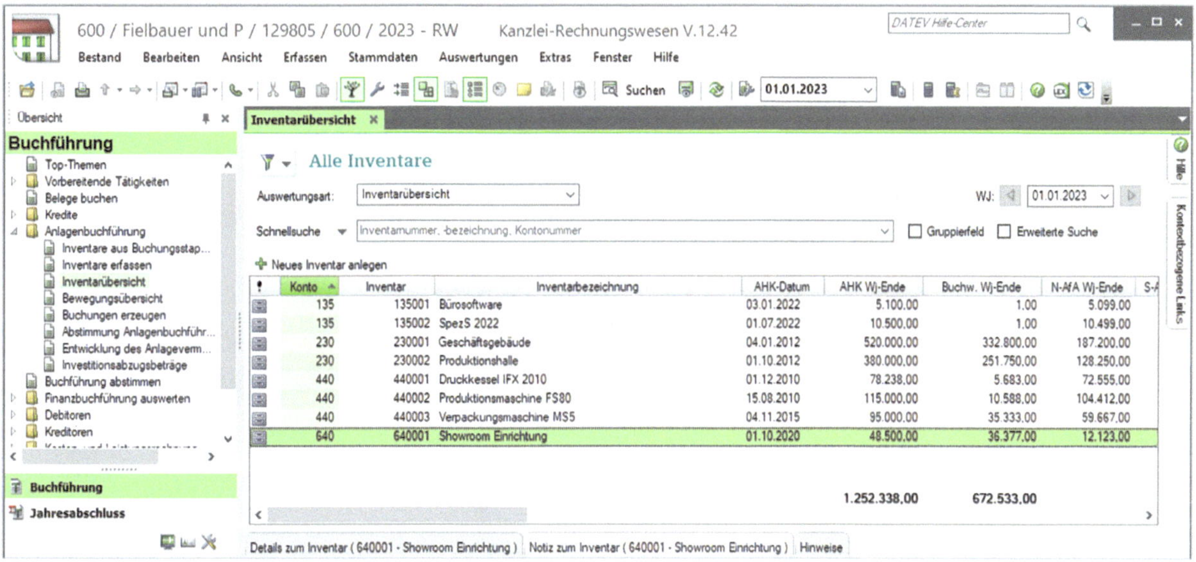

2 Klicken Sie im Feld *Auswertungsart* auf den Dropdown-Pfeil und wählen Sie *Anlagenspiegelwerte*.

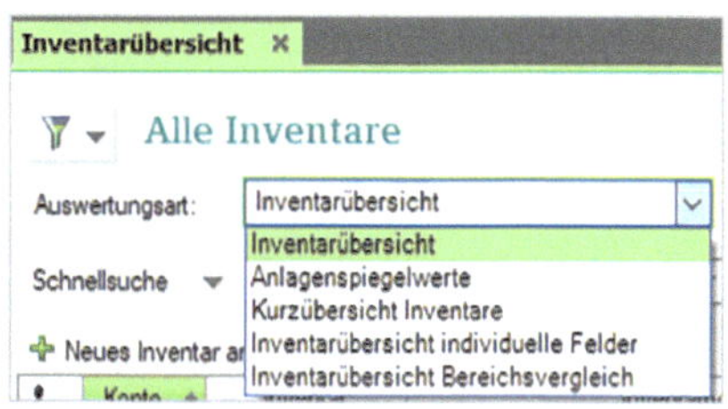

2.26 Auswertungsart wählen

Die weiteren Auswertungsarten:

- Über die Auswertungsart *Kurzübersicht Inventare* kann eine Kurzliste aller erfassten Anlagegütern mit den Spalten FIBU-Konto, Inventarnummer und Inventarbezeichnung eingeblendet werden.
- Die Auswertungsart *Inventarübersicht individuelle Felder* listet eigene definierte Felder der Inventare auf. Sobald dieses Feld angelegt wird, erweitert sich die Liste um dieses Feld. Wurden keine individuellen Felder angelegt, so ist die Übersicht identisch zur *Kurzübersicht Inventare* mit nur 3 Spalten.
- Die *Inventarübersicht Bereichsvergleich* listet die Inventare nach einzelnen Bereichen auf. Dabei können die Inventare sehr einfach miteinander verglichen werden.

3 Die vorgetragenen Anlagegüter werden nun gruppiert nach Buchhaltungskonten aufgelistet. Mit Klick auf das Pfeilsymbol ▷ können alle bisher vorgetragenen Anlagegüter aufgeklappt werden. Nicht benötigte Konten können per Mausklick auf das nach unten weisende Pfeilsymbol ◿ wieder zugeklappt werden.

2.27 Anlagegüter nach Buchungskonten

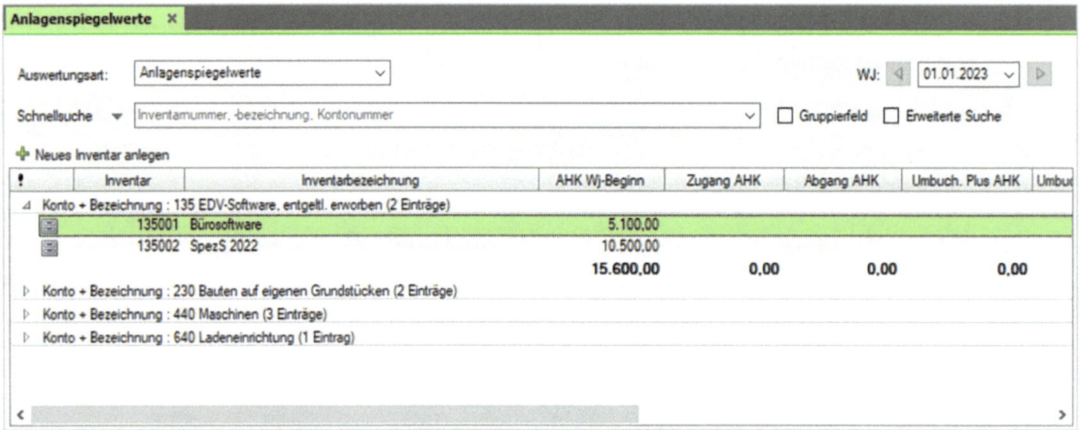

2.28 Alle angelegten Anlagegüter

4 Blenden Sie - wie in Bild 2.28 - alle Anlagegüter ein.

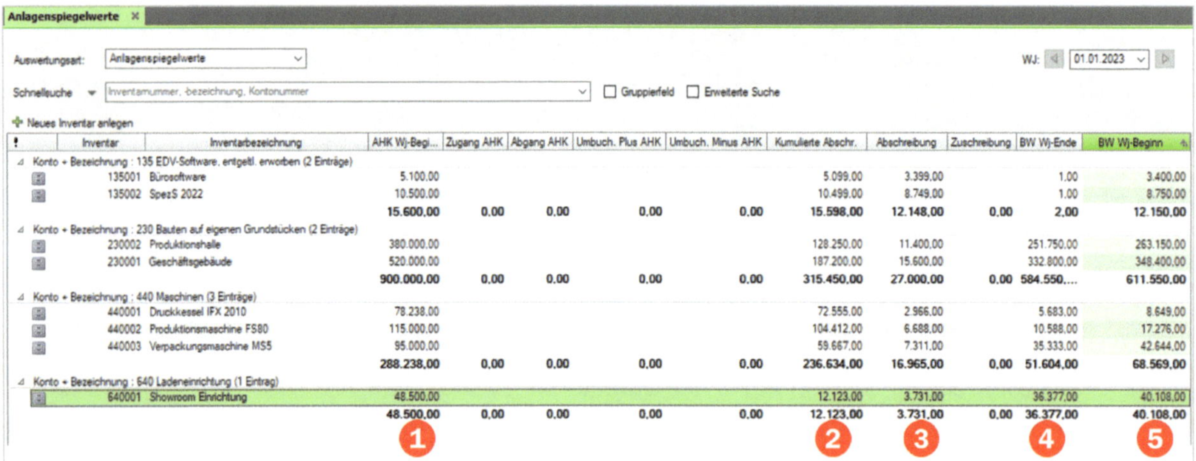

Sie erhalten folgende Informationen

1. Anschaffungs- bzw. Herstellkosten der Anlagegüter
2. Kumulierte Abschreibungswerte bis zum 31.12.2023
3. Abschreibungswerte in 2023
4. Buchwerte zum 31.12.2023
5. Buchwerte zum 01.01.2023

5 Schließen Sie abschließend alle Arbeitsblätter.

2.8 Auswertungen der vorgetragenen Anlagegüter drucken

DATEV Kanzlei-Rechnungswesen verfügt über vielfältige Möglichkeiten, um Auswertungen für die Anlagebuchhaltung auszudrucken. Unter anderem können das Inventarverzeichnis, Inventarkarten, der Anlagespiegel und die Entwicklung des Anlagevermögens der bisher vorgetragenen Wirtschaftsgüter ausgedruckt werden.

Entwicklung des Anlagevermögens drucken

Um die Entwicklung der Anlagenbuchhaltung auszudrucken, gehen Sie - wie nachfolgend dargestellt - vor:

1 Wählen Sie den Menüpunkt *Auswertungen* ▶ *Anlagenbuchführung* ▶ *Entwicklung des Anlagevermögens...* oder klicken Sie in der Navigationsübersicht im geöffneten Ordner *Anlagenbuchführung* doppelt auf den Eintrag *Entwicklung des Anlagevermögens*.

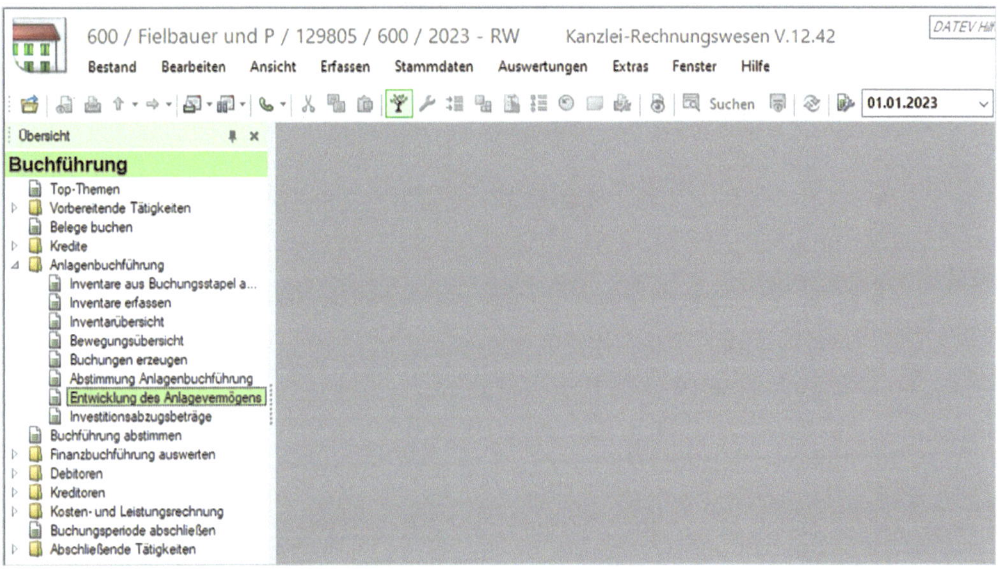

2.29 Entwicklung des Anlagevermögens anzeigen

Als Ergebnis erhalten Sie in Listenform die Entwicklung des Anlagevermögens der Firma Fielbauer und Partner mit allen bisher vorgetragenen Anlagegütern.

Hinweis: Um weitere Detailinformationen anzeigen zu lassen, werden nicht nur eine Gesamtliste, sondern standardmäßig auch weitere Detailinformationen zur Entwicklung des Anlagevermögens zur Verfügung gestellt.

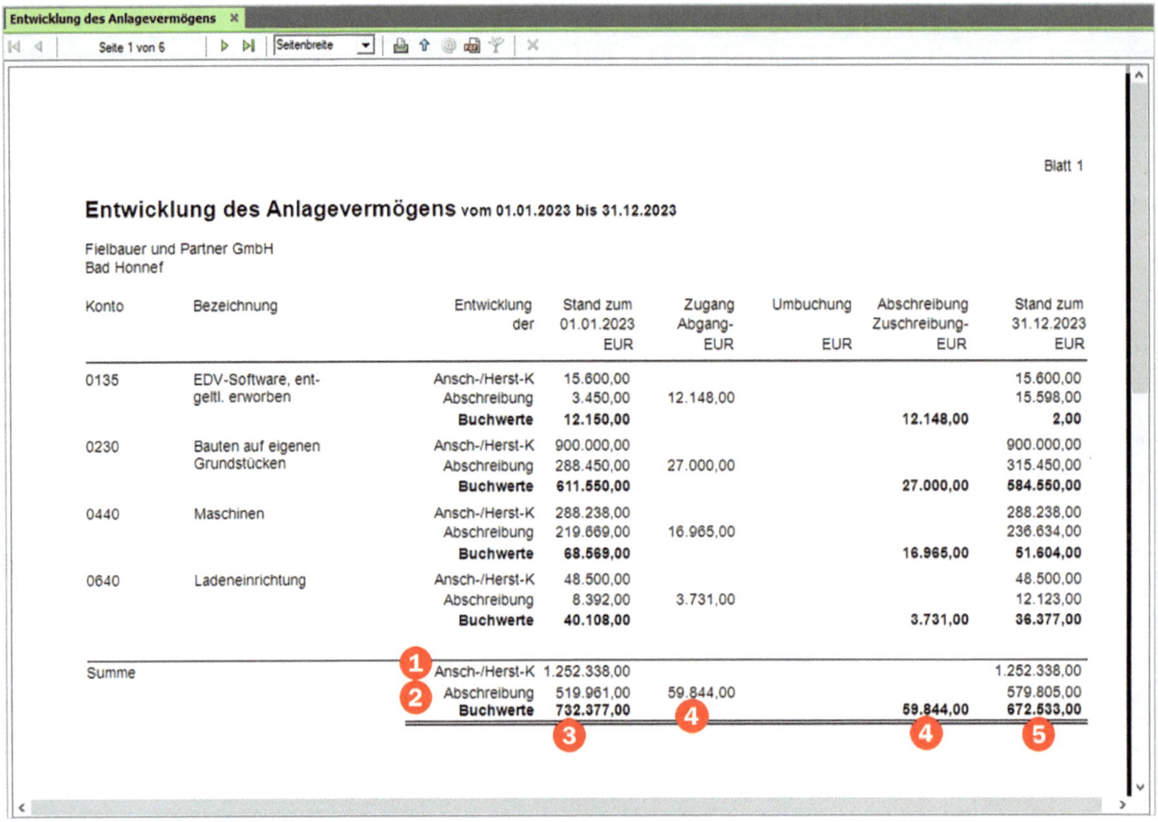

Entwicklung des Anlagevermögens ×

Seite 1 von 6 | Seitenbreite

Blatt 1

Entwicklung des Anlagevermögens vom 01.01.2023 bis 31.12.2023

Fielbauer und Partner GmbH
Bad Honnef

Konto	Bezeichnung	Entwicklung der	Stand zum 01.01.2023 EUR	Zugang Abgang- EUR	Umbuchung EUR	Abschreibung Zuschreibung- EUR	Stand zum 31.12.2023 EUR
0135	EDV-Software, entgeltl. erworben	Ansch-/Herst-K	15.600,00				15.600,00
		Abschreibung	3.450,00	12.148,00			15.598,00
		Buchwerte	**12.150,00**			**12.148,00**	**2,00**
0230	Bauten auf eigenen Grundstücken	Ansch-/Herst-K	900.000,00				900.000,00
		Abschreibung	288.450,00	27.000,00			315.450,00
		Buchwerte	**611.550,00**			**27.000,00**	**584.550,00**
0440	Maschinen	Ansch-/Herst-K	288.238,00				288.238,00
		Abschreibung	219.669,00	16.965,00			236.634,00
		Buchwerte	**68.569,00**			**16.965,00**	**51.604,00**
0640	Ladeneinrichtung	Ansch-/Herst-K	48.500,00				48.500,00
		Abschreibung	8.392,00	3.731,00			12.123,00
		Buchwerte	**40.108,00**			**3.731,00**	**36.377,00**
Summe		❶ Ansch-/Herst-K	1.252.338,00				1.252.338,00
		❷ Abschreibung	519.961,00	59.844,00 ❹			579.805,00
		Buchwerte	**732.377,00** ❸			**59.844,00** ❹	**672.533,00** ❺

2.30 *Entwicklung des Anlagevermögens*

❶ Anschaffungs- bzw. Herstellkosten Anlagegüter

❷ Kumulierte Abschreibungswerte bis zum 31.12.2023

❸ Buchwerte zum 01.01.2023

❹ Abschreibungswerte in 2023

❺ Buchwerte zum 31.12.2023

2 Mit Hilfe der Navigationsschaltflächen in der Listendarstellung können Sie zu den einzelnen FIBU-Gruppen wechseln und Detailinformationen anzeigen und diese ggf. ausdrucken lassen. Klicken Sie auf das Symbol *Nächste Seite* ▶.

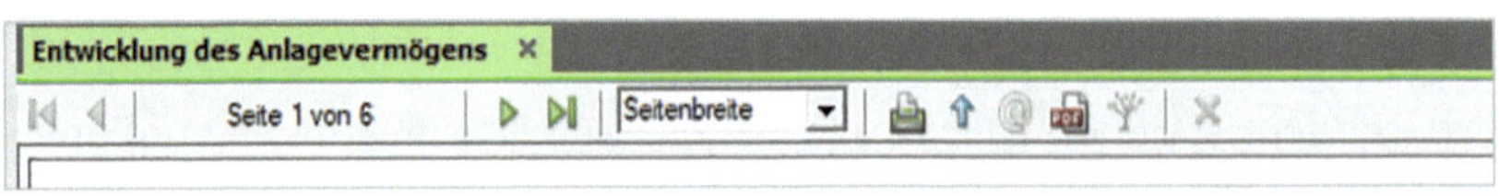

2.31 *Weitere Seiten anzeigen*

3 Auf Seite 2 werden Ihnen zusätzlich zu den zuvor genannten Informationen der einzelnen Konten das AHK-Datum, die Abschreibungsart und die Nutzungsdauer angezeigt (Bild 2.32).

Entwicklung des Anlagevermögens ×

Seite 2 von 6 | Seitenbreite

Blatt 2

Entwicklung des Anlagevermögens vom 01.01.2023 bis 31.12.2023

Fleibauer und Partner GmbH
Bad Honnef

Konto Inventar	Bezeichnung Inventarbezeichnung	Datum AfA-Art ND	 %	Entw. der	Stand zum 01.01.2023 EUR	Zugang Abgang- EUR	Umbuchung EUR	Abschreibung Zuschreibung- EUR	Stand zum 31.12.2023 EUR
0135	**EDV-Software, ent-geltl. erworben**								
135001	Bürosoftware	03.01.2022		AHK	5.100,00				5.100,00
		Immat.WG		Absch	1.700,00	3.399,00			5.099,00
		1/00	**100**	**BW**	**3.400,00**			**3.399,00**	**1,00**
135002	SpezS 2022	01.07.2022		AHK	10.500,00				10.500,00
		Immat.WG		Absch	1.750,00	8.749,00			10.499,00
		1/00	**100**	**BW**	**8.750,00**			**8.749,00**	**1,00**
Summe	EDV-Software, ent-geltl. erworben			Ansch-/Herst-K	15.600,00				15.600,00
				Abschreibung	3.450,00	12.148,00			15.598,00
				Buchwerte	**12.150,00**			**12.148,00**	**2,00**

2.32 Seite 2 - Kontengruppe 0135 mit Detailinformationen

4 Klicken Sie erneut auf das Symbol *Nächste Seite*, auf Seite 3 erhalten Sie eine Aufstellung der Kontengruppe 0230, Gebäude mit Detailinformationen (Bild 2.33).

Seite 3 von 6 | Seitenbreite

Blatt 3

Entwicklung des Anlagevermögens vom 01.01.2023 bis 31.12.2023

Fleibauer und Partner GmbH
Bad Honnef

Konto Inventar	Bezeichnung Inventarbezeichnung	Datum AfA-Art ND	 %	Entw. der	Stand zum 01.01.2023 EUR	Zugang Abgang- EUR	Umbuchung EUR	Abschreibung Zuschreibung- EUR	Stand zum 31.12.2023 EUR
0230	**Bauten auf eigenen Grundstücken**								
230001	Geschäftsgebäude	04.01.2012		AHK	520.000,00				520.000,00
		Lin.Geb.10		Absch	171.600,00	15.600,00			187.200,00
		33/04	**3,00**	**BW**	**348.400,00**			**15.600,00**	**332.800,00**
230002	Produktionshalle	01.10.2012		AHK	380.000,00				380.000,00
		Lin.Geb.10		Absch	116.850,00	11.400,00			128.250,00
		33/04	**3,00**	**BW**	**263.150,00**			**11.400,00**	**251.750,00**
Summe	Bauten auf eigenen Grundstücken			Ansch-/Herst-K	900.000,00				900.000,00
				Abschreibung	288.450,00	27.000,00			315.450,00
				Buchwerte	**611.550,00**			**27.000,00**	**584.550,00**

2.33 Seite 3 - Kontengruppe 0230

5 Klicken Sie erneut auf das Symbol *Nächste Seite* und Sie erhalten die Kontengruppe 0440, Maschinen mit Detailinformationen (Bild 2.34).

6 Auf Seite 5 wird die Kontengruppe 0640, Ladeneinrichtung mit Detailinformationen angezeigt (Bild 2.35).

Hinweis: Seite 6 wird ggf. als Leerseite angezeigt

Zum Abgleich sind die Listen auch im PDF-Format zum Download verfügbar, Kap_02_Entwicklung_Anlagevermoegen.pdf.

Download

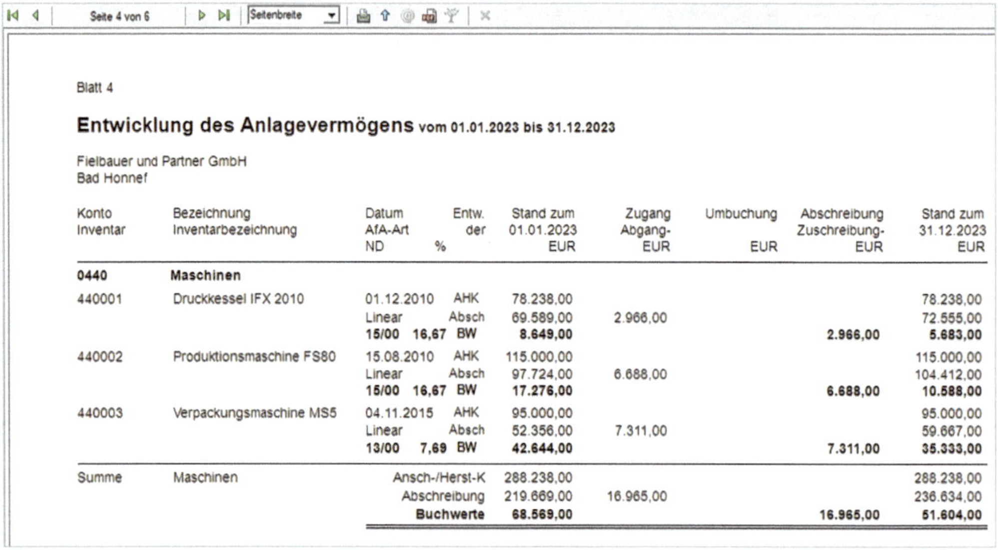

Seite 4 von 6 · Seitenbreite

Blatt 4

Entwicklung des Anlagevermögens vom 01.01.2023 bis 31.12.2023

Fielbauer und Partner GmbH
Bad Honnef

Konto Inventar	Bezeichnung Inventarbezeichnung	Datum AfA-Art ND	%	Entw. der	Stand zum 01.01.2023 EUR	Zugang Abgang- EUR	Umbuchung EUR	Abschreibung Zuschreibung- EUR	Stand zum 31.12.2023 EUR
0440	**Maschinen**								
440001	Druckkessel IFX 2010	01.12.2010		AHK	78.238,00				78.238,00
		Linear		Absch	69.589,00	2.966,00			72.555,00
		15/00	**16,67**	**BW**	**8.649,00**			**2.966,00**	**5.683,00**
440002	Produktionsmaschine FS80	15.08.2010		AHK	115.000,00				115.000,00
		Linear		Absch	97.724,00	6.688,00			104.412,00
		15/00	**16,67**	**BW**	**17.276,00**			**6.688,00**	**10.588,00**
440003	Verpackungsmaschine MS5	04.11.2015		AHK	95.000,00				95.000,00
		Linear		Absch	52.356,00	7.311,00			59.667,00
		13/00	**7,69**	**BW**	**42.644,00**			**7.311,00**	**35.333,00**
Summe	Maschinen			Ansch-/Herst-K	288.238,00				288.238,00
				Abschreibung	219.669,00	16.965,00			236.634,00
				Buchwerte	**68.569,00**			**16.965,00**	**51.604,00**

2.34 Seite 4 - Kontengruppe 0440

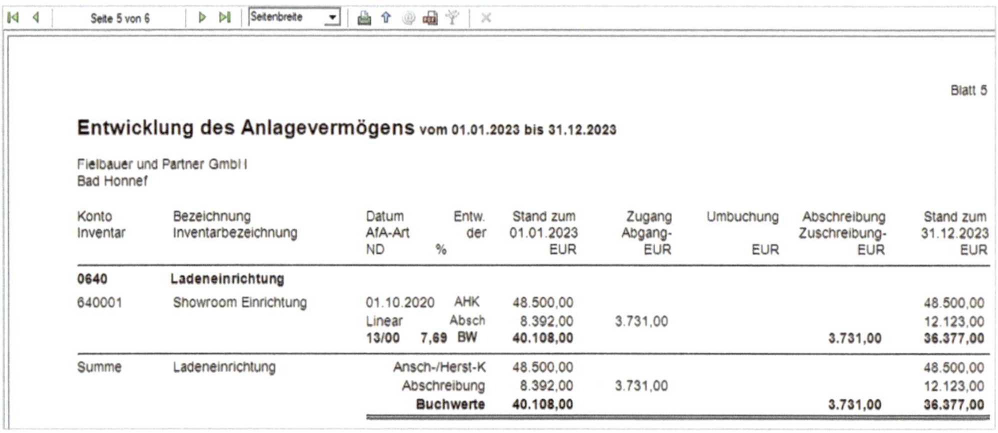

Seite 5 von 6 · Seitenbreite

Blatt 5

Entwicklung des Anlagevermögens vom 01.01.2023 bis 31.12.2023

Fielbauer und Partner GmbH
Bad Honnef

Konto Inventar	Bezeichnung Inventarbezeichnung	Datum AfA-Art ND	%	Entw. der	Stand zum 01.01.2023 EUR	Zugang Abgang- EUR	Umbuchung EUR	Abschreibung Zuschreibung- EUR	Stand zum 31.12.2023 EUR
0640	**Ladeneinrichtung**								
640001	Showroom Einrichtung	01.10.2020		AHK	48.500,00				48.500,00
		Linear		Absch	8.392,00	3.731,00			12.123,00
		13/00	**7,69**	**BW**	**40.108,00**			**3.731,00**	**36.377,00**
Summe	Ladeneinrichtung			Ansch-/Herst-K	48.500,00				48.500,00
				Abschreibung	8.392,00	3.731,00			12.123,00
				Buchwerte	**40.108,00**			**3.731,00**	**36.377,00**

2.35 Seite 5 - Kontengruppe 0640

7 Um die Liste auszudrucken, klicken Sie auf das Symbol *Drucken*.

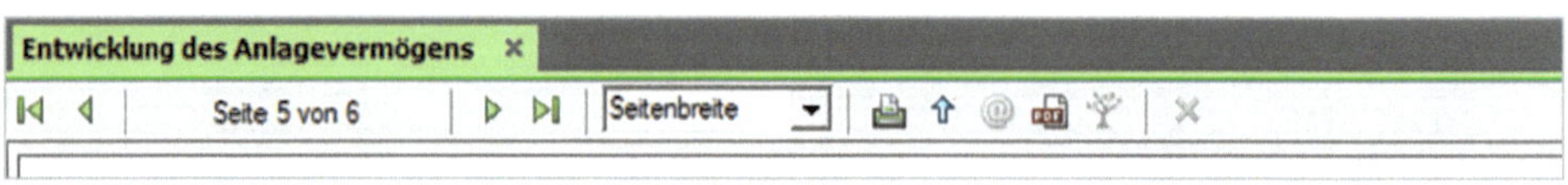

Die Liste wird noch nicht sofort ausgedruckt, sondern es erscheint ein Dialogfenster zum Festlegen des Druckumfangs. Geben Sie an, ob alle Seiten oder nur bestimmte Seiten ausgedruckt werden sollen.

8 Wählen Sie, wie in Bild 2.36, die Option *Bestimmte Seiten*, geben Sie von 1 bis 5 ein und bestätigen Sie dies mit Klick auf die Schaltfläche *OK*.

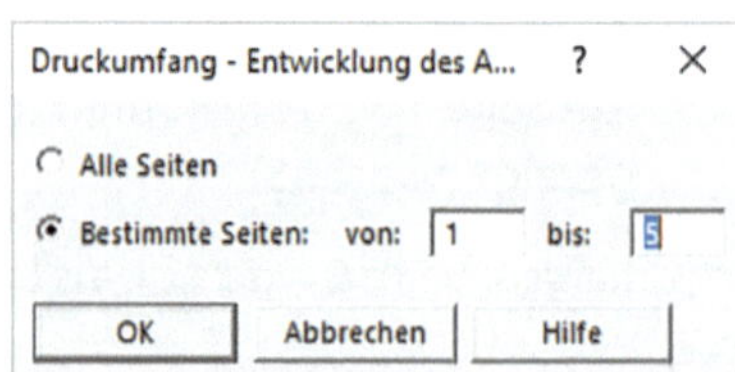

2.36 Druckumfang festlegen

Tipp: Über das Symbol *PDF* kann die Liste auch direkt in eine PDF-Datei exportiert und gespeichert werden.

Varianten und Umfang des Ausdrucks festlegen

Standardmäßig wird die Entwicklung des Anlagevermögens in der Listenform *Bruttoausweis mit AfA, 5 Spalten* angezeigt und gedruckt. Darüber hinaus stehen Ihnen im Programm viele weitere Varianten für den Ausdruck zur Verfügung.

1 Klicken Sie im rechten Zusatzbereich auf das Register *Eigenschaften* ❶, um weitere Einstellungen für die Liste anzeigen zu lassen.

2 Um Varianten und Umfang des Ausdrucks festzulegen, klicken Sie auf den Eintrag *Umfang und Varianten* ❷ (Bild 2.37).

2.37 Eigenschaften festlegen

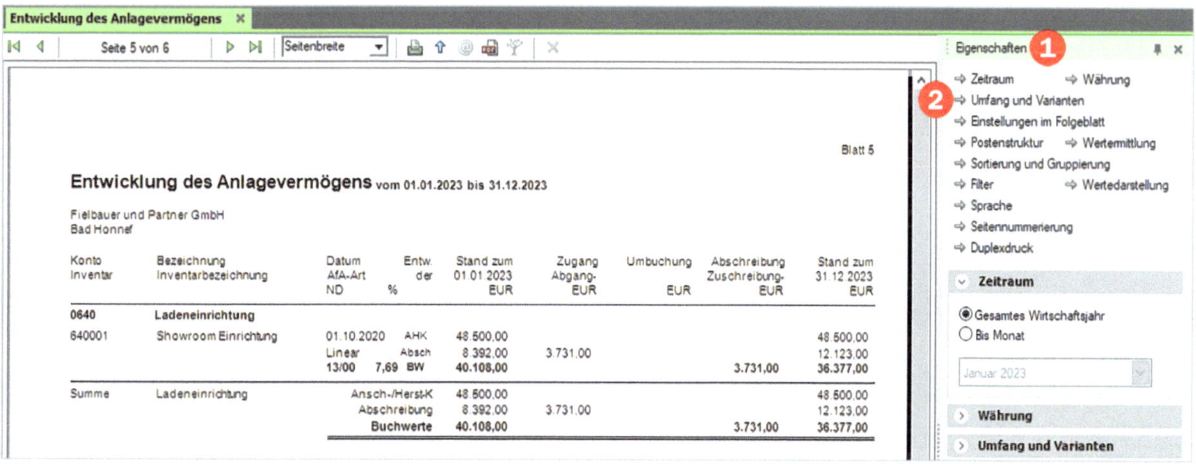

3 Im Feld *Listbildauswahl* lassen sich nun verschiedene Varianten auswählen (Bild 2.38).

4 Den Umfang des Ausdrucks können Sie über das Auswahlfeld *Umfang* (Bild 2.39) angeben, hierzu stehen Ihnen folgende Möglichkeiten zur Verfügung:

- *Gesamtliste*: Summenblatt (erste Seite) und Folgeseite (alle FIBU-Gruppen)
- *Summenblatt*: Nur erste Seite ohne FIBU-Gruppen
- *Folgeblatt*: Ohne erste Seite, nur FIBU-Gruppen

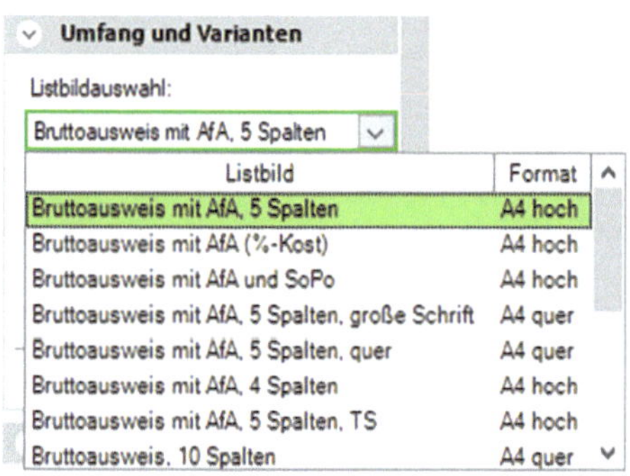

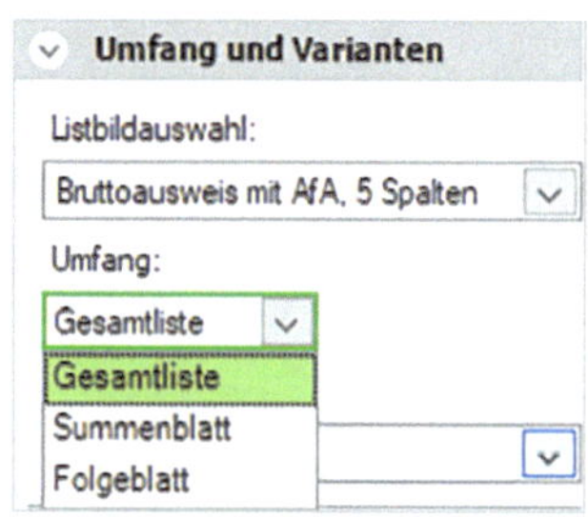

2.38 Listenform festlegen

2.39 Umfang festlegen

Möchten Sie weitere Eigenschaften für die Liste bzw. den Ausdruck festlegen, können Sie dies über die diversen Einträge in den Eigenschaften vornehmen. Im Bereich *Sortierung und Gruppierung* können Sie z. B. für die Druckausgabe die Anzahl der Seiten reduzieren oder ggf.

erweitern (Bild 2.40). Darüber hinaus stehen Ihnen in den Eigenschaften folgende weitere Einstellmöglichkeiten zur Verfügung, siehe Bild 2.41.

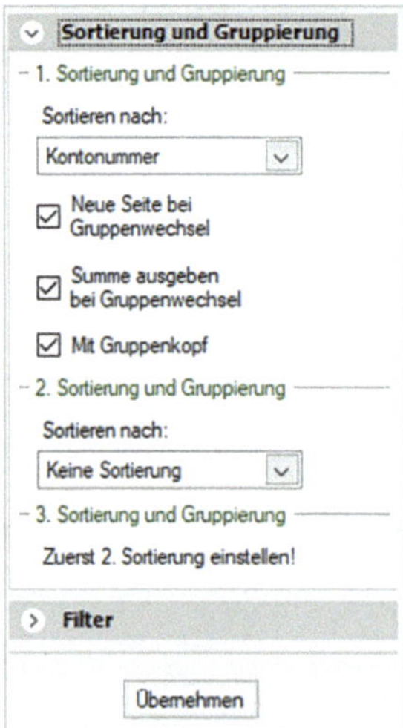

2.40 Sortierung und Guppierung

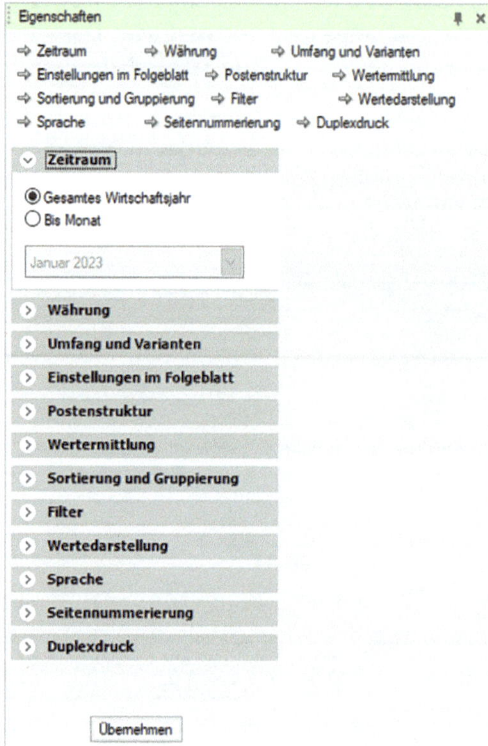

2.41 Weitere Eigenschaften

5 Schließen Sie zuletzt das Arbeitsblatt und beenden Sie das Programm DATEV Kanzlei-Rechnungswesen.

2.9 Mandantensicherung und -verwaltung

Mandanten sichern

Ein zentrales und wichtiges Element von DATEV Kanzlei-Rechnungswesen ist die Datensicherung damit im Falle eines Datenverlustes, beim Programmabsturz oder bei fehlerhaften Eingaben auf die gesicherten Daten zurückgegriffen werden kann. Diese Arbeitsschritte sollten Sie sicher beherrschen, denn sie werden in der Praxis täglich - mindestens jedoch vor Monatsabschlüssen und vor dem Jahresabschluss - durchgeführt.

!

Achtung: Eine Datensicherung in DATEV Kanzlei-Rechnungswesen kann nur außerhalb des Programms selbst durchgeführt werden. Das Programm muss also zwingend beendet sein, um eine Datensicherung ablaufen zu lassen.

Um eine Datensicherung zu erstellen, gehen Sie wie folgt vor:

1 Klicken Sie im DATEV Arbeitsplatz im Ordner *Geschäftsfeldübersicht* ▶ *Rechnungswesen* auf den Eintrag *Buchführung* ❶ (Bild 2.42).

2 Klicken Sie dann im rechten Zusatzbereich auf den Link *Bestandsdienste Rechnungswesen* ❷.

2.42 Bestandsdienste Rechnungswesen

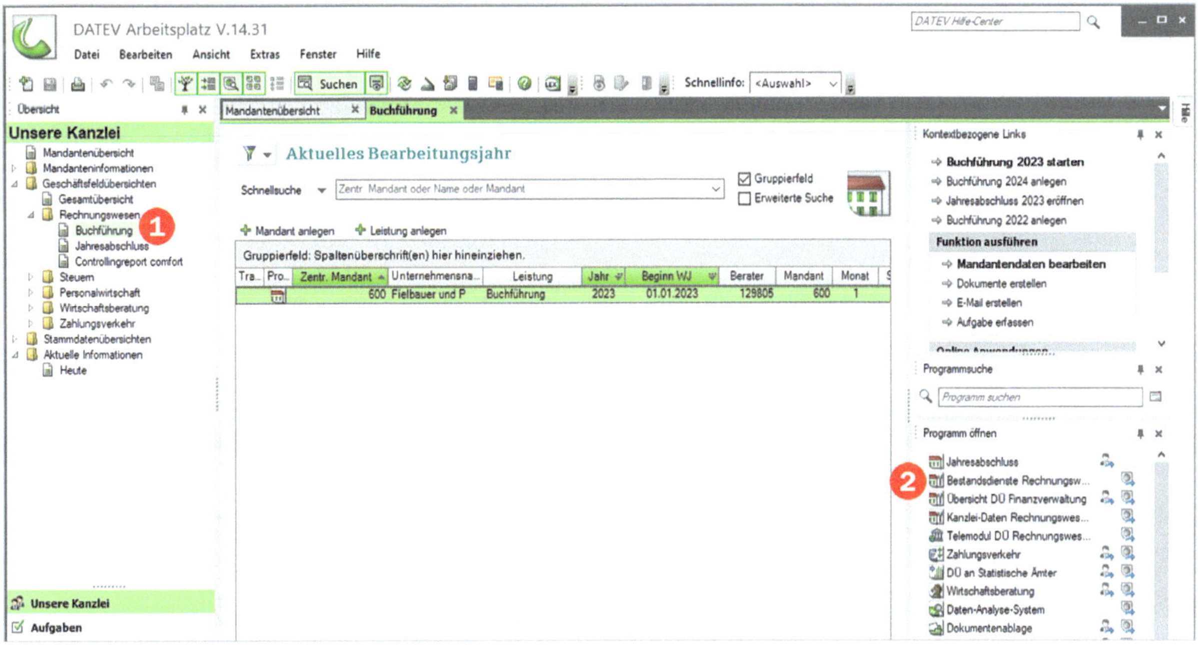

3 Das Programm *Bestandsdienste Rechnungswesen* wird gestartet. Klicken Sie im geöffneten Ordner *Bestands-Manager* doppelt auf den Eintrag *Mandant* und anschließend auf den Mandanten 600 Fielbauer und P ❸ (Bild 2.43).

Im rechten Zusatzbereich erscheinen jetzt die verfügbaren Funktionen.

4 Klicken Sie im Zusatzbereich *Basisfunktionen* auf den Link *Sichern* ❹.

2.43 Basisfunktionen zum Mandant

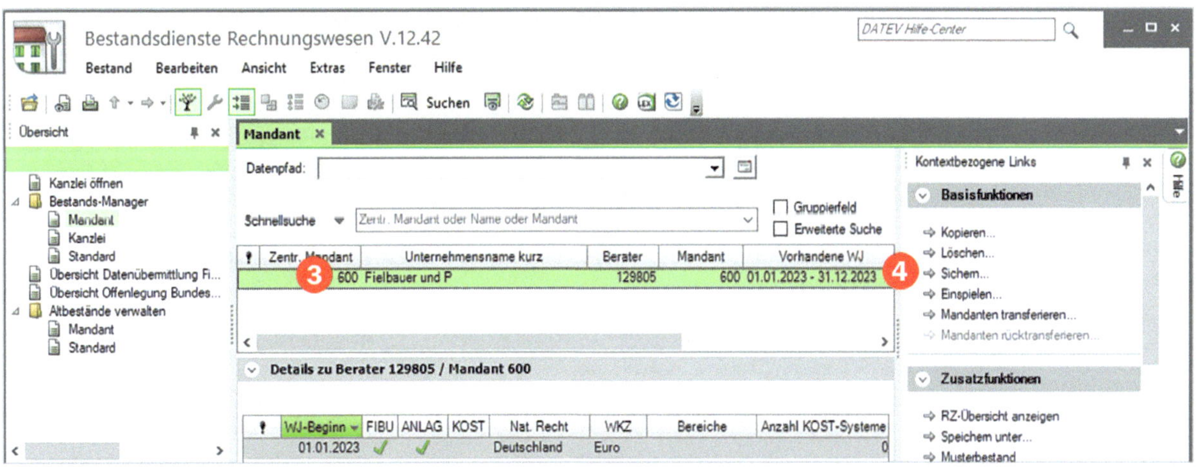

5 In einem weiteren Dialogfenster legen Sie den Umfang der Datensicherung fest. Aktivieren Sie - wie in Bild 2.44 - die beiden Kontrollkästchen *Finanzbuchführung* und *Anlagenbuchführung*.

6 Klicken Sie dann auf die Schaltfläche *Sichern*.

2.44 Sichern

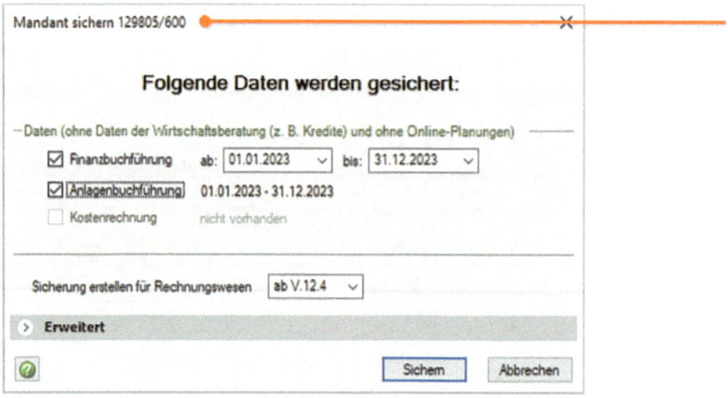

7 Im nächsten Schritt muss der Speicherort für die Sicherung angegeben werden. Standardmäßig wird Ihnen zunächst der Ordner *Dokumente* (documents) dafür vorgeschlagen. Mit Klick auf das Symbol *Ordner durchsuchen* ❺ können Sie einen beliebigen Ordner auswählen (Bild 2.45).

2.45 Speicherort wählen

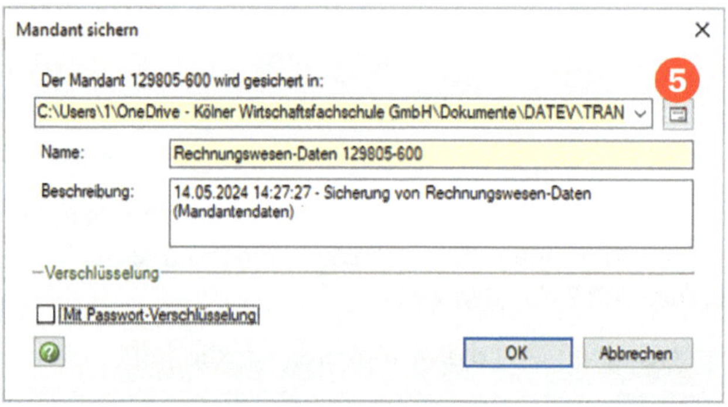

Wählen Sie zunächst als Speicherort den Ordner *Dokumente* auf der Festplatte Ihres PCs. In den Feldern *Name* und *Beschreibung* können Sie eine individuelle Bezeichnung und eine Beschreibung der Sicherung eingeben.

8 Optional können Sie eine Verschlüsselung der Daten mit Passwort festlegen. Dazu geben Sie im Feld *Passwort* ein Passwort für die Sicherung ein, das Sie im Feld *Passwort bestätigen* nochmals wiederholen müssen.

Tipp: Über das Kontrollkästchen *Passwort in Klartext anzeigen* kann das eingetragen Passwort im Klartext angezeigt werden.

Wünschen Sie keine Passwort-Verschlüsselung, so deaktivieren Sie das Kontrollkästchen *Mit Passwort-Verschlüsselung*.

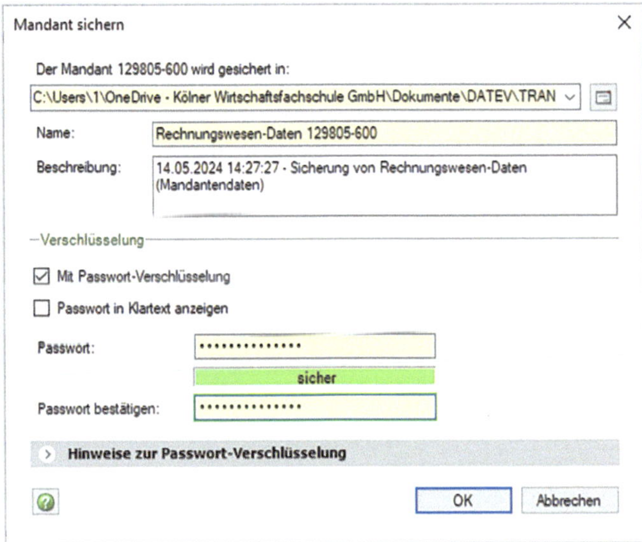

2.46 Mandant sichern

9 Klicken Sie anschließend auf die Schaltfläche *OK*. Die Datensicherung wird nun in den angegebenen Ordner durchgeführt. In unserem Beispiel kann die Passwort-Verschlüsselung entfallen.

10 Nach erfolgter Sicherung erhalten Sie eine Meldung über die erfolgreiche Durchführung, die Sie mit *OK* bestätigen.

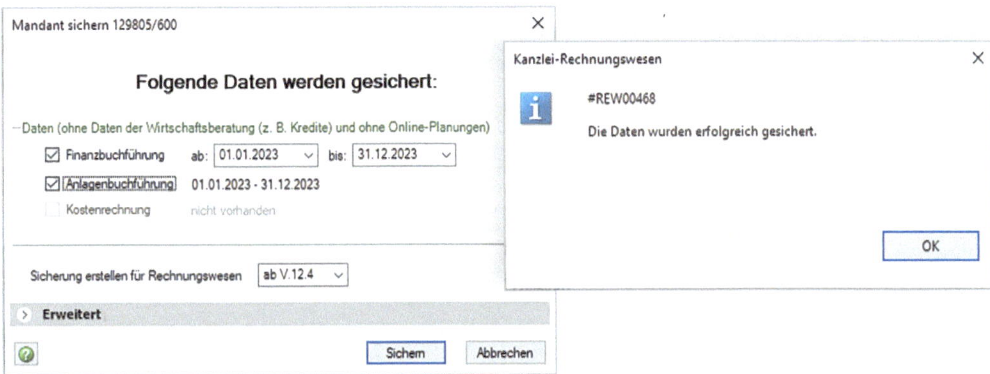

2.47 Sicherung durchführen

In den angegebenen Datenordner wurde eine Datei mit der Endung *.dvsdRW geschrieben. Diese Datei wird beim Rücksichern wieder eingespielt.

Wichtiger Hinweis: Die Speicherung sollte möglichst auf einem externen Datenträger erfolgen, da der Computer, auf dem das Programm installiert ist, aufgrund von betriebssystembedingten Fehlern oder Hardwarefehlern ausfallen kann. Die Sicherung kann auch auf einem beliebigen Speicherort auf der Festplatte durchgeführt werden, sollte dann aber anschließend auf einen externen Datenträger transportiert werden.

Mandanten rücksichern

In der Praxis sichern Sie die Daten eines Mandanten zurück, wenn Daten zerstört wurden oder Sie einen bestimmten Datenstand einspielen wollen. Das Rücksichern von Mandanten in DATEV Kanzlei-Rechnungswesen wird als „Einspielen“ bezeichnet.

2.48 Mandant rücksichern

1 Klicken Sie im rechten Zusatzbereich *Basisfunktionen* auf Link *Einspielen...* ❶ (Bild 2.48).

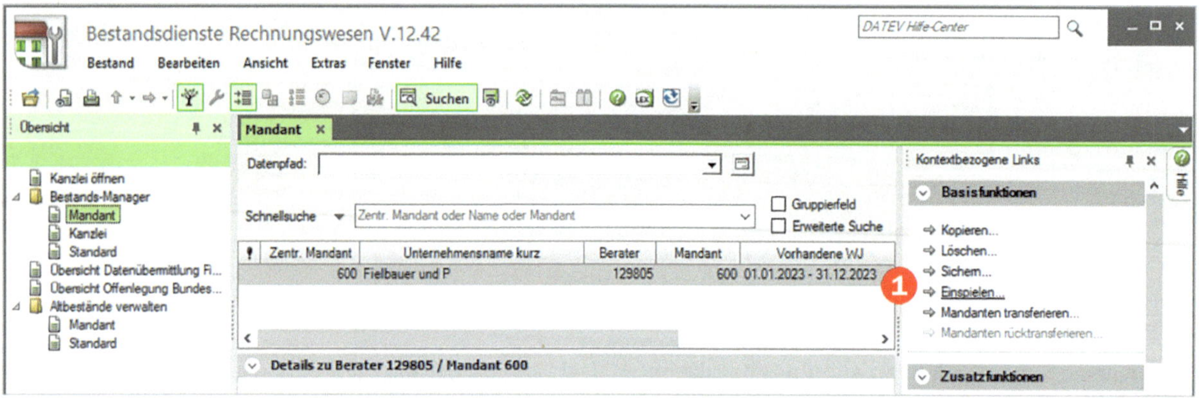

2 Es öffnet sich das Dialogfenster *Mandanten einspielen*. Klicken Sie auf das Symbol *Ordner durchsuchen*, um den Speicherort der Sicherung auszuwählen ❷ (Bild 2.49).

Unter *Name* ❸ erscheinen Beraternummer 129805, Mandantennummer 600 und das Speicherdatum.

Haben Sie in der zuvor erfolgten Datensicherung ein Passwort angegeben, so erscheint zusätzlich das Feld *Passwort* zur Eingabe.

3 Klicken Sie anschließend auf die Schaltfläche *Einspielen*.

2.49 Mandanten einspielen

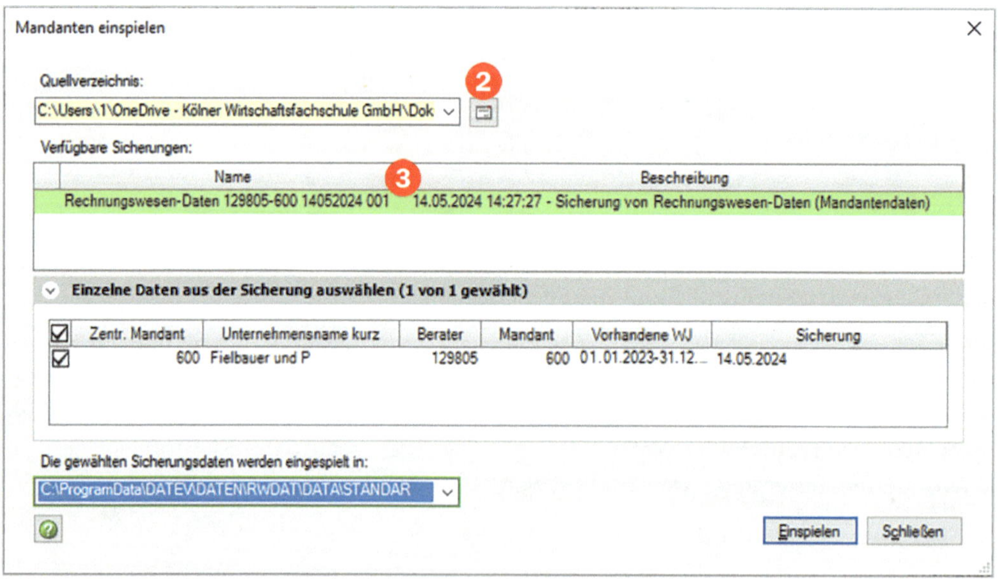

4 Sie erhalten den rechts abgebildeten Hinweis zum Umfang der Datensicherung. Damit die Finanzbuchhaltung und die Anlagenbuchhaltung zurückgesichert werden, aktivieren Sie die beiden Kontrollkästchen *Anlagenbuchführung* und *Finanzbuchführung* (Bild 2.50).

2.50 Datenumfang der Sicherung

5 Klicken Sie anschließend wieder auf die Schaltfläche *Einspielen*.

6 Die bereits vorhandenen Daten werden beim Einspielen überschrieben. Bestätigen Sie die entsprechende Sicherheitsabfrage (Bild 2.51), indem Sie auf die Schaltfläche *Ja, alle* klicken.

7 Nach erfolgter Rücksicherung erhalten Sie eine Meldung, dass die Daten erfolgreich eingespielt wurden. Bestätigen Sie diese mit *OK*.

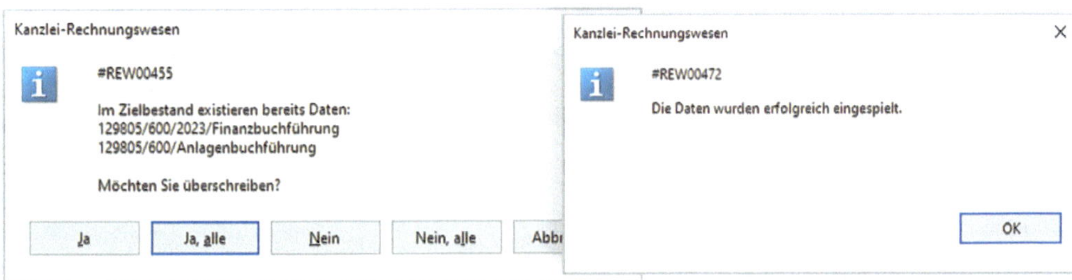

2.51 Hinweise

8 Schließen Sie abschließend das Fenster *Mandanten einspielen*, indem Sie auf die Schaltfläche *Schließen* klicken.

Der Mandant 600, Fielbauer und Partner GmbH wurde damit erfolgreich zurückgesichert.

Mandanten verwalten

Für die Mandantenverwaltung stehen Ihnen im rechten Zusatzbereich die folgenden Möglichkeiten zur Verfügung.

Kopieren...	Falls mehrere Datenpfade angelegt sind, kann der einzelne Mandant von einem Datenpfad in einen anderen kopiert werden. Die Daten des ursprünglichen Mandanten bleiben dabei erhalten.
Löschen...	Über den Link *Löschen…* können Sie die Mandantendaten löschen. Sie sind jedoch noch im Papierkorb vorhanden und könnten unter Umständen wieder hergestellt werden.

Mandanten transferieren...	Über diesen Link können Sie Datenbestände auf ein anderes Laufwerk kopieren. Dies ist allerdings nur für den kurzfristigen Gebrauch gedacht, z. B. auf einem Notebook, da dabei der aktuelle Datenbestand gesperrt wird.
Speichern unter...	Über den Link *Speichern unter* können Sie einen Mandanten unter einer anderen Beraternummer oder einer anderen freien Mandantennummer speichern.
Musterbestand	Über diesen Link können Sie mehrere Übungsmandanten einspielen und mit diesen Datenbeständen testweise üben.
Bestandsprotokoll anzeigen	Welche Befehle in der Mandantenverwaltung ausgeführt wurden, können über den Link *Bestandsprotokoll anzeigen* aufgeführt werden.
Bestand prüfen	Bei Problemen mit einem Bestand können Sie anhand des Links *Bestand prüfen* diesen auf Fehler untersuchen lassen.
Daten senden Daten holen	Die Zusatzbereiche *Daten senden* und *Daten holen* sind bei einer Anbindung an das DATEV-Rechenzentrum für die Mandantenverwaltung wichtig.

2.52 Zusatzbereich Mandanten verwalten

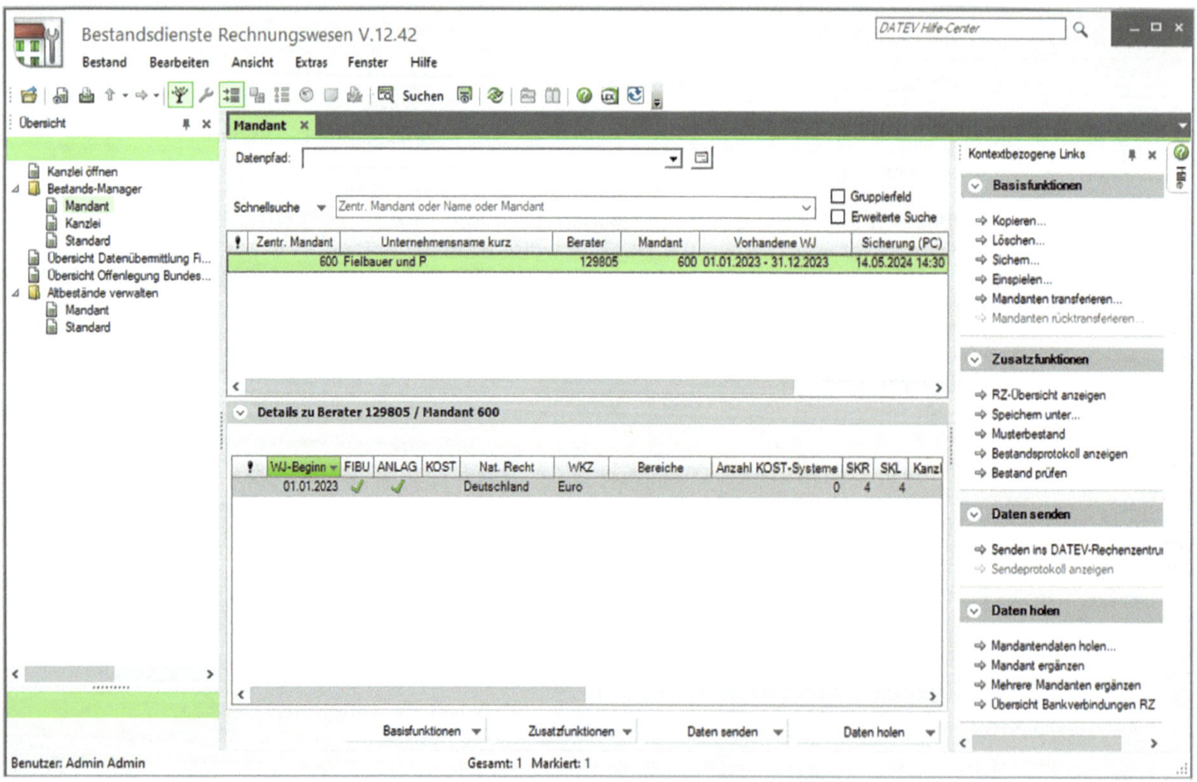

Hinweis: Über das Arbeitsblatt *Standard* kann eingesehen werden, welche Kontenrahmen, Zuordnungstabellen und weitere Grunddaten standardmäßig eingespielt sind.

2.53 Arbeitsblatt Standard

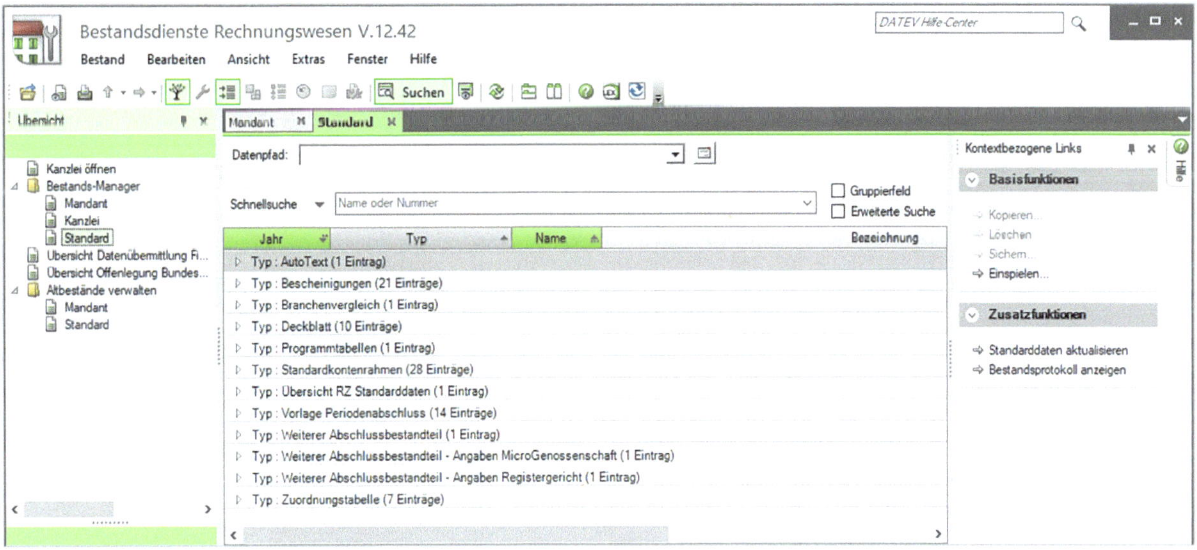

Fragen zur Datensicherung

Die Lösungen finden Sie im Lösungsbuch.

Frage 1

? Weshalb sind Datensicherungen im Programm wichtig?

....

....

....

....

Frage 2

? Sie möchten einen Mandanten löschen. Über welchen Befehl können Sie dies durchführen?

....

....

....

Beenden Sie das Programm Bestandsdienste Rechnungswesen.

3 Leistungsabschreibung

In diesem Kapitel erfahren Sie, ...

- was man unter einer Leistungsabschreibung versteht,
- wie Sie Leistungsabschreibungen erfassen können.

3.1 Definition Leistungsabschreibung

Werden bewegliche Anlagegüter des Anlagevermögens abgeschrieben, besteht gem. § 7 Abs. 1 Satz 6 EStG die Möglichkeit, eine Leistungsabschreibung vorzunehmen. Die Abschreibung ist jedoch nur dann sinnvoll, wenn die Leistungsabschreibung zu einer höheren Abschreibung als bei einer linearen Abschreibung führt. Das Programm DATEV Anlagenbuchführung führt aus diesem Grund automatisch eine Günstigerprüfung durch.

Sie wird auch oft als verbrauchsbedingte Abschreibung bezeichnet. Maßgebend für den Abschreibungszeitraum ist die zu erwartende Gesamtleistung. Die Leistungsabschreibung selbst zählt zu den variablen Kosten im Gegensatz zur zeitlichen Abschreibung.

Vor allem wenn der Gebrauchsverschleiß bei einem Anlagegut (z. B. Fuhrpark) dominiert, ist die Leistungsabschreibung eine gute Methode. Um den Abschreibungsbetrag zu ermitteln, werden die gesamten Anschaffungskosten des Anlagegutes durch die zu erwartende Gesamtleistung geteilt. Man erhält auf diese Weise den Abschreibungssatz für eine einzelne Einheit. In Abhängigkeit davon, wie viele Einheiten verbraucht werden, errechnet sich der individuelle Abschreibungsbetrag.

3.2 Leistungsabschreibungen erfassen

Ausgangssituation
Auf Seite 2 des Inventarverzeichnisses der mitwirkenden Steuerberaterin Frau Trichter ist der Fuhrpark der Firma Fielbauer und Partner GmbH aufgelistet.

Im Anlagebestand der Firma sind insgesamt 3 Fahrzeuge aufgeführt. Sie werden nach Leistungsabschreibung abgeschrieben und müssen vorgetragen werden.

Inventarübersicht

Firma Fielbauer und Partner GmbH Seite 2

Datum: 31.12.2022

Konto Inventar	Bezeichnung/Inventarbezeichnung	Abschreibungsart	Anschaffungsdatum
520	Pkw		
520001	Pkw SU FP 1	Leistungsabschreibung	07.02.2022
Nutzungsdauer	**Anschaffungspreis**	**Abschreibung in 2022**	**Buchwert: 01.01.2023**
6 Jahre	39.500 ,00 €	7.681,00 €	31.819,00 €
	Erwartete Gesamtleistung	**Gefahrene km in 2022**	**Wert pro Einheit**
	180.000 km	35.000 km	0,22 €

Konto Inventar	Bezeichnung/Inventarbezeichnung	Abschreibungsart	Anschaffungsdatum
540	Lkw		
540001	Lkw SU FP 5270	Leistungsabschreibung	02.10.2019
Nutzungsdauer	**Anschaffungspreis**	**Abschreibung in 2022**	**Buchwert: 01.01.2023**
9 Jahre	235.800,00 €	22.794,00 €	213.006,00 €
	Erwartete Gesamtleistung	**In Vorjahren verbrauchte Leistungseinheiten**	**Wert pro Einheit**
	600.000 km	58.000 km	0,39 €

Konto Inventar	Bezeichnung/Inventarbezeichnung	Abschreibungsart	Anschaffungsdatum
540	Lkw		
540002	Lkw SU FP 5280	Leistungsabschreibung	02.07.2022
Nutzungsdauer	**Anschaffungspreis**	**Abschreibung in 2022**	**Buchwert: 01.01.2023**
9 Jahre	150.000,00 €	6.000,00 €	144.000,00 €
	Erwartete Gesamtleistung	**Gefahrene km in 2022**	**Wert pro Einheit**
	450.000 km	18.000 km	0,33 €

Inventar und Leistungsabschreibung erfassen

Der PKW mit dem Kennzeichen SU FP 1 soll jetzt mit einer Leistungsabschreibung vorgetragen werden, dazu gehen Sie - wie nachfolgend beschrieben - vor:

1 Klicken Sie in der Navigationsübersicht doppelt auf den Eintrag *Buchführung* ❶ und danach auf den Mandanten 600 Fielbauer und Partner GmbH ❷.

2 Klicken Sie anschließend im rechten Zusatzbereich *Kontextbezogene Links* auf den Link *Buchführung 2023 starten* ❸.

3.1 Buchführung starten

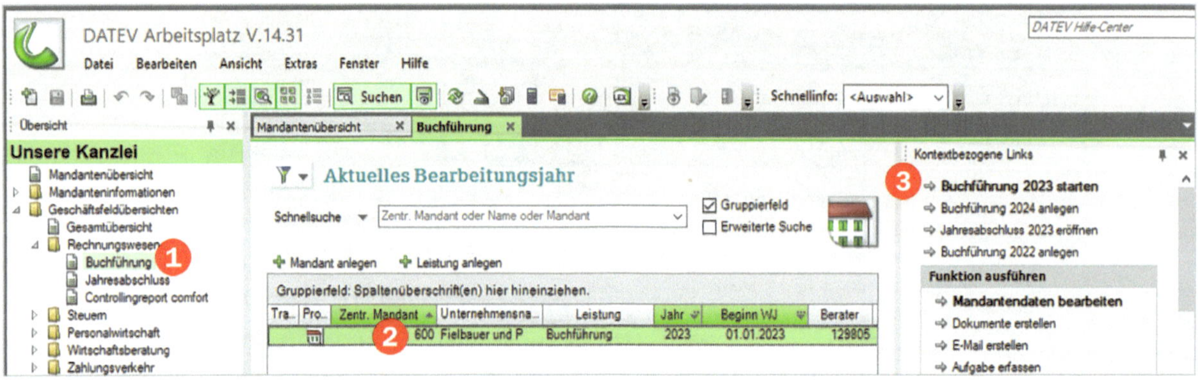

3 Das Programm DATEV Kanzlei-Rechnungswesen mit dem Übungsmandanten Fielbauer und Partner GmbH wird gestartet.

3.2 DATEV Kanzlei-Rechnungswesen

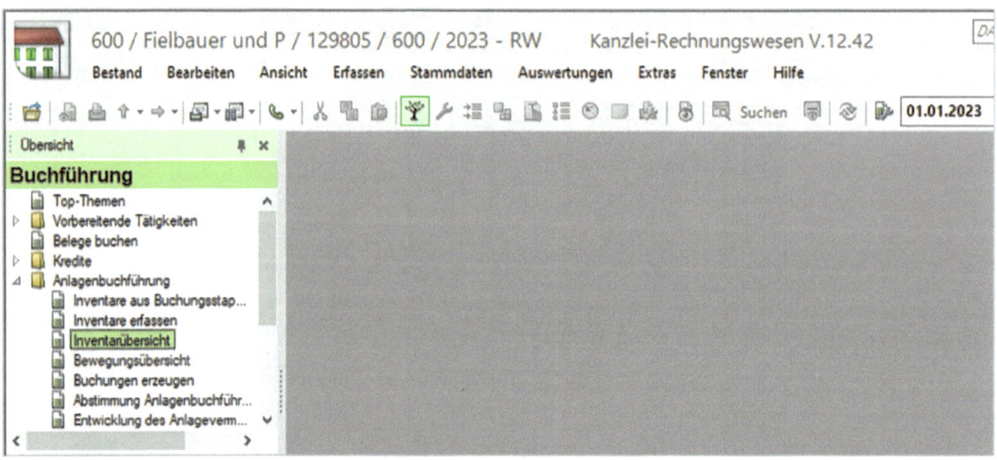

4 Wählen Sie den Menüpunkt *Stammdaten* ▶ *Anlagenbuchführung* ▶ *Inventarübersicht* oder klicken Sie über die Navigationsübersicht im geöffneten Ordner *Anlagenbuchführung* doppelt auf den Eintrag *Inventarübersicht*.

Das Arbeitsblatt *Inventarübersicht* mit allen bisher vorgetragenen Anlagegütern wird geöffnet.

Hinweis: Sollte stattdessen das Arbeitsblatt *Anlagenspiegelwerte* angezeigt werden, so wählen Sie im Auswahlfeld *Auswertungsart* den Eintrag *Inventarübersicht*.

5 Klicken Sie im Arbeitsblatt *Inventarübersicht* auf den Link *Neues Inventar anlegen* ❹. Alternativ können Sie ein neues Inventar in der Inventarübersicht über einen Rechtsklick und den Befehl *Neues Inventar anlegen* oder mit der Tastenkombination Strg+N anlegen.

3.3 Arbeitsblatt Inventarübersicht

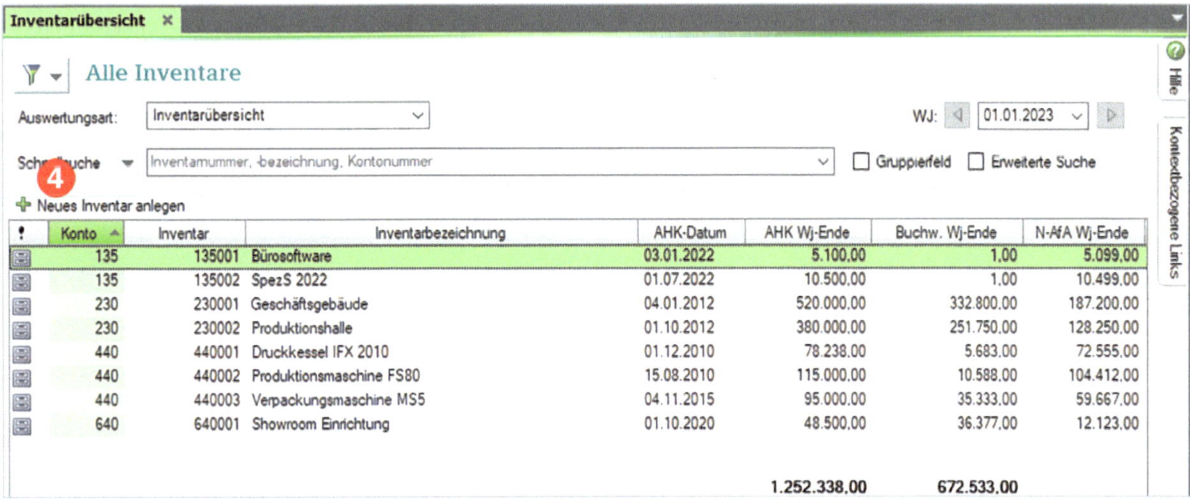

6 Erfassen Sie - wie in Bild 3.4 - zunächst die Vortragswerte und wählen Sie die Abschreibungsart *5 - Leistungsabschreibung* aus.

3.4 Vortragswerte erfassen

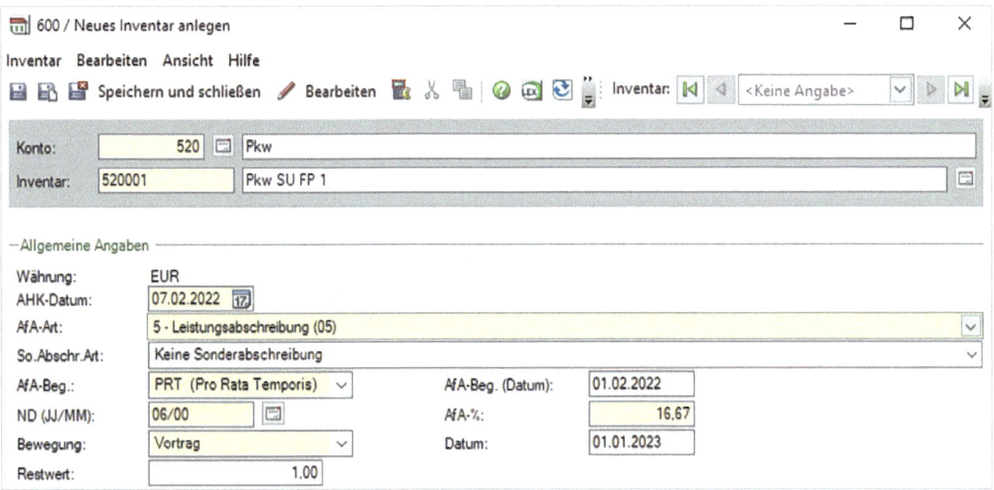

7 Geben Sie im Feld *AHK-Betrag* den Anschaffungspreis des Pkw in Höhe von 39.500,00 EUR ein ❶ (Bild 3.5).

Hinweis: Im Gegensatz zu den bisherigen Vorträgen werden die Felder *Buchwert* und *N-AfA* nicht automatisch berechnet.

8 Geben Sie im Feld *Buchwert* den Buchwert ❷ aus dem Inventarverzeichnis von 31.819,00 EUR ein.

Als Ergebnis wird das Feld *N-AfA* automatisch mit dem Abschreibungswert bis 31.12.2022 in Höhe von 7.681,00 EUR gefüllt ❸, siehe Bild 3.5.

3.5 Anschaffungspreis und Buchwert erfassen

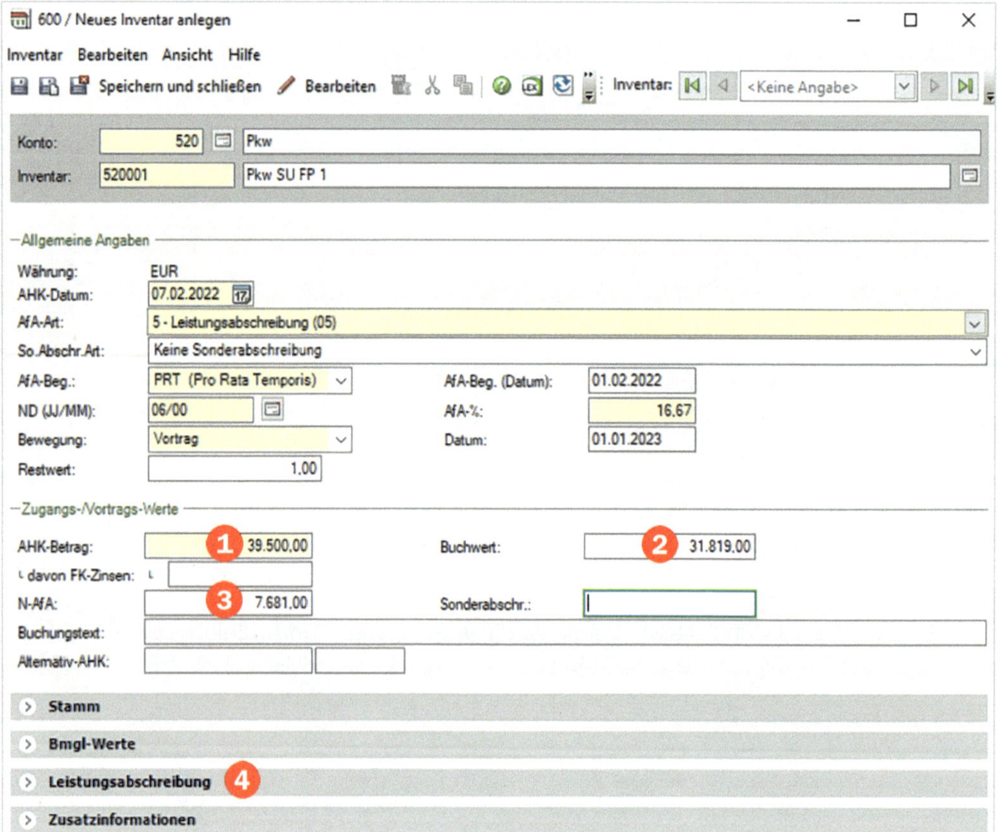

9 Die Angaben zur Leistungsabschreibung sind damit jedoch noch nicht vollständig erfasst, wie ein Vergleich mit der nachfolgenden Tabelle zeigt. Klicken Sie daher auf den Abschnitt *Leistungsabschreibung* ❹ (Bild 3.5).

Konto Inventar	Bezeichnung/Inventarbezeichnung	Abschreibungsart	Anschaffungsdatum
520	PKW		
520001	PKW SU FP 1	Leistungsabschreibung	07.02.2022
Nutzungsdauer	**Anschaffungspreis**	**Abschreibung in 2022**	**Buchwert: 01.01.2023**
6 Jahre	39.500 ,00 €	7.681,00 €	31.819,00 €
	Erwartete Gesamtleistung	**Gefahrene km in 2022**	**Wert pro Einheit**
	180.000 km	35.000 km	0,22 €

10 Geben Sie - wie in Bild 3.6 - im jetzt erscheinenden Eingabebereich die Leistungsdaten aus dem Inventarverzeichnis ein ❺.

Hinweis: Im Feld *Leistungseinheiten Buchungsjahr* werden am Ende des Geschäftsjahres 2022 die gefahrenen km für das Jahr 2022 eingetragen.

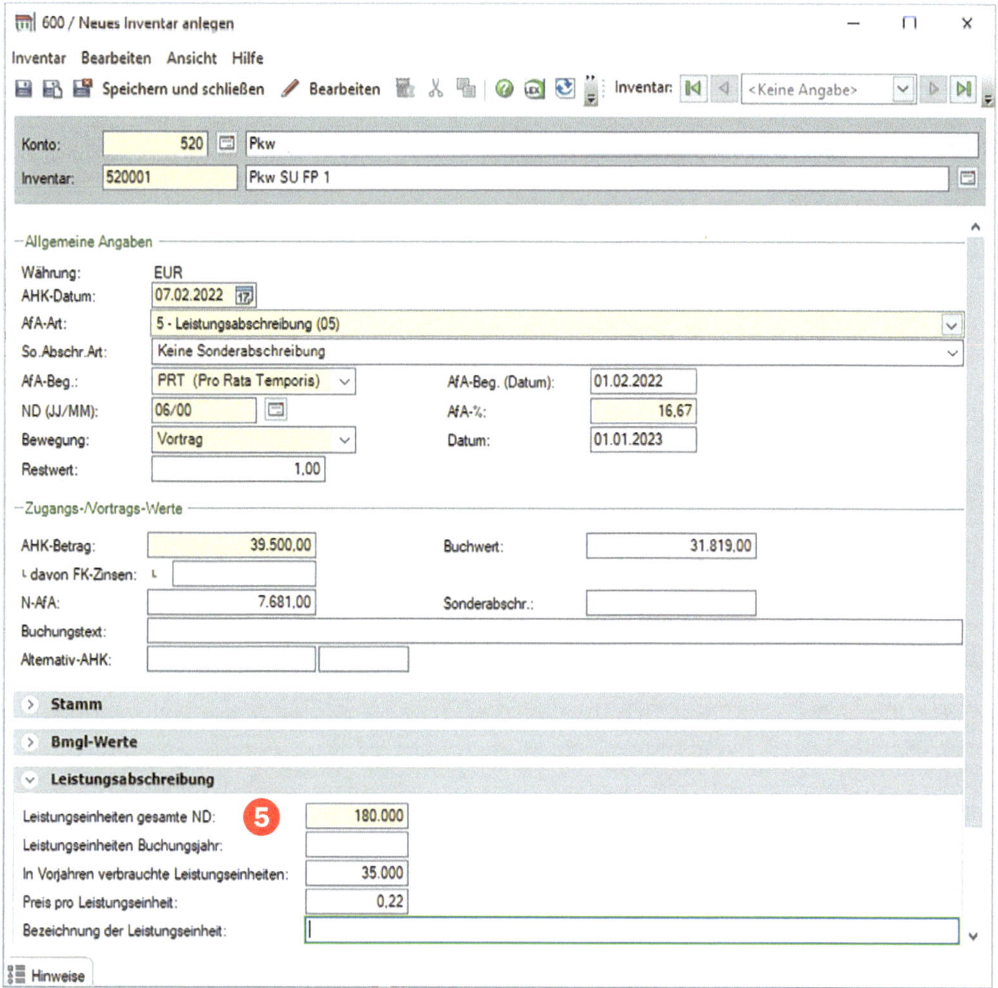

3.6 Leistungsdaten erfassen

11 Alle notwendigen Eingaben für den Vortrag der Leistungsabschreibung für den PKW sind damit erfasst. Speichern Sie den Datensatz, indem Sie in der Standardsymbolleiste auf das Symbol *Speichern und Schließen* klicken.

Details kontrollieren

1 Im Arbeitsblatt *Inventarübersicht* wird der vorgetragene Pkw wie in Bild 3.7 angezeigt. Um die Details zum Vortrag einzusehen, öffnen Sie den soeben erfassten Pkw *(520001 - Pkw SU FP 1)* ❶ mit einem Doppelklick.

3.7 Der vorgetragene Pkw in der Inventarliste

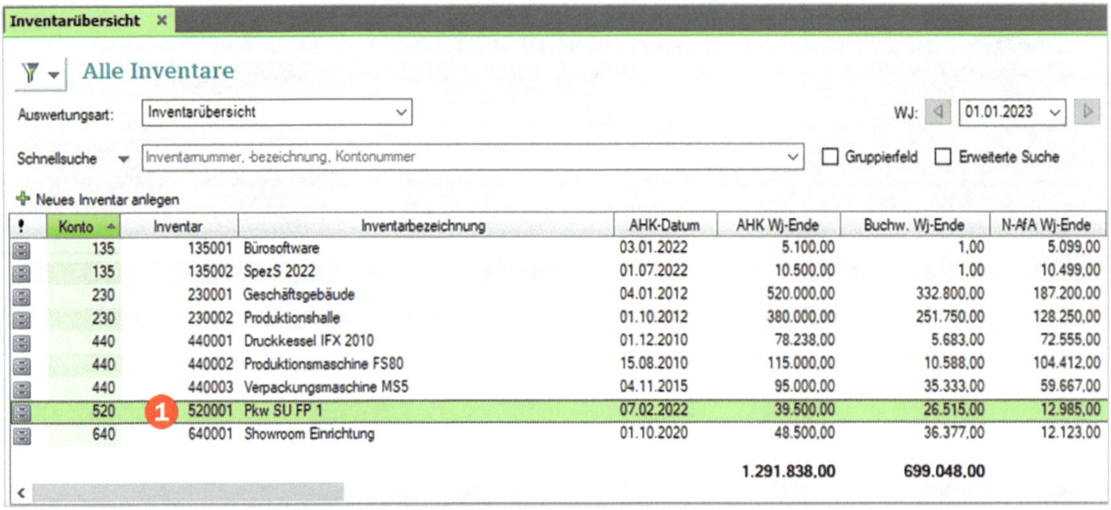

2 Die Angaben zur Leistungsabschreibung sind nicht automatisch sichtbar, benutzen Sie daher die Pfeile ❷ ▸ (Bild 3.8), um weitere Details bzw. Register einzusehen.

3.8 Details

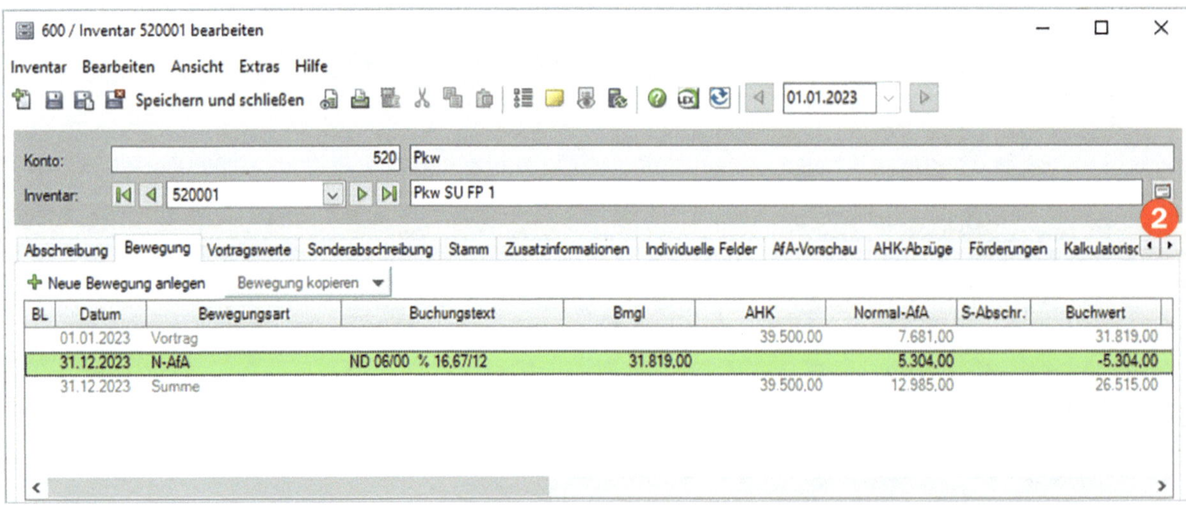

3 Klicken Sie auf den Pfeil nach rechts ▸ und anschließend auf das Register *Leistungs-/ Substanzabschreibung*. Hier werden die erfassten Daten zur Leistungsabschreibung angezeigt (Bild 3.9).

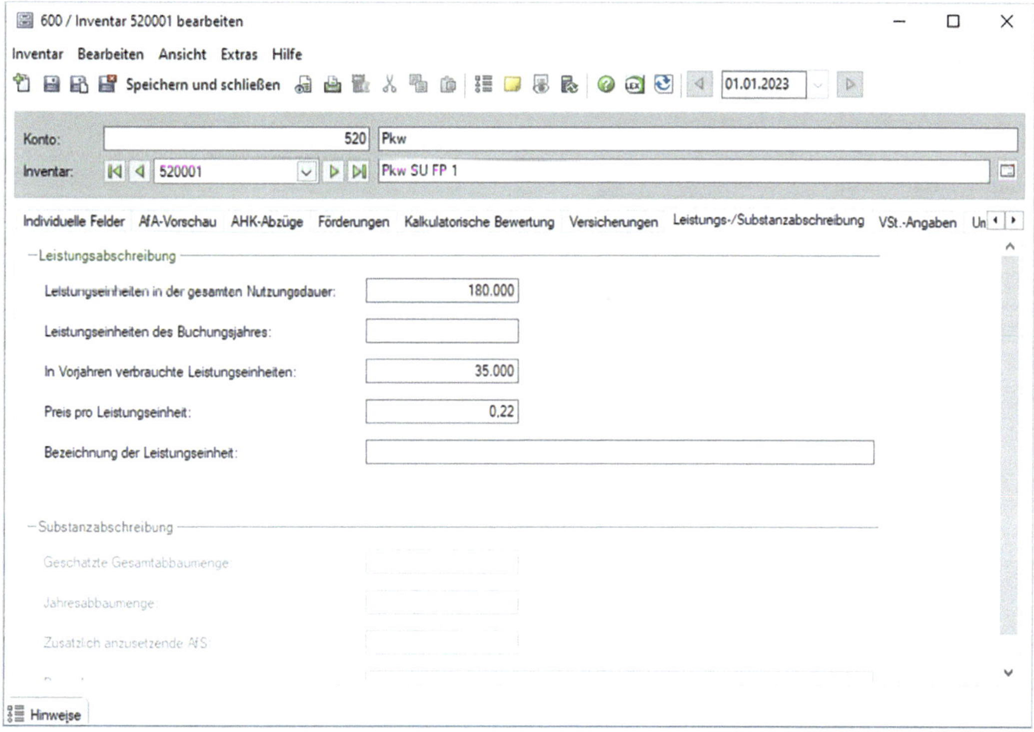

3.9 Register Leistungs-/Substanzabschreibung

Übung: Leistungsabschreibungen vortragen

Erfassen Sie laut Inventarverzeichnis die beiden Lastkraftwagen.

Firma Fielbauer und Partner GmbH Seite 2
Datum: 31.12.2022

Die Lösungen finden Sie im Lösungsbuch.

Aufgabe 1, Konto 540, Lkw

Konto Inventar	Bezeichnung/Inventarbezeichnung	Abschreibungsart	Anschaffungsdatum
540	Lkw		
540001	Lkw SU FP 5270	Leistungsabschreibung	02.10.2019
Nutzungsdauer	**Anschaffungspreis**	**Abschreibung in 2022**	**Buchwert: 01.01.2023**
9 Jahre	235.800,00 €	22.794,00 €	213.006,00 €
	Erwartete Gesamtleistung	**In Vorjahren verbrauchte Leistungseinheiten**	**Wert pro Einheit**
	600.000 km	58.000 km	0,39 €

Aufgabe 2, Konto 540, Lkw

Konto Inventar	Bezeichnung/Inventarbezeichnung	Abschreibungsart	Anschaffungsdatum
540	Lkw		
540002	Lkw SU FP 5280	Leistungsabschreibung	04.07.2022
Nutzungsdauer	**Anschaffungspreis**	**Abschreibung in 2022**	**Buchwert: 01.01.2023**
9 Jahre	150.000,00 €	6.000,00 €	144.000,00 €
	Erwartete Gesamtleistung	**Gefahrene km in 2022**	**Wert pro Einheit**
	450.000 km	18.000 km	0,33 €

Laufleistungen aktuelles Kalenderjahr zur Leistungsabschreibung erfassen

Ausgangssituation

Am Ende des Jahres 2023 müssen die Laufleistungen für den Fuhrpark erfasst werden, damit die entsprechenden Abschreibungswerte für die Leistungsabschreibung ermittelt werden können.

Am 31.12.2023 sind laut Km-Stand der Fahrzeuge folgende Laufleistungen zu erfassen:

Pkw SU FP 1	32.000 km
Lkw SU FP 5270	75.000 km
Lkw SU FP 5280	58.000 km

Um die Laufleistung des Pkw SU FP 1 im aktuellen Geschäftsjahr 2023 von 32.000 km zu erfassen, gehen Sie wie folgt vor:

3.10 Doppelklick auf den Pkw

1 Klicken Sie in der Inventarübersicht doppelt auf den Pkw SU FP 1 (Bild 3.10).

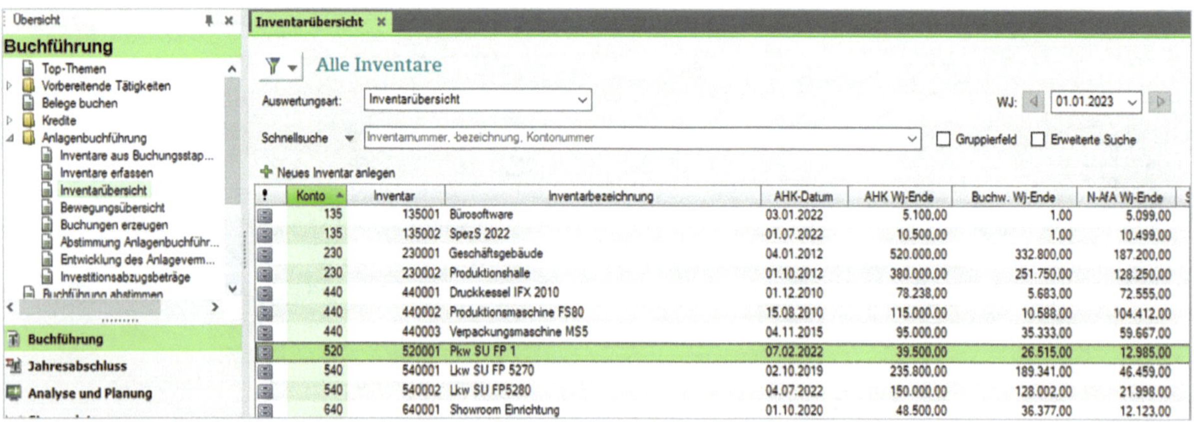

2 Das Fenster *Inventar 520001 bearbeiten* mit verschiedenen Registern wird geöffnet (Bild 3.11). Benutzen Sie die Pfeilschaltflächen ▸, um weitere Register anzuzeigen.

3.11 Inventar bearbeiten

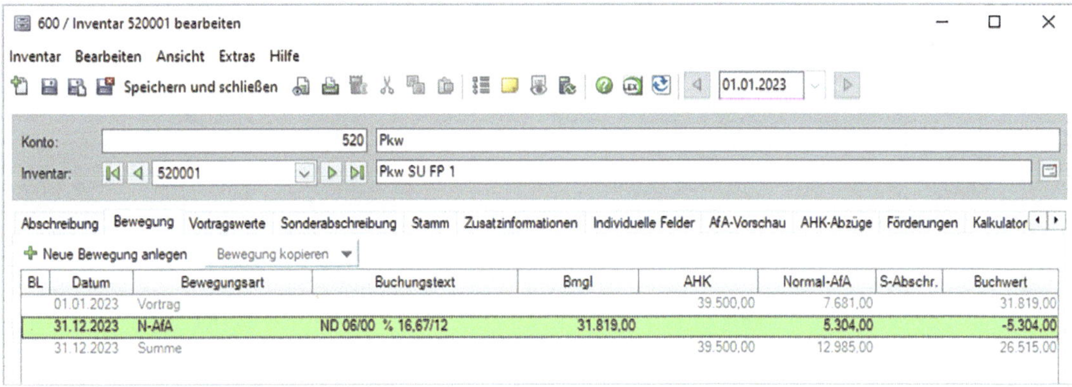

3 Um die Laufleistungen zu erfassen, klicken Sie auf den Pfeil nach rechts ▸ ❶ bis zum Register *Leistungs-/Substanzabschreibung* ❷ und klicken dann auf dieses Register.

4 Die Inventarkarte zum Pkw SU FP 1 mit den vorgetragenen Werten wird angezeigt. Geben Sie im Feld *Leistungseinheiten des Buchungsjahres* die gefahrenen km für das Geschäftsjahr 2023 von 32.000 km ein ❸ (Bild 3.12).

3.12 Leistungseinheiten des Buchungsjahres erfassen

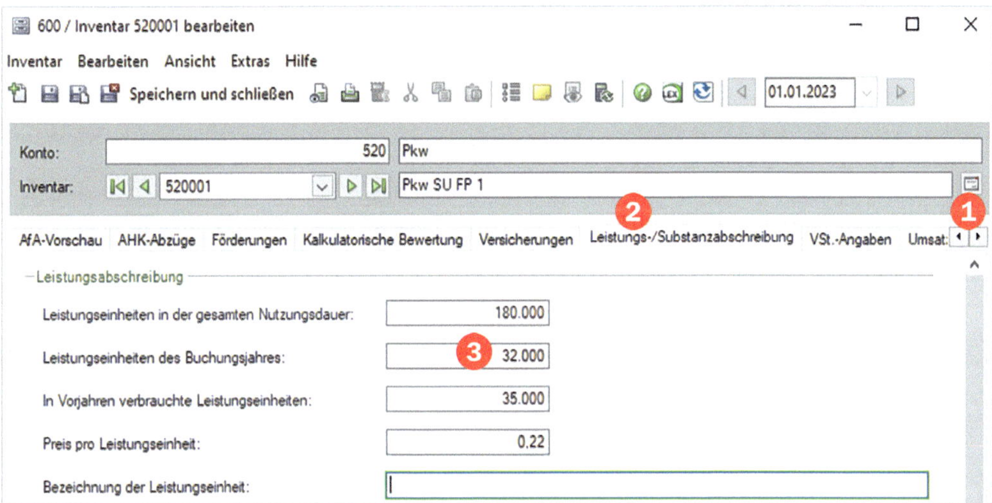

5 Klicken Sie anschließend auf das Symbol *Speichern*.

3.13 Das Ergebnis im Register Bewegung

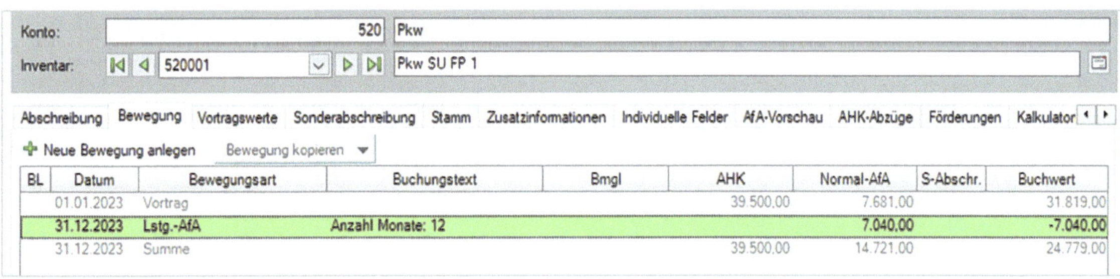

Tipp: Über den integrierten Navigator (Bild 3.14) kann mit Klick auf die Pfeile ❹ zu weiteren vorgetragenen Anlagegütern gewechselt werden.

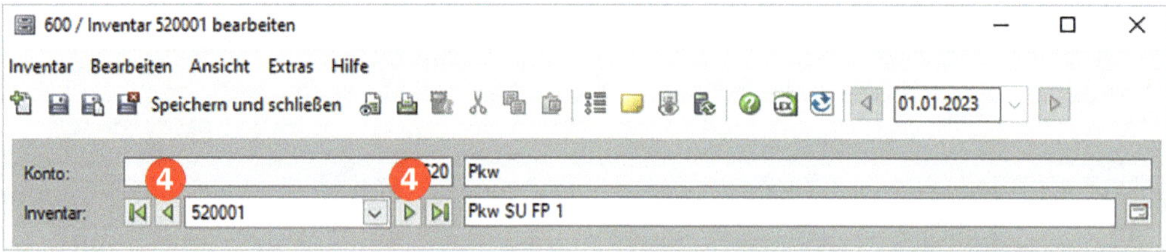

3.14 Navigationsschaltflächen

Übungen: Laufleistungen zur Leistungsabschreibung erfassen

Die Lösungen finden Sie im Lösungsbuch.

Aufgabe 1

Erfassen Sie die Laufleistungen der beiden Lastkraftwagen SU FP 5270 und SU FP 5280 für das Geschäftsjahr 2023.

Lkw SU FP 5270	75.000 km
Lkw SU FP 5280	58.000 km

Schließen Sie anschließend das Fenster *Inventar bearbeiten*.

Aufgabe 2

Kontrollieren Sie in der Auswertungsart *Anlagenspiegelwerte* die kumulierten Abschreibungswerte und die Abschreibungswerte Pkw und Lkw für das Jahr 2023 (Bild 3.15).

3.15 Übung: Anlagenspiegelwerte

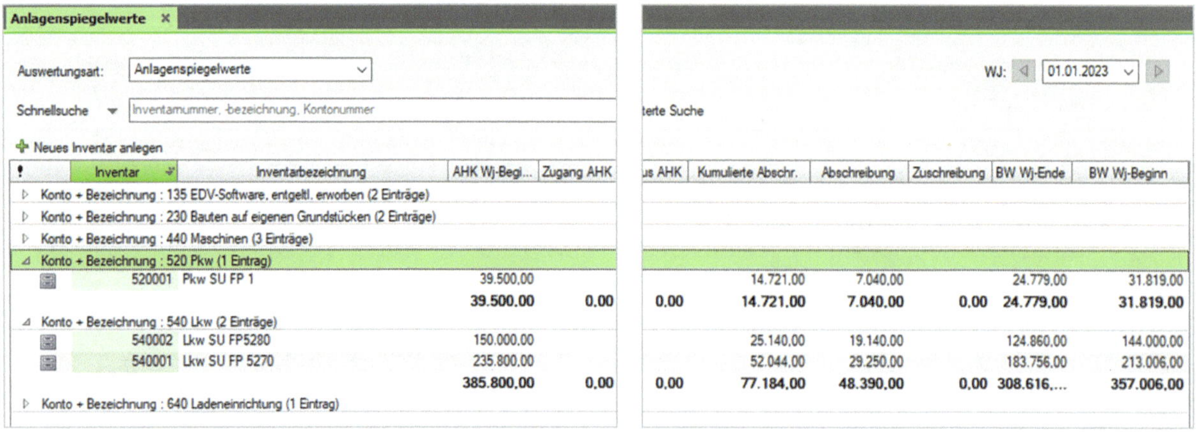

Inventar	Inventarbezeichnung	AHK Wj-Begi...	Zugang AHK	...s AHK	Kumulierte Abschr.	Abschreibung	Zuschreibung	BW Wj-Ende	BW Wj-Beginn
Konto + Bezeichnung : 135 EDV-Software, entgeltl. erworben (2 Einträge)									
Konto + Bezeichnung : 230 Bauten auf eigenen Grundstücken (2 Einträge)									
Konto + Bezeichnung : 440 Maschinen (3 Einträge)									
Konto + Bezeichnung : 520 Pkw (1 Eintrag)									
520001	Pkw SU FP 1	39.500,00			14.721,00	7.040,00		24.779,00	31.819,00
		39.500,00	**0,00**	**0,00**	**14.721,00**	**7.040,00**	**0,00**	**24.779,00**	**31.819,00**
Konto + Bezeichnung : 540 Lkw (2 Einträge)									
540002	Lkw SU FP5280	150.000,00			25.140,00	19.140,00		124.860,00	144.000,00
540001	Lkw SU FP 5270	235.800,00			52.044,00	29.250,00		183.756,00	213.006,00
		385.800,00	**0,00**	**0,00**	**77.184,00**	**48.390,00**	**0,00**	**308.616,...**	**357.006,00**
Konto + Bezeichnung : 640 Ladeneinrichtung (1 Eintrag)									

Aufgabe 3

Drucken Sie über den Menüpunkt *Auswertungen* ▶ *Anlagenbuchführung* das Inventarverzeichnis mit folgenden Einstellungen aus:

Listbildvariante	Inventar +AHK
Umfang	Gesamtliste
Sortierung und Gruppierung	Neue Seite bei Gruppenwechsel deaktivieren
	Mit Gruppenkopf deaktivieren

Klicken Sie auf *Einstellungen übernehmen*.

Auf Seite 2 des Inventarverzeichnisses müssen folgende Anlagegüter aufgeführt werden. Kontrollieren Sie die Anlagegüter anhand des nachfolgend aufgeführten Inventarverzeichnisses im Bild 3.16.

Schließen Sie abschließend alle Arbeitsblätter.

3.16 Übung: Inventarverzeichnis

Blatt 2

Inventarverzeichnis vom 01.01.2023 bis 31.12.2023

Fielbauer und Partner GmbH
Bad Honnef

Konto Inventar	Bezeichnung Inventarbezeichnung	AHK- Datum	ND JJ/MM	AfA- %	Jährliche AfA EUR	AHK WJ-Ende EUR
135001	Bürosoftware	03.01.2022	01/00	100,00	3.399,00	5.100,00
135002	SpezS 2022	01.07.2022	01/00	100,00	8.749,00	10.500,00
Summe	**EDV-Software, entgeltl. erworben**				**12.148,00**	**15.600,00**
230001	Geschäftsgebäude	04.01.2012	33/04	3,00	15.600,00	520.000,00
230002	Produktionshalle	01.10.2012	33/04	3,00	11.400,00	380.000,00
Summe	**Bauten auf eigenen Grundstücken**				**27.000,00**	**900.000,00**
440001	Druckkessel IFX 2010	01.12.2010	15/00	16,67	2.966,00	78.238,00
440002	Produktionsmaschine FS80	15.08.2010	15/00	16,67	6.688,00	115.000,00
440003	Verpackungsmaschine MS5	04.11.2015	13/00	7,69	7.311,00	95.000,00
Summe	**Maschinen**				**16.965,00**	**288.238,00**
520001	Pkw SU FP 1	07.02.2022	06/00	16,67	7.040,00	39.500,00
Summe	**Pkw**				**7.040,00**	**39.500,00**
540001	Lkw SU FP 5270	02.10.2019	09/00	11,11	29.250,00	235.800,00
540002	Lkw SU FP5280	04.07.2022	09/00	11,11	19.140,00	150.000,00
Summe	**Lkw**				**48.390,00**	**385.800,00**
640001	Showroom Einrichtung	01.10.2020	13/00	7,69	3.731,00	48.500,00
Summe	**Ladeneinrichtung**				**3.731,00**	**48.500,00**

Notizen

4 Geringwertige Wirtschaftsgüter (GWG)

In diesem Kapitel erfahren Sie, ...

- was man unter einem geringwertigen Wirtschaftsgut GWG versteht,
- wie Sie GWG Sammelposten im Programm vortragen können.

4.1 Grundlagen Geringwertiges Wirtschaftsgut (GWG)

Definition Geringwertiges Wirtschaftsgut

Als geringwertiges Wirtschaftsgut (GWG) wird jedes Gut bezeichnet, bei dem die Anschaffungs- bzw. Herstellungskosten einen bestimmten Betrag nicht übersteigen.

Voraussetzungen

- Um als geringwertiges Wirtschaftsgut abgeschrieben werden zu können, müssen Anschaffungs- oder Herstellungskosten angefallen sein.
- Das Anlagegut muss zum abnutzbaren und beweglichen Anlagevermögen gehören.
- Es muss zu einer selbständigen Nutzung fähig sein. Das heißt, dass es nicht nur im Zusammenhang mit anderen Wirtschaftsgütern genutzt werden kann, sondern nur allein. Eine selbstständige Nutzung hat oftmals die geforderte Beweglichkeit des Gegenstandes als Voraussetzung. Diese muss ebenfalls erfüllt sein. Zusätzlich muss das Wirtschaftsgut abnutzbar sein, damit es abgeschrieben werden kann.
- Solche Wirtschaftsgüter sind beispielsweise Kopierer, Einrichtungsgegenstände oder Computer. Ein Drucker für einen PC im Büro gilt daher nicht als GWG, weil er nicht selbstständig nutzbar ist, sondern für den Betrieb einen PC benötigt. Dabei gilt es zu beachten, dass Kombigeräte, die einen Scanner und Drucker beinhalten und dadurch eine selbstständige Kopierfunktion haben, als GWG angesetzt werden können.
- Die Anschaffungs- bzw. Herstellkosten, verringert um einen darin enthaltenden Vorsteuerbetrag, dürfen einen bestimmten Betrag nicht übersteigen.

Die Regelungen für geringwertige Wirtschaftsgüter wurden in der Vergangenheit sehr häufig geändert:

- Bis zum Jahr 2007 durften GWG mit einem AHK-Wert von 410,00 EUR im Jahr der Anschaffung komplett abgeschrieben werden. Sie mussten jedoch in einem gesonderten Verzeichnis aufgeführt werden.
- Für die Jahre 2008 und 2009 konnten GWG mit einem AHK-Wert von 60,00 EUR bis 150,00 EUR im Jahr der Anschaffung sofort abgeschrieben werden. Bei einem Wert von 150,00 EUR bis 1.000,00 EUR mussten für diese GWG ein GWG Sammelposten gebildet werden. Dieser Sammelposten wird über 5 Jahre linear abgeschrieben.
  - Der Anschaffungszeitpunkt im Wirtschaftsjahr beeinflusste dabei die Berechnung der Abschreibungssumme nicht. Falls ein Wirtschaftsgut aus dem Unternehmen ausscheidete, musste der Sammelposten nicht wertberichtigt werden.
  - Dementsprechend musste ein Sammelposten für jedes Wirtschaftsjahr neu angelegt werden. Dieser Sammelposten wurde als ein separates Konto in den Sachanlagen geführt.

- Seit dem Jahr 2010 besteht eine Wahlmöglichkeit bei geringwertigen Wirtschaftsgütern. Diese Regelung ist für ein Jahr bindend und kann nur im Folgejahr geändert werden.

GWG Anschaffungs- bzw. Herstellkosten bis 250 EUR

GWG mit einem AHK-Wert bis zu 250 EUR sind als Betriebsausgabe gem. § 6 (2a) Satz 4 EStG zu buchen. Sie können im Jahr der Anschaffung in voller Höhe als Betriebsausgaben angesetzt oder über die betriebsgewöhnliche Nutzungsdauer abgeschrieben werden. Es besteht für diese GWG keine Aktivierungspflicht.

Dies bedeutet, dass Sie diese GWG direkt auf ein entsprechendes Aufwandskonto, z. B. Sonstiger Betriebsbedarf Kto-Nr. 6850, Bürobedarf 6815 etc. buchen und im Buchungstext als GWG vermerken oder über das Kto-Nr. 6260 Sofortabschreibung GWG sofort abschreiben, ohne es im Anlagevermögen aktivieren zu müssen.

Das GWG- Wahlrecht

Alternative 1, GWG ohne Sammelposten

- GWG mit einem AHK-Wert von 250 EUR bis 800 EUR...
    - können im Jahr der Anschaffung sofort abgeschrieben werden (§ 6 Absatz 2 Satz 1 EStG),
    - sie sind (gem. §6 Absatz 2 Satz 4 und 5 EStG) aufzeichnungs- und aktivierungspflichtig,
    - werden über Kto-Nr 0670 Geringwertige Wirtschaftsgüter (GWG) gebucht,
    - die Abschreibung wird in voller Höhe über Kto-Nr. 6262 Abschreibungen auf aktivierte, geringwertige Wirtschaftsgüter gebucht.
- Bei einem AHK-Wert größer als 800 EUR
    - Aktivierung im Anlagevermögen und Abschreibung über die betriebsgewöhnliche Nutzungsdauer.

Anmerkungen: Am 12.05.2017 hat der Bundesrat dem Zweiten Gesetz zur Entlastung insbesondere der mittelständischen Wirtschaft von Bürokratie (Bürokratieentlastungsgesetz II) zugestimmt. Durch das Bürokratieentlastungsgesetz II hebt der Gesetzgeber die Grenze für Kleinbetragsrechnungen (§ 33 UStDV) rückwirkend zum 01.01.2017 von 150 EUR auf 250 EUR an.

Allerdings wird in den Anwendungsvorschriften vom § 52 Absatz 12 Satz 4 EStG festgelegt, dass die Änderung erstmals bei Wirtschaftsgütern anzuwenden ist, die nach dem 31. Dezember 2017 angeschafft, hergestellt oder in das Betriebsvermögen eingelegt werden.

Mit Wirkung vom 01.01.2018 wird die obere Grenze für Geringwertige Wirtschaftsgüter (GWG) gem. § 6 Abs. 2 EStG wird von 410 EUR auf 800 EUR angehoben.

Alternative 2, GWG mit Sammelposten

- GWG mit einem AHK-Wert von 250 EUR bis 1.000,00 EUR
  - Bildung eines GWG Sammelposten (§ 6 Absatz 2a Satz 1 - 3 EStG),
  - Abschreibung des GWG-Sammelpostens über den Zeitraum von 5 Jahren,
  - die GWG sind aktivierungs- und aufzeichnungspflichtig (§ 6 Absatz 2 Satz 4 und 5 EStG),
  - werden über Kto-Nr. 0675 Wirtschaftsgüter Sammelposten gebucht,
  - die Abschreibung wird über Kto-Nr. 6264 Abschreibungen auf den Sammelposten Wirtschaftsgüter zu 1/5 des AHK-Werts gebucht.
- AHK-Wert größer als 1.000,00 EUR
  - Aktivierung im Anlagevermögen und Abschreibung über die betriebsgewöhnliche Nutzungsdauer.

Hinweis: Für welche der beiden Alternativen sich ein Unternehmen entscheidet, hängt von verschiedenen Faktoren ab. Plant der Unternehmer, viele GWG zu einem Wert zwischen 250 EUR und 800 EUR einzukaufen, ist Alternative 1 die bessere Möglichkeit, da die GWG im Jahr der Anschaffung komplett abgeschrieben werden können.

Werden für das Jahr mehrere GWG mit einem Wert von 250 EUR bis 1.000 EUR angeschafft und haben diese eine betriebsgewöhnliche Nutzungsdauer von mehr als fünf Jahren, ist die Entscheidung für den Sammelposten günstiger.

Fielbauer und Partner GmbH nutzt für das Geschäftsjahr 2021 die Alternative 1

GWG mit einem AHK-Wert von 250 EUR bis 800 EUR können im Jahr der Anschaffung sofort abgeschrieben werden.

4.2 Geringwertige Wirtschaftsgüter (Sammelposten) vortragen

Ausgangssituation
Ihnen liegt die letzte Seite der Inventarübersicht mit den vorzutragenden Anlagegütern vor. Die Seite 3 der Inventarübersicht führt folgende Anlagegüter auf:

Firma Fielbauer und Partner GmbH Seite 3
Datum: 31.12.2022

Konto 0675, Wirtschaftsgüter Sammelposten*

Konto Inventar	Bezeichnung/ Inventarbezeichnung	Abschreibungsart	Anschaffungs- datum
675	Wirtschaftsgüter Sammel- posten		
675001	Wirtschaftsgüter Sammelpos- ten 2022	GWG-Poolabschreibung	31.12.2022
Nutzungsdauer	**Anschaffungspreis**	**Abschreibung in 2022**	**Buchwert: 01.01.2023**
Gesetzliche Regelung	950,00 €	190,00 €	760,00 €

* GWG Sammelposten, die im Jahr 2022 angeschafft wurden, werden in einer Summe aktiviert. Bedingung dafür ist, dass die Zusammensetzung des Pools (aufgrund § 6 Absatz 2 Satz 5 EStG) aus der Finanzbuchhaltung ersichtlich ist.

Die Summe der Wirtschaftsgüter Sammelposten für das Jahr 2022 soll nun vorgetragen werden, dazu gehen Sie - wie nachfolgend dargestellt - vor:

1 Wählen Sie den Menüpunkt *Stammdaten* ▶ *Anlagenbuchführung* ▶ *Inventarübersicht* oder klicken Sie in der Navigationsübersicht im geöffneten Ordner *Anlagenbuchführung* doppelt auf den Eintrag *Inventarübersicht* ❶. Das Arbeitsblatt *Anlagenspiegelwerte* mit allen bisher vorgetragen Anlagegütern wird geöffnet.

2 Wählen Sie im Feld *Auswertungsart* den Eintrag *Inventarübersicht* ❷ aus.

4.1 Inventar-übersicht

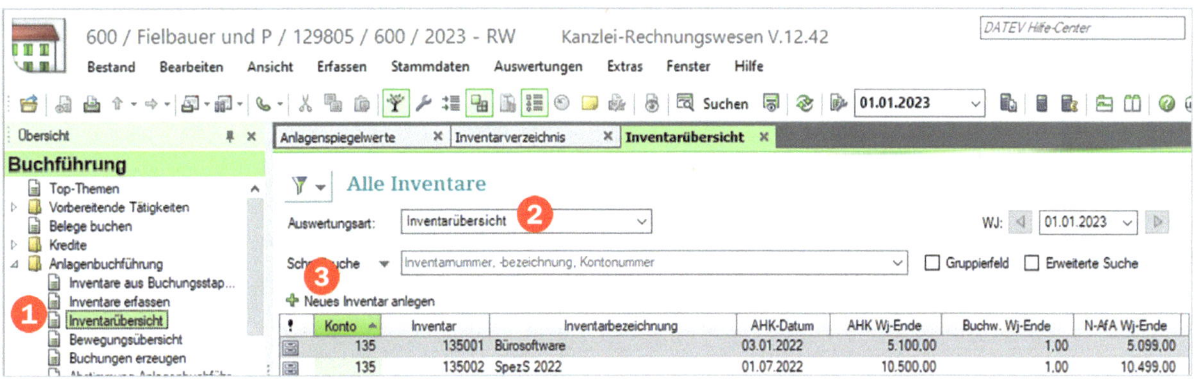

3 Klicken Sie im Arbeitsblatt *Inventarübersicht* auf *Neues Inventar anlegen* ❸.

Alternativ können Sie ein neues Inventar in der Inventarübersicht über einen Rechtsklick und den Befehl *Neues Inventar* oder mit der Tastenkombination Strg+N anlegen.

4 Erfassen Sie im Fenster *Neues Inventar anlegen* zunächst die Vortragswerte und geben Sie die Abschreibungsart *7 GWG-Poolabschreibung (07)* an (Bild 4.2).

Hinweis: Das Programm nimmt sofort die Vereinfachungsregel an und trägt die gesetzliche Nutzungsdauer von 5 Jahren sowie den Abschreibungsprozentsatz von 20 % ein.

Der Buchwert wird allerdings vom Programm nicht automatisch berechnet, sondern muss manuell ausgerechnet und eingetragen werden:

AHK Betrag für das Jahr 2022	950,00 EUR
geteilt durch die Nutzungsdauer von	5 Jahren
entspricht einem Abschreibungsbetrag von	190,00 EUR.

Der Buchwert des GWG Sammelpostens 2022 beträgt demnach zum 31.12.2022 760,00 EUR.

5 Geben Sie im Feld *Buchwert* den Buchwert zum 31.12.2022 von 760,00 EUR ein. Das Feld *N-AfA* wird automatisch mit dem Wert von *190,00 EUR* belegt (siehe Bild 4.2).

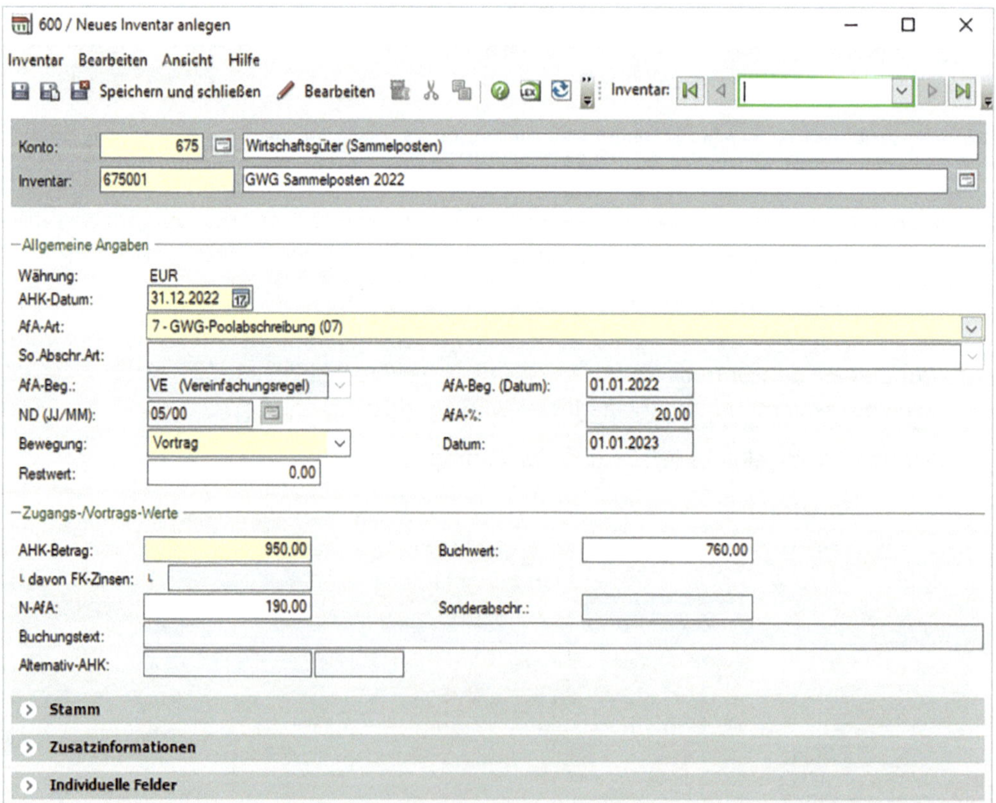

4.2 Neues Inventar anlegen

6 Klicken Sie abschließend auf das Symbol *Speichern und Schließen*. Der GWG-Sammelposten für das Jahr 2022 ist erfasst.

7 Um Einzelheiten zum GWG Sammelposten 2022 einzusehen, klicken Sie doppelt auf den Eintrag *675001 GWG Sammelposten 2022* (Bild 4.3).

4.3 Der neu angelegte GWG Sammelposten

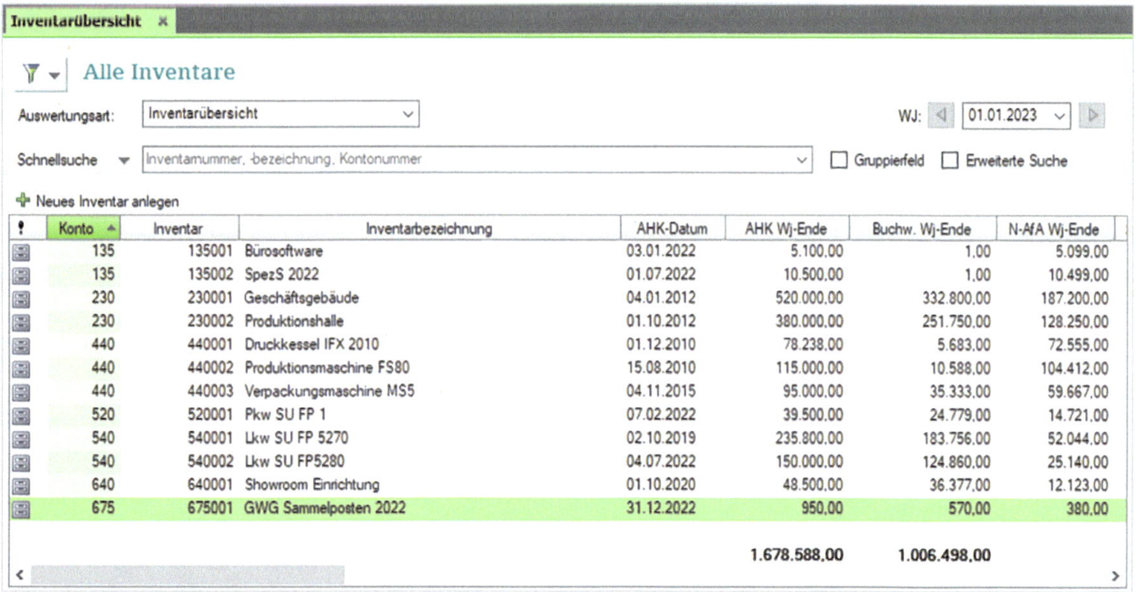

Konto	Inventar	Inventarbezeichnung	AHK-Datum	AHK Wj-Ende	Buchw. Wj-Ende	N-AfA Wj-Ende
135	135001	Bürosoftware	03.01.2022	5.100,00	1,00	5.099,00
135	135002	SpezS 2022	01.07.2022	10.500,00	1,00	10.499,00
230	230001	Geschäftsgebäude	04.01.2012	520.000,00	332.800,00	187.200,00
230	230002	Produktionshalle	01.10.2012	380.000,00	251.750,00	128.250,00
440	440001	Druckkessel IFX 2010	01.12.2010	78.238,00	5.683,00	72.555,00
440	440002	Produktionsmaschine FS80	15.08.2010	115.000,00	10.588,00	104.412,00
440	440003	Verpackungsmaschine MS5	04.11.2015	95.000,00	35.333,00	59.667,00
520	520001	Pkw SU FP 1	07.02.2022	39.500,00	24.779,00	14.721,00
540	540001	Lkw SU FP 5270	02.10.2019	235.800,00	183.756,00	52.044,00
540	540002	Lkw SU FP5280	04.07.2022	150.000,00	124.860,00	25.140,00
640	640001	Showroom Einrichtung	01.10.2020	48.500,00	36.377,00	12.123,00
675	675001	GWG Sammelposten 2022	31.12.2022	950,00	570,00	380,00
				1.678.588,00	1.006.498,00	

8 Das Dialogfenster *Inventar 675001 bearbeiten* wird geöffnet. Über das Register *Bewegung* kann der aktuelle Abschreibungswert, der Buchwert zum 01.01.2023 von 760,00 EUR und zum 31.12.2023 von 570,00 EUR eingesehen werden (Bild 4.4).

4.4 Register Bewegung

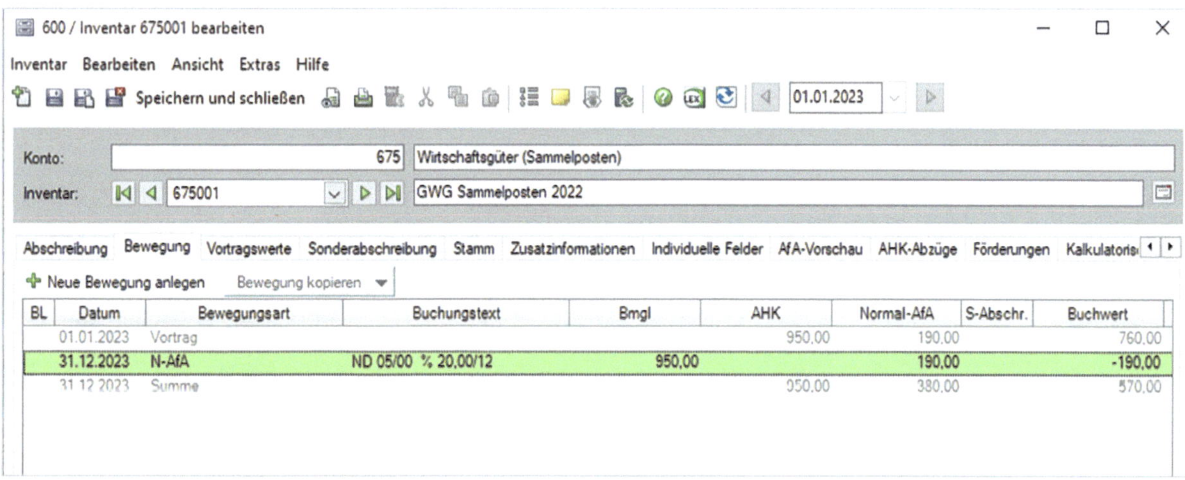

BL	Datum	Bewegungsart	Buchungstext	Bmgl	AHK	Normal-AfA	S-Abschr.	Buchwert
	01.01.2023	Vortrag			950,00	190,00		760,00
	31.12.2023	N-AfA	ND 05/00 % 20,00/12	950,00		190,00		-190,00
	31.12.2023	Summe			950,00	380,00		570,00

9 Um den gesamten Abschreibungsplan für den GWG Sammelposten 2022 anzeigen zu lassen, klicken Sie auf das Register *AfA-Vorschau* (Bild 4.5).

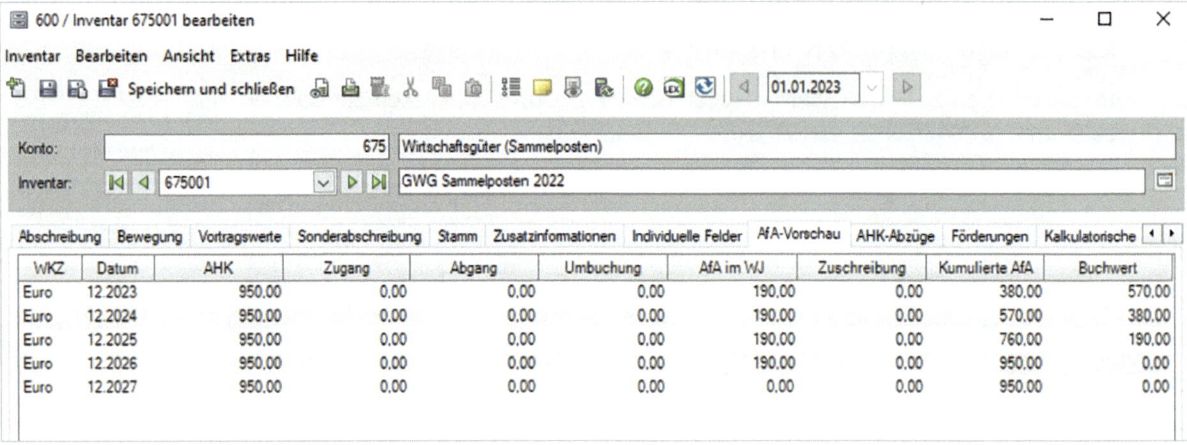

WKZ	Datum	AHK	Zugang	Abgang	Umbuchung	AfA im WJ	Zuschreibung	Kumulierte AfA	Buchwert
Euro	12.2023	950,00	0,00	0,00	0,00	190,00	0,00	380,00	570,00
Euro	12.2024	950,00	0,00	0,00	0,00	190,00	0,00	570,00	380,00
Euro	12.2025	950,00	0,00	0,00	0,00	190,00	0,00	760,00	190,00
Euro	12.2026	950,00	0,00	0,00	0,00	190,00	0,00	950,00	0,00
Euro	12.2027	950,00	0,00	0,00	0,00	0,00	0,00	950,00	0,00

4.5 Register AfA-Vorschau

10 Schließen Sie anschließend das Bearbeitungsfenster, indem Sie auf das Symbol *Schließen* X klicken.

Wiederholungsübung: Anlagegüter vortragen

Ihnen liegt abschließend der letzte Teil aus der Inventarübersicht mit den vorzutragenden Anlagegütern vor. Aus Vereinfachungsgründen werden die übrigen Anlagegüter auf das Konto *0690, Sonstige Betriebs- und Geschäftsausstattung* vorgetragen. In der Praxis werden natürlich oftmals auch dazu verschiedene Anlagekonten genutzt.

Die Lösungen zu den Aufgaben 1 bis 6 finden Sie im Lösungsbuch.

Die Seite 3 der Inventarübersicht führt folgende Anlagegüter auf:

Firma Fielbauer und Partner GmbH Seite 3
Datum: 31.12.2022

Konto 0690, Sonstige Betriebs- und Geschäftsausstattung

Konto Inventar	Bezeichnung/ Inventarbezeichnung	Abschreibungsart	Anschaffungsdatum	Nutzungsdauer	Anschaffungspreis	Abschreibung in 2023	Buchwert: 01.01.2023
690	Sonstige Betriebs- und Geschäftsausstattung						
690001	Werkstatteinrichtung	lineare Abschreibung	18.08.2012	Laut AfA-Liste	54.900,00 €	3.926,00 €	14.068,00 €
690002	Arbeitsbühne mobil	lineare Abschreibung	05.04.2013	Laut AfA-Liste	9.520,00 €	866,00 €	1.083,00 €
690003	Büromöbel	lineare Abschreibung	05.01.2014	Laut AfA-Liste	13.265,00 €	485,00 €	1.941,00 €
690004	Tresor	lineare Abschreibung	05.01.2014	Laut AfA-Liste	9.585,00 €	370,00 €	3.402,00 €
690005	Alarmanlage	lineare Abschreibung	15.05.2019	Laut AfA-Liste	16.350,00 €	1.487,00 €	10.901,00 €
690006	Personal Computer	lineare Abschreibung	02.05.2021	Laut AfA-Liste	2.820,00 €	940,00 €	1.253,00 €
690007	Handy	lineare Abschreibung	01.08.2022	Laut AfA-Liste	1.340,85 €	268,00 €	1.228,00 €
						8.342,00 €	33.876,00 €

Für die Positionen 690006 Personal Computer und 690007 Handy übernehmen wir in unserem Übungsfall die Nutzungsdauer der AfA-Liste (3 Jahre und 5 Jahre).

Erfassen Sie die nachfolgenden Anlagengüter anhand der Inventarübersicht von Frau Trichter.

Aufgabe 1

Konto 0690, Sonstige Betriebs- und Geschäftsausstattung

Konto Inventar	Bezeichnung/ Inventarbezeichnung	Abschreibungsart	Anschaffungsdatum
690	Sonstige Betriebs- und Geschäftsausstattung		
690001	Werkstatteinrichtung	lineare Abschreibung	18.08.2012
Nutzungsdauer	**Anschaffungspreis**	**Abschreibung in 2023**	**Buchwert: 01.01.2023**
Laut AfA-Liste	54.900,00 €	3.926,00 €	14.068,00 €

Hinweis: Die Nutzungsdauer kann im neu anzulegenden Inventar neben dem Feld *ND (JJ/MM)* auch über das Symbol *Nutzungsdauer auswählen* ermittelt werden.

Kontrollieren Sie anschließend die Werte, insbesondere die Abschreibungswerte in 2023 sowie die Buchwerte zum 01.01.2023 mit der Inventarübersicht.

Tipp: Über das Symbol *Speichern und Neu* können Sie Inventare speichern und sofort ein neues Inventar erfassen.

Aufgabe 2

Konto 0690, Sonstige Betriebs- und Geschäftsausstattung

Konto Inventar	Bezeichnung/ Inventarbezeichnung	Abschreibungsart	Anschaffungsdatum
690	Sonstige Betriebs- und Geschäftsausstattung		
690002	Arbeitsbühne mobil	lineare Abschreibung	05.04.2013
Nutzungsdauer	**Anschaffungspreis**	**Abschreibung in 2023**	**Buchwert: 01.01.2023**
Laut AfA-Liste	9.520,00 €	866,00 €	1.083,00 €

Kontrollieren Sie anschließend die Werte, insbesondere die Abschreibungswerte in 2023 sowie die Buchwerte zum 01.01.2023 mit der Inventarübersicht.

Aufgabe 3

Konto 0690, Sonstige Betriebs- und Geschäftsausstattung

Konto Inventar	Bezeichnung/ Inventarbezeichnung	Abschreibungsart	Anschaffungsdatum
690	Sonstige Betriebs- und Geschäftsausstattung		
690003	Büromöbel	lineare Abschreibung	05.01.2014
Nutzungsdauer	**Anschaffungspreis**	**Abschreibung in 2023**	**Buchwert: 01.01.2023**
Laut AfA-Liste	13.265,00 €	1.021,00 €	4.084,00 €

Kontrollieren Sie anschließend die Werte, insbesondere die Abschreibungswerte in 2023 sowie die Buchwerte zum 01.01.2023 mit der Inventarübersicht.

Aufgabe 4

Konto 0690, Sonstige Betriebs- und Geschäftsausstattung

Konto Inventar	Bezeichnung/ Inventarbezeichnung	Abschreibungsart	Anschaffungsdatum
690	Sonstige Betriebs- und Geschäftsausstattung		
690004	Tresor	lineare Abschreibung	05.01.2014
Nutzungsdauer	**Anschaffungspreis**	**Abschreibung in 2023**	**Buchwert: 01.01.2023**
Laut AfA-Liste	9.585,00 €	417,00 €	5.832,00 €

Kontrollieren Sie anschließend die Werte, insbesondere die Abschreibungswerte in 2023 sowie die Buchwerte zum 01.01.2023 mit der Inventarübersicht.

Aufgabe 5

Konto 0690, Sonstige Betriebs- und Geschäftsausstattung

Konto Inventar	Bezeichnung/ Inventarbezeichnung	Abschreibungsart	Anschaffungsdatum
690	Sonstige Betriebs- und Geschäftsausstattung		
690005	Alarmanlage	lineare Abschreibung	15.05.2019
Nutzungsdauer	**Anschaffungspreis**	**Abschreibung in 2023**	**Buchwert: 01.01.2023**
Laut AfA-Liste	16.350,00 €	1.487,00 €	10.901,00 €

Kontrollieren Sie anschließend die Werte, insbesondere die Abschreibungswerte in 2023 sowie die Buchwerte zum 01.01.2023 mit der Inventarübersicht.

Aufgabe 6

Konto 0690, Sonstige Betriebs- und Geschäftsausstattung

Konto Inventar	Bezeichnung/ Inventarbezeichnung	Abschreibungsart	Anschaffungsdatum
690	Sonstige Betriebs- und Geschäftsausstattung		
690006	Personal Computer	lineare Abschreibung	02.05.2021
Nutzungsdauer	**Anschaffungspreis**	**Abschreibung in 2023**	**Buchwert: 01.01.2023**
Laut AfA-Liste	2.820,00 €	940,00 €	1.253,00 €

Kontrollieren Sie anschließend die Werte, insbesondere die Abschreibungswerte in 2023 sowie die Buchwerte zum 01.01.2023 mit der Inventarübersicht.

Aufgabe 7

Konto 0690, Sonstige Betriebs- und Geschäftsausstattung

Konto Inventar	Bezeichnung/ Inventarbezeichnung	Abschreibungsart	Anschaffungsdatum
690	Sonstige Betriebs- und Geschäftsausstattung		
690007	Handy	lineare Abschreibung	01.08.2022
Nutzungsdauer	**Anschaffungspreis**	**Abschreibung in 2023**	**Buchwert: 01.01.2023**
Laut AfA-Liste	1.340,80 €	268,00 €	1.228,00 €

Kontrollieren Sie anschließend die Werte, insbesondere die Abschreibungswerte in 2023 sowie die Buchwerte zum 01.01.2023 mit der Inventarübersicht.

Aufgabe 8

Schließen Sie anschließend das Eingabefenster und kontrollieren Sie über die Auswertungsart *Anlagenspiegelwerte* die Vortragserfassungen im Konto *690 sonstige Betriebs- und Geschäftsausstattung*.

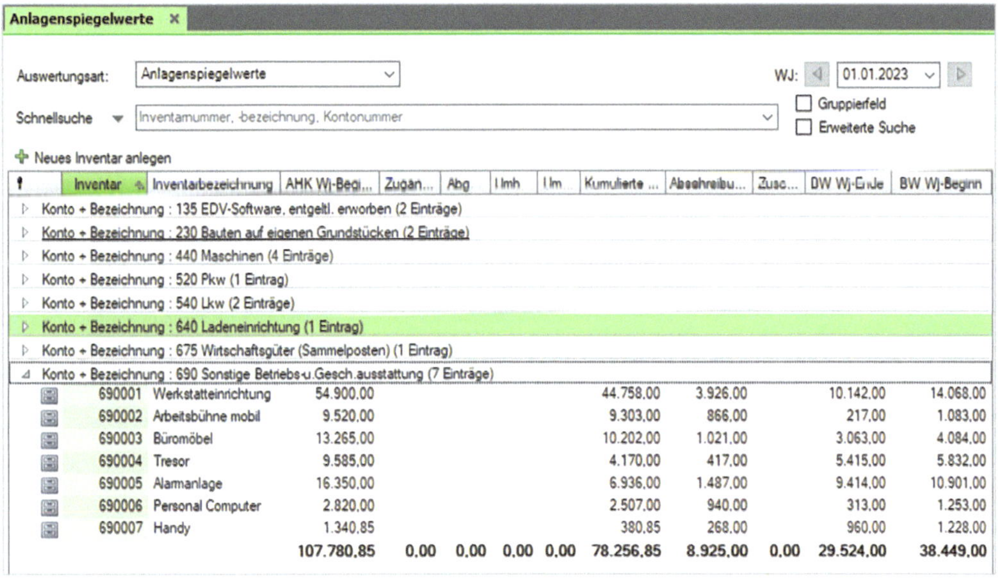

Inventar	Inventarbezeichnung	AHK Wj-Begi...	Zugän...	Abg	Umb	Um	Kumulierte ...	Abschreibu...	Zusc...	BW Wj-Ende	BW Wj-Beginn
690001	Werkstatteinrichtung	54.900,00					44.758,00	3.926,00		10.142,00	14.068,00
690002	Arbeitsbühne mobil	9.520,00					9.303,00	866,00		217,00	1.083,00
690003	Büromöbel	13.265,00					10.202,00	1.021,00		3.063,00	4.084,00
690004	Tresor	9.585,00					4.170,00	417,00		5.415,00	5.832,00
690005	Alarmanlage	16.350,00					6.936,00	1.487,00		9.414,00	10.901,00
690006	Personal Computer	2.820,00					2.507,00	940,00		313,00	1.253,00
690007	Handy	1.340,85					380,85	268,00		960,00	1.228,00
		107.780,85	0,00	0,00	0,00	0,00	78.256,85	8.925,00	0,00	29.524,00	38.449,00

4.6 Anlagespiegelwerte

Aufgabe 9

Drucken Sie die Liste *Entwicklung des Anlagevermögens* mit folgenden Einstellungen aus:

Umfang und Varianten	Listbildauswahl Bruttoausweis mit AfA, 5 Spalten, Gesamtliste
Sortierung und Gruppierung	■ Sortieren nach Kontonummer ■ Neue Seite bei Gruppenwechsel (aktivieren) ■ Summe ausgeben bei Gruppenwechsel (aktivieren) ■ Mit Gruppenkopf (aktivieren)

Klicken Sie auf *Einstellungen übernehmen.*

Die Musterlösung zur Liste Entwicklung des Anlagevermögens steht Ihnen im PDF-Format zum Download zur Verfügung, Datei Kap_04_Entwicklung_Anlagevermoegen_2.pdf.

Download

Aufgabe 10

Alle Anlagegüter aus der Inventarübersicht zur Firma Fielbauer und Partner GmbH sind jetzt vorgetragen.

Beenden Sie das Programm DATEV Kanzlei-Rechnungswesen.

Sichern Sie anschließend den Mandanten Fielbauer und Partner GmbH (Finanz- und Anlagenführung).

Öffnen Sie den Mandanten Fielbauer und Partner GmbH im Programm DATEV Kanzlei-Rechnungswesen.

Notizen

5 Neue Anlagegüter im laufenden Geschäftsjahr erfassen

In diesem Kapitel erfahren Sie, wie ...

- Sie im Programm DATEV Kanzlei-Rechnungswesen die Soforterfassung Anlagenbuchführung aktivieren,
- neu erfasste Anlagegüter aus dem laufenden Geschäftsjahr an die Anlagenbuchhaltung übertragen werden,
- Anschaffungsnebenkosten oder Anschaffungspreisminderungen zu einem Anlagegut erfasst und einem Anlagegut zugewiesen werden,
- Sie neu erfasste Anlagegüter in der Anlagenbuchhaltung kontrollieren,
- Sie Auswertungen zu den neu erfassten Wirtschaftsgütern in der Anlagenbuchhaltung durchführen können.

Vorbemerkung

Alle Anlagegüter der Firma Fielbauer und Partner GmbH sind in der Anlagenbuchhaltung vorgetragen. Am Ende des Geschäftsjahres 2023 können die ermittelten Abschreibungsbeträge leicht in den Buchführungsbereich von DATEV Kanzlei-Rechnungswesen übertragen werden.

Im Geschäftsjahr 2023 ergeben sich durch die laufenden Buchungen natürlich auch Buchungen, die für die Anlagenbuchhaltung relevant sind. Diese Buchungen können entweder in der Anlagenbuchhaltung als Zugänge oder direkt in einem Buchungsstapel von DATEV Kanzlei-Rechnungswesen erfasst und an die Anlagenbuchhaltung übertragen werden.

In der Praxis werden Buchungen aus dem Programm DATEV Kanzlei-Rechnungswesen, sofern Sie die Anlagenbuchhaltung betreffen, direkt beim Buchen an die Anlagenbuchhaltung übergeben. Dadurch werden vor allem Doppeleingaben vermieden.

5.1 Soforterfassung Anlagenbuchführung aktivieren

Damit neu erfasste Anlagegüter aus der Finanzbuchhaltung an die Anlagenbuchhaltung übergeben werden können, muss in DATEV Kanzlei-Rechnungswesen die Soforterfassung Anlagenbuchführung einmalig aktiviert werden. Um die Aktivierung vorzunehmen, muss zumindest ein Buchungsstapel in DATEV Kanzlei-Rechnungswesen angelegt sein.

Zur Aktivierung der Soforterfassung Anlagenbuchführung gehen Sie wie folgt vor:

1 Klicken Sie in der Navigationsübersicht doppelt auf den Eintrag *Belege buchen*.

5.1 Belege buchen

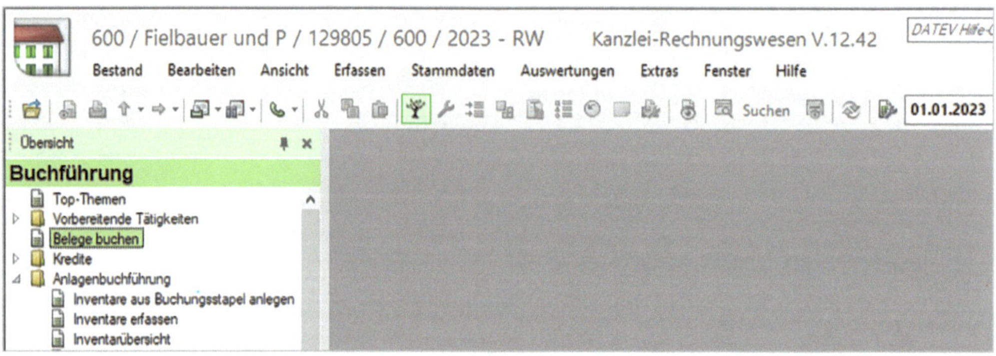

Der Buchungsstapel mit den Vortragsbuchungen zur Eröffnungsbilanz wird angezeigt (Bild 5.2).

5.2 Buchungsstapel auswählen

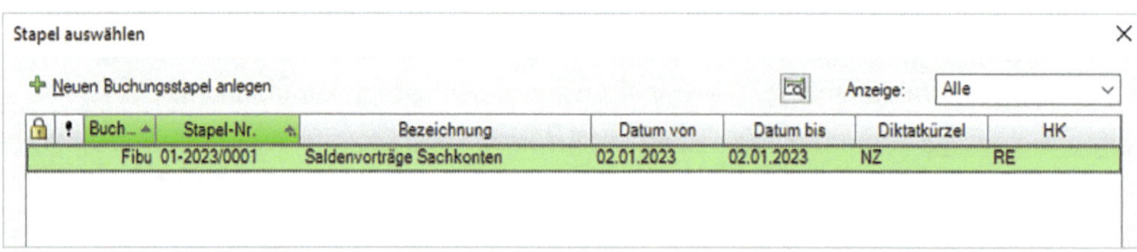

2 Klicken Sie auf den Buchungsstapel *Saldenvorträge Sachkonten* und anschließend auf die Schaltfläche *Öffnen*. Nun werden die Buchungen aus der Eröffnungsbilanz angezeigt.

3 Klicken Sie im rechten Zusatzbereich auf das Register *Eigenschaften* und hier auf den Link *Buchungssatz* (Bild 5.3 ❶)

4 Im nächsten Schritt kann jetzt die Soforterfassung Anlagenbuchführung aktiviert werden. Aktivieren Sie das Kontrollkästchen *Soforterfassung Anlagenbuchführung* ❷.

Welche Buchungen an die Anlagenbuchhaltung übergeben werden, kann mit Klick auf den dazugehörigen Link *Soforterfassung Anlagenbuchführung* ❸ eingesehen und ggf. angepasst werden.

5.3 Buchungen Eröffnungsbilanz

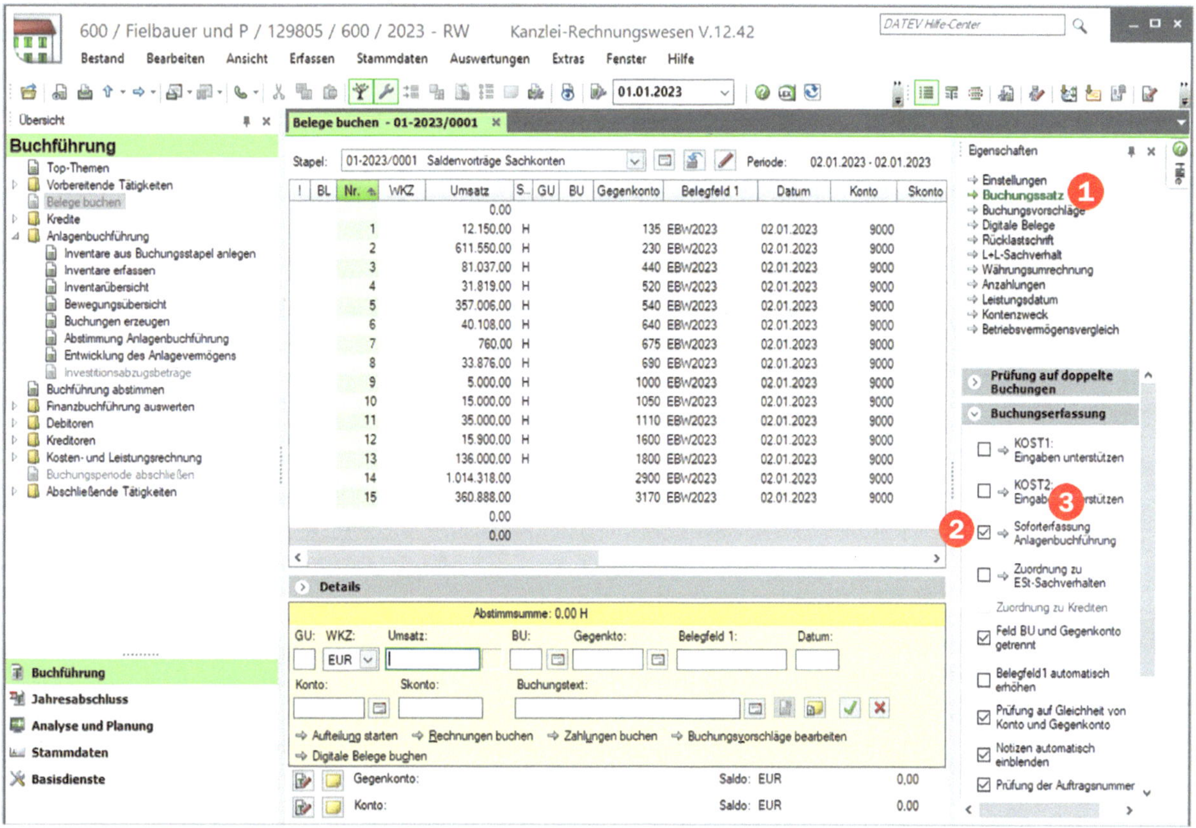

!	BL	Nr.	WKZ	Umsatz	S..	GU	BU	Gegenkonto	Belegfeld 1	Datum	Konto	Skonto
				0,00								
		1		12.150,00	H			135	EBW2023	02.01.2023	9000	
		2		611.550,00	H			230	EBW2023	02.01.2023	9000	
		3		81.037,00	H			440	EBW2023	02.01.2023	9000	
		4		31.819,00	H			520	EBW2023	02.01.2023	9000	
		5		357.006,00	H			540	EBW2023	02.01.2023	9000	
		6		40.108,00	H			640	EBW2023	02.01.2023	9000	
		7		760,00	H			675	EBW2023	02.01.2023	9000	
		8		33.876,00	H			690	EBW2023	02.01.2023	9000	
		9		5.000,00	H			1000	EBW2023	02.01.2023	9000	
		10		15.000,00	H			1050	EBW2023	02.01.2023	9000	
		11		35.000,00	H			1110	EBW2023	02.01.2023	9000	
		12		15.900,00	H			1600	EBW2023	02.01.2023	9000	
		13		136.000,00	H			1800	EBW2023	02.01.2023	9000	
		14		1.014.318,00				2900	EBW2023	02.01.2023	9000	
		15		360.888,00				3170	EBW2023	02.01.2023	9000	
				0,00								
				0,00								

5 Klicken Sie auf den Link *Soforterfassung Anlagenbuchführung* (siehe Bild 5.3). Das Dialogfenster *Buchungssatzauswahl* mit Einstellungen für die Soforterfassung zur Anlagenbuchhaltung wird geöffnet (Bild 5.4).

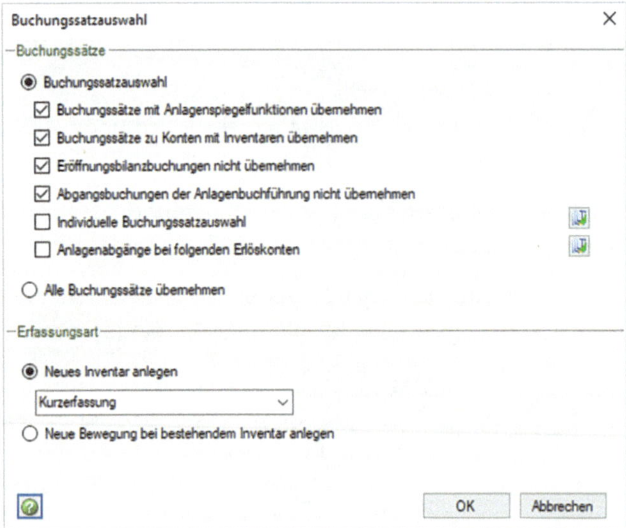

5.4 Einstellungen Soforterfassung

Folgende Einstellungen sind standardmäßig bereits aktiviert/deaktiviert (Bild 5.4):

- *Buchungssätze mit Anlagenspiegelfunktionen übernehmen* bewirkt, dass alle Buchungen des Buchungsstapels zur Anlagenbuchhaltung übernommen werden, sofern ein Konto (Konto oder Gegenkonto) des Buchungssatzes die Funktion „Anlagekonto" in DATEV Kanzlei-Rechnungswesen besitzt.
- Das aktivierte Kontrollkästchen *Buchungssätze zu Konten mit Inventaren übernehmen* bewirkt, dass alle Buchungen des Buchungsstapels zur Anlagenbuchhaltung übernommen werden, sofern mindestens zu einem Konto (Konto oder Gegenkonto) des Buchungssatzes bereits ein Inventar in der Anlagenbuchhaltung vorhanden ist.
- Mit den aktivierten Kontrollkästchen *Eröffnungsbilanzbuchungen nicht übernehmen* und *Abgangsbuchungen der Anlagenbuchführung nicht übernehmen* werden Eröffnungsbuchungen und Abgangsbuchungen nicht aus der Anlagenbuchhaltung übernommen.
- Neben den Standardeinstellungen haben Sie über die Kontrollkästchen *Individuelle Buchungssatzauswahl* und *Anlagenabgänge bei folgenden Erlöskonten* die Möglichkeit, individuell über die Symbole *Kontenauswahl* nur bestimmte Konten anzugeben.
- Die Option *Alle Buchungssätze übernehmen* wird nur in seltenen Fällen angewandt.
- Im Bereich *Erfassungart* legen Sie Einstellungen für die Erfassung des Inventars fest. Hierbei kann bei Neuzugängen zwischen einer Kurzerfassung, einer Detailerfassung oder der Option *Neue Bewegung bei bestehendem Inventar anlegen* ausgewählt werden.

6 Übernehmen Sie die Standardeinstellungen mit Klick auf die Schaltfläche *OK*.

Hinweis: Die Soforterfassung muss nur einmal in einem neuen oder bestehenden Buchungsstapel in den Eigenschaften zum Buchungssatz aktiviert werden.

7 Schließen Sie anschließend den Buchungsstapel mit den Saldenvorträgen. Die Vorträge noch nicht festschreiben!

5.2 Erfassen neu angeschaffter Anlagegüter

Ausgangssituation

Am 16. Januar 2023 wird eine Frankiermaschine mit einem Bruttowert von 2.380,00 EUR (Warenwert 2.000,00 EUR + 380,00 EUR Vorsteuer) gegen Bankscheck, Bankauszug Nr. BA 35 erworben. Die Frankiermaschine hat eine Nutzungsdauer von 8 Jahren. Sie wird linear abgeschrieben werden.

Mit der aktivierten Soforterfassung Anlagenbuchführung kann bei der Erfassung der Buchung das Wirtschaftsgut inventarisiert und der Abschreibungsplan zum Anlagegut festgelegt werden.

Übung: Buchungsstapel anlegen

Legen Sie einen neuen Buchungsstapel für den Zeitraum 01.01.2023 bis 31.01.2023 mit der Bezeichnung *Buchungen Januar 2023* und Ihrem Diktatkürzel an.

Um die Frankiermaschine zu buchen und zu inventarisieren, gehen Sie wie folgt vor:

1 Erfassen Sie zunächst die nachfolgende Buchung in Bild 5.5.

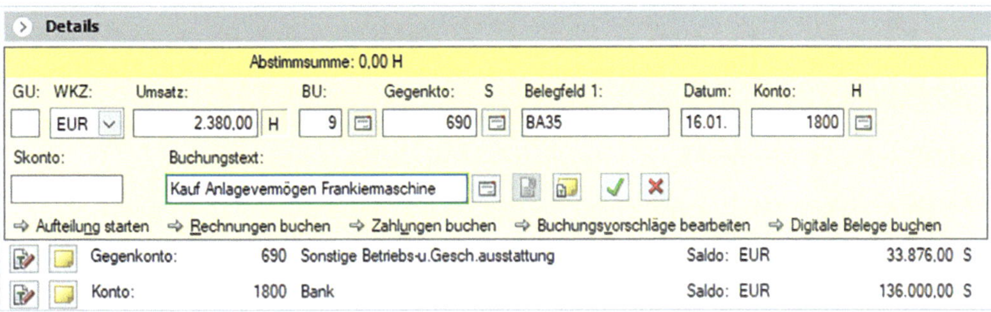

5.5 Buchung erfassen

Hinweis: Anstatt des Steuerschlüssels 9 können Sie auch den neuen Steuerschlüssel 401 für abziehbare Vorsteuer 19 % verwenden.

2 Klicken Sie auf das Symbol *Buchung übernehmen* ✓.

3 Durch die Sofortaktivierung kann das Anlagegut jetzt im nächsten Schritt inventarisiert und der Abschreibungsplan zum Anlagegut festgelegt werden.

Im oberen Teil des Fensters *Buchungssatz einem Inventar zuordnen* (Bild 5.6)wird das FIBU-Konto *0690, Sonstige Betriebs- u. Geschäftsausstattung* und der Vorschlag der Inventarnummer *690008* für die Frankiermaschine aufgelistet. Die Inventarnummer wird automatisch aus der Anlagenbuchhaltung als nächste freie Nummer vorgeschlagen. Die Bezeichnung wird aus dem Buchungstext der Buchung übernommen. Zusätzlich ist im Auswahlfeld *Bewegungsart* bereits *Zugang* voreingestellt.

4 Ändern Sie - wie in Bild 5.6 dargestellt - die Bezeichnung auf Frankiermaschine.

Im unteren Teil des Fensters werden das *AHK-Datum* 16.01.2023 und der *AHK-Betrag* von 2.000,00 EUR (Nettowert der Frankiermaschine) angezeigt. Beide Werte werden vom erfassten Buchungssatz übernommen. Darüber hinaus ist die Abschreibungsart *1 Lineare Normalabschreibung (01)* als Standard bereits voreingestellt.

5.6 *Buchungssatz einem Inventar zuordnen*

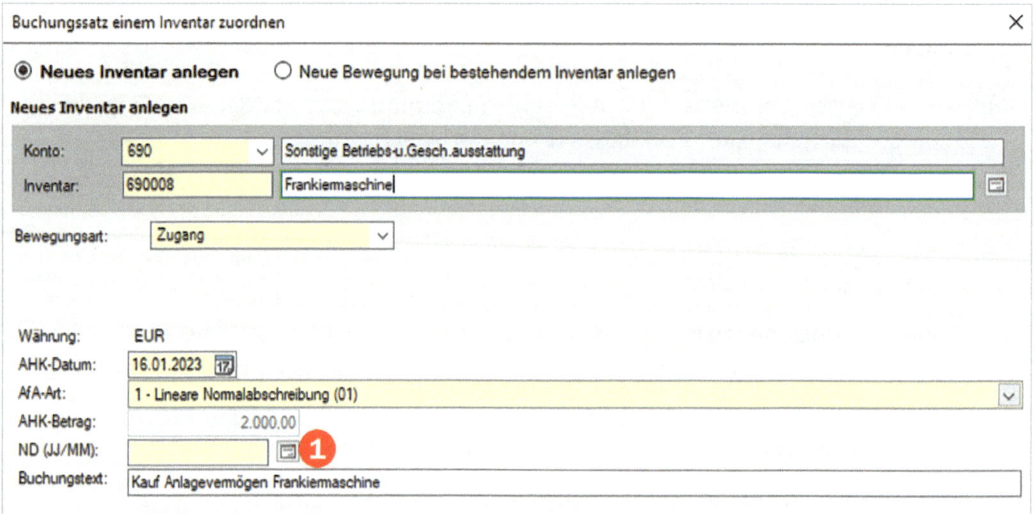

5 Im nächsten Schritt muss der Abschreibungsplan zur Frankiermaschine festgelegt werden. Klicken Sie beim Feld *Nutzungsdauer ND (JJ/MM)* auf das Symbol *Nutzungsdauer auswählen* ❶ (Bild 5.6) und geben Sie im Feld *Schnellsuche* den Suchbegriff Frankiermaschine ein (Bild 5.7).

Hinweis: Über AfA-Tabellen kann - genauso wie in der Anlagenbuchhaltung - die Nutzungsdauer von Anlagegütern ermittelt und übernommen werden. Natürlich kann sie auch manuell erfasst werden.

5.7 *Nutzungsdauer auswählen*

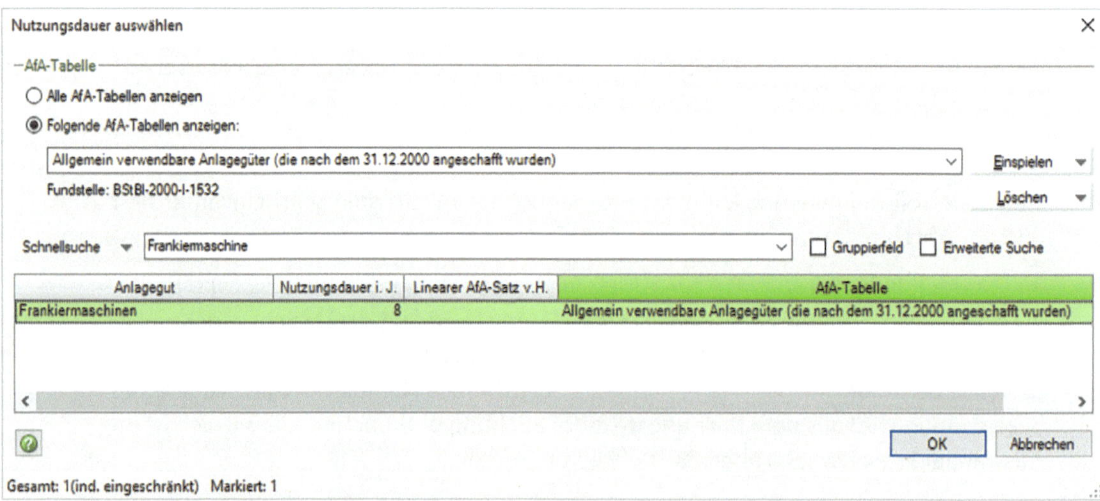

6 Übernehmen Sie die Nutzungsdauer von 8 Jahren, indem Sie auf die Schaltfläche *OK* klicken.

Hinweis: Als Abschreibungsart kann für das Anlagegut lediglich die lineare Abschreibung gewählt werden, da im Zeitraum vom 01.01.2023 bis 30.09.2023 die degressive Abschreibung gesetzlich nicht zulässig ist.

7 Die notwendigen Pflichtangaben zum Zugang der Frankiermaschine sind damit erfasst. Klicken Sie im unteren Teil des Fensters auf den Link *Detailerfassung* ❷ (Bild 5.8).

Hinweis: Über den Eintrag *Erweitert* ❸ können Kostenstellen und Lieferantennummern (Kreditoren) aus dem Buchungssatz übernommen werden.

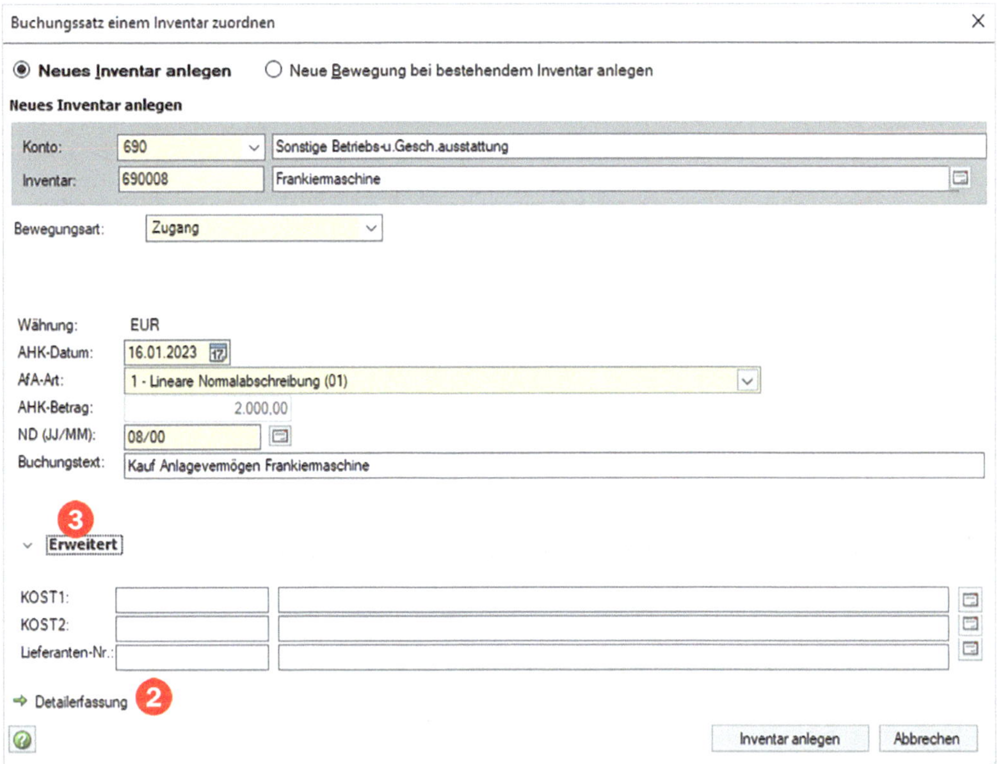

5.8 Die erfassten Pflichtangaben

Es werden nun weitere Details zum Neuzugang der Frankiermaschine aus der Anlagenbuchhaltung und die detaillierten Informationen zur Neuanlage aus der Inventarkarte angezeigt (Bild 5.9).

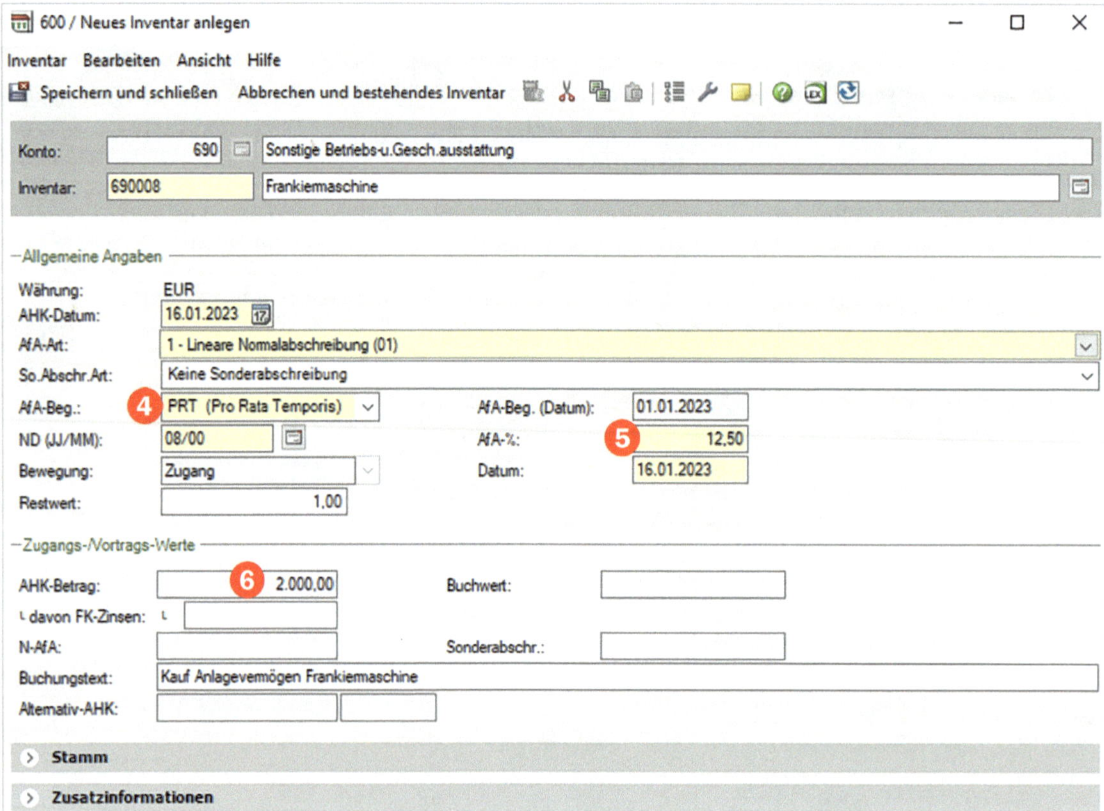

5.9 Details anzeigen

4 Anteilmäßige Abschreibung für das Jahr 2023

5 Abschreibungsprozentsatz

6 Anschaffungswert der Frankiermaschine

Hinweis: Buchwert und N-AfA werden erst nach dem Anlegen durch die Anlagenbuchhaltung automatisch ermittelt.

8 Klicken Sie abschließend auf das Symbol *Speichern und Schließen*.

5.10 Primanota der Buchung

Die Frankiermaschine ist in der Anlagenbuchhaltung erfasst. In der Finanzbuchhaltung ist lediglich die Primanota mit der Buchung ersichtlich.

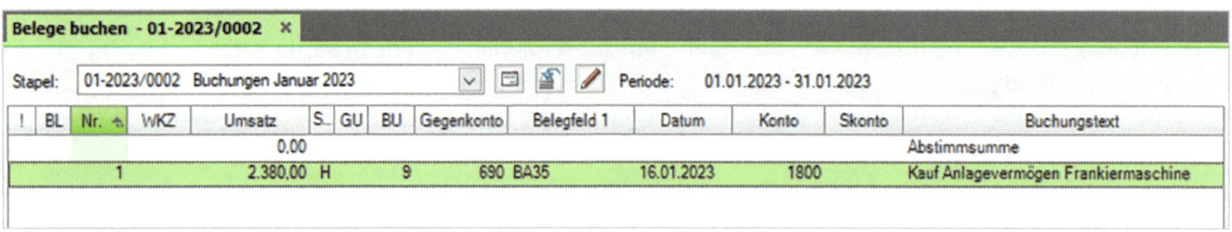

Achtung: Sollte im Nachhinein ein Fehler bei der Buchung festgestellt werden, kann die Buchung im Buchungsstapel geändert werden. Änderungen im Betrag und im Anlagekonto verursachen hierbei natürlich auch Änderungen bei den Zugangswerten zum Anlagegut. Über ein Hinweisfenster werden Sie auf die Änderung der Werte hingewiesen. Dies kann anschließend ggf. übernommen werden.

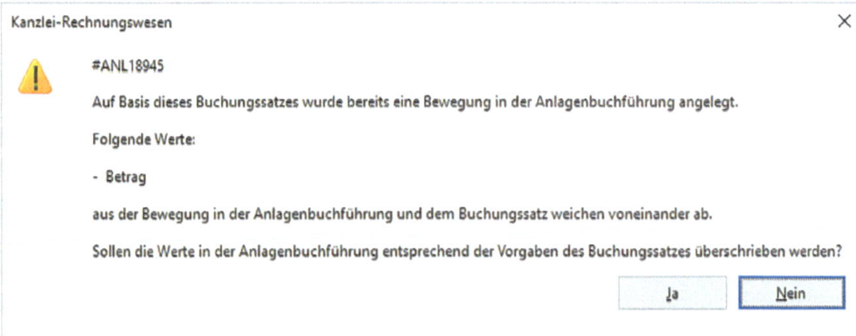

5.11 Änderung der Werte übernehmen

Übung: Buchen von neu angeschafften Anlagegütern

Die Lösungen zu den Aufgaben 1 und 2 finden Sie im Lösungsbuch.

Aufgabe 1

Im Januar 2023 werden zwei weitere Anlagegüter angeschafft. Erfassen Sie Fall 1 und Fall 2 im Buchungsstapel *Buchungen Januar 2023*.

Fall 1

Barkauf eines Laptops Marke Siptushi AX 561 zum Bruttowert von 1.785,00 EUR incl. 19 % USt.

Kaufdatum: 25.01.2023 Kassenbeleg Nr.: KA15

Abschreibungsart: linear Nutzungsdauer: gem. AfA Liste

Fall 2

Barkauf einer Registrierkasse TIPPTEX 7000 zum Bruttowert von 3.332,00 EUR incl. 19 % USt.

Kaufdatum: 27.01.2023 Kassenbeleg Nr.: KA29

Abschreibungsart: linear Nutzungsdauer: gem. AfA Liste

Aufgabe 2

Am 13. Februar 2023 wurde eine Eloxiermaschine HUFNER 5011 mit einem Bruttowert von 17.850,00 EUR (Warenwert 15.000,00 EUR + 2.850,00 EUR Vorsteuer) gegen Bankscheck, Bankauszug Nr. BA 51 erworben.

Legen Sie einen neuen Buchungsstapel 01.02.2023 bis 28.02.2023 mit der Bezeichnung Buchungen Februar 2023 und Ihrem Diktatkürzel an.

Erfassen Sie die Eloxiermaschine im Buchungsstapel *Buchungen Februar 2023*.

Abschreibungsart: linear Nutzungsdauer: gem. AfA Liste

Aufgabe 3

Kontrollieren Sie die Salden der folgenden FIBU-Konten über die Ansicht *FIBU-Konto anzeigen*. Durch die durchgeführten Buchungen ergeben sich in den FIBU-Konten folgende Salden:

Konto	Bezeichnung	Betrag	Soll / Haben
440	Maschinen	96.037,00 EUR	Soll
690	Sonst. Betriebs.- u. Geschäftsausstattung	40.176,00 EUR	Soll
1600	Kasse	10.783,00 EUR	Soll
1800	Bank	115.770,00 EUR	Soll
1406	Abziehbare Vorsteuer 19 %	4.047,00 EUR	Soll

Schließen Sie den Buchungsstapel (Bitte noch nicht festschreiben!) und sichern Sie danach den Mandanten Fielbauer und Partner GmbH.

Öffnen Sie anschließend den Mandanten Fielbauer und Partner in DATEV Kanzlei-Rechnungswesen.

5.3 Neu erfasste Anlagegüter in der Anlagenbuchhaltung kontrollieren

Natürlich müssen die neu erfassten Anlagegüter in der Anlagenbuchhaltung kontrolliert werden, damit bei einer späteren Übergabe der Abschreibungswerte keine falschen Werte übergeben werden.

Ausgangssituation

Am 13.02.2023 hatte Firma Fielbauer und Partner GmbH eine Eloxiermaschine angeschafft. Sie wurde mit Anschaffungskosten von 15.000,00 EUR erfasst und wird linear mit einer Abschreibungsdauer von 13 Jahren abgeschrieben.

Der lineare Abschreibungswert für das Jahr 2023 errechnet sich wie folgt:

Anschaffungswert:	15.000,00 EUR
Nutzungsdauer:	geteilt durch / 13 Jahre
	= 1.154,00 EUR Abschreibungswert pro Jahr (aufgerundet)

Anteiliger Abschreibungswert für das Jahr 2023:

Anschaffungsdatum:	13.02.2023
Abschreibungsbetrag jährlich:	1.154,00 EUR
	geteilt durch / 12 Monate
mal anteilige Monate 2023:	* 11 Monate = 1.058,00 EUR (aufgerundet)

Für das Geschäftsjahr 2023 muss in der Anlagenbuchhaltung ein Abschreibungswert von 1.058,00 EUR für die Eloxiermaschine ermittelt sein. Um den Zugang der Eloxiermaschine zu kontrollieren, gehen Sie wie folgt vor:

1 Wählen Sie den Menüpunkt *Stammdaten* ▶ *Anlagenbuchführung* ▶ *Inventarübersicht* oder klicken Sie über die Navigationsübersicht im geöffneten Ordner *Anlagenbuchführung* doppelt auf den Eintrag *Inventarübersicht*. Das Arbeitsblatt *Anlagenspiegelwerte* mit allen Anlagegütern wird geöffnet.

5.12 Arbeitsblatt Anlagenspiegelwerte

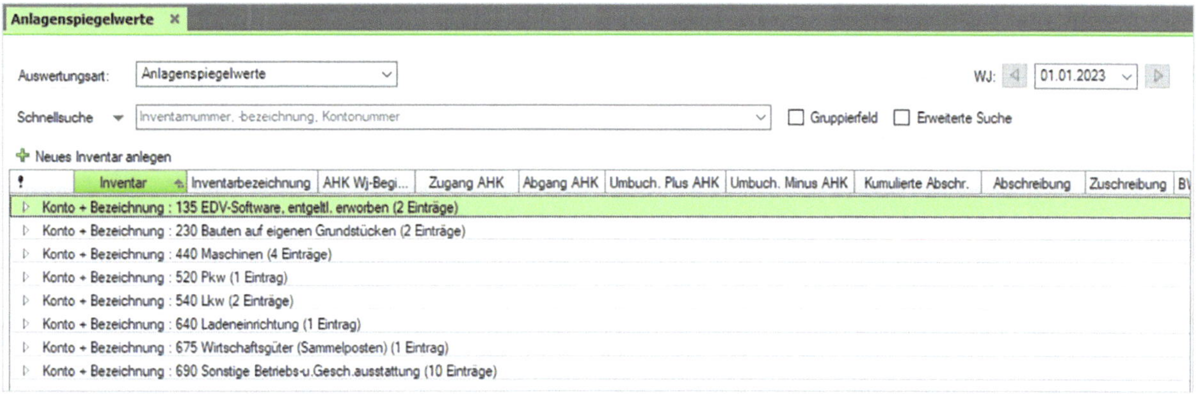

Hinweis: Falls stattdesssen die Auswertungsart *Inventarübersicht* angezeigt werden sollte, wählen Sie über das Auswahlfeld *Auswertungsart* den Eintrag *Anlagenspiegelwerte*.

2 Klicken Sie auf das Pfeilsymbol ▷ in der Zeile *Konto + Bezeichnung: 440 Maschinen (4 Einträge)*, um die Einträge zur FIBU-Gruppe *Konto 440 / Maschinen* anzeigen zu lassen.

Die Ansicht *Anlagespiegelwerte* führt - neben den vorgetragenen Anlagegütern - den Neuzugang der Eloxiermaschine mit einem Anschaffungswert von 15.000,00 EUR auf (Bild 5.13).

5.13 Neuzugang Anlagegut

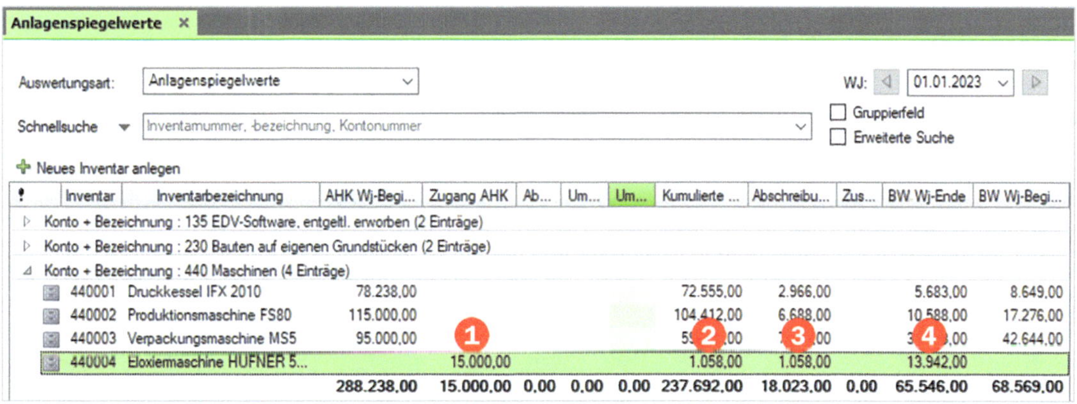

1 Zugang Anschaffungs- bzw. Herstellkosten des Anlageguts

2 Kumulierter Abschreibungswert bis zum 31.12.2023

3 Abschreibungswert in 2023

4 Buchwert zum 31.12.2023

Das Programm hat den Abschreibungswert von 1.058,00 EUR für das Jahr 2023 durch die FIBU-Buchung aufgrund der Soforterfassung Anlagenbuchführung (lineare Abschreibung und Nutzungsdauer 13 Jahre) eigenständig ermittelt.

3 Um die Angaben weiter zu kontrollieren, stehen Ihnen die Details zum Anlagegut und die Bearbeitung innerhalb der Inventarkarte zur Verfügung. Klicken Sie dazu doppelt auf das Anlagegut *440004 Eloxiermaschine HUFNER 5011*.

5.14 Doppelklick auf das Anlagegut

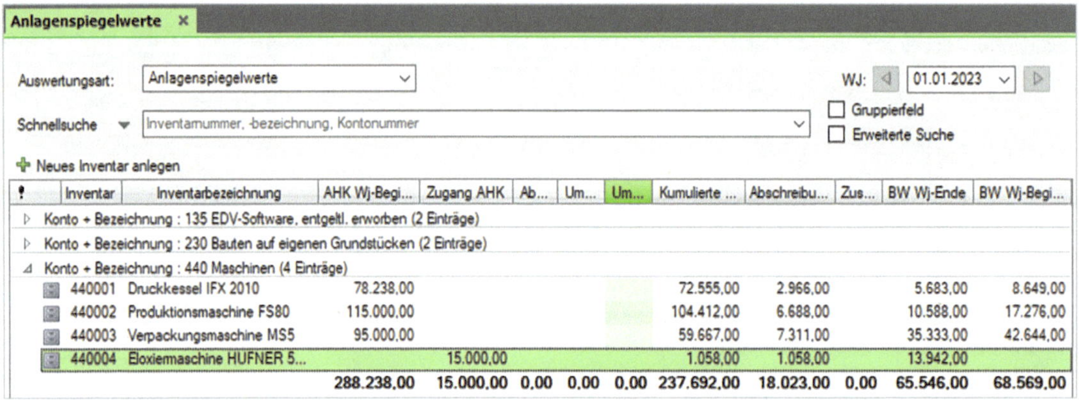

4 Das Dialogfenster *Inventar 440004 bearbeiten* wird geöffnet, zunächst wird das Register *Bewegung* angezeigt (Bild 5.15).

Hier wird die Bewegungsart *Zugang plus* mit dem Anschaffungsdatum *13.02.2023* und den Anschaffungskosten von *15.000,00 EUR* angezeigt. Zusätzlich wird der ermittelte Abschreibungswert für das Jahr 2023 von *1.058,00 EUR* und der Buchwert zum 31.12.2023 von *13.942,00 EUR* aufgeführt.

5.15 Inventar bearbeiten

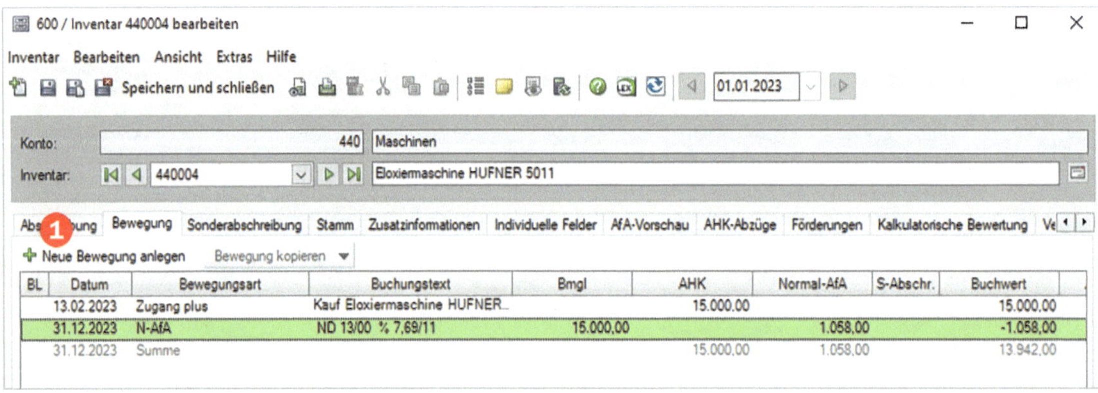

Tipp: Mit Klick auf *Neue Bewegung anlegen* ❶, können neue Bewegungen erfasst werden. Änderungen oder ggf. Löschen von Einträgen können mit einem Rechtsklick durchgeführt werden.

5 Klicken Sie auf das Register *AfA-Vorschau*. Hier wird Ihnen der gesamte Abschreibungsplan zur neu erfassten Eloxiermaschine angezeigt (Bild 5.16).

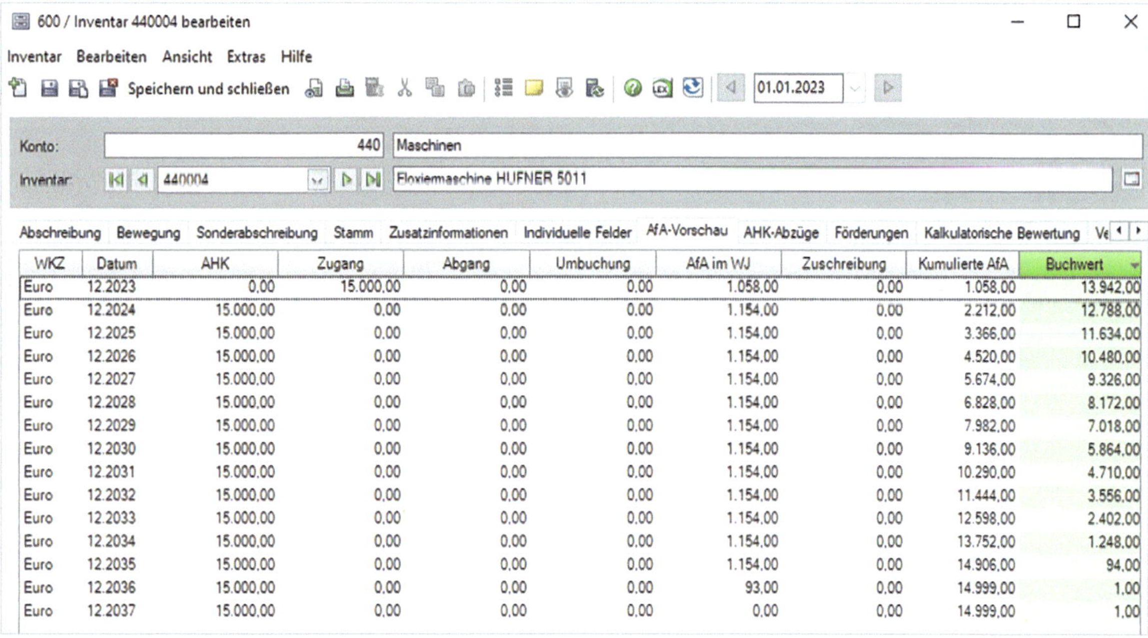

WKZ	Datum	AHK	Zugang	Abgang	Umbuchung	AfA im WJ	Zuschreibung	Kumulierte AfA	Buchwert
Euro	12.2023	0,00	15.000,00	0,00	0,00	1.058,00	0,00	1.058,00	13.942,00
Euro	12.2024	15.000,00	0,00	0,00	0,00	1.154,00	0,00	2.212,00	12.788,00
Euro	12.2025	15.000,00	0,00	0,00	0,00	1.154,00	0,00	3.366,00	11.634,00
Euro	12.2026	15.000,00	0,00	0,00	0,00	1.154,00	0,00	4.520,00	10.480,00
Euro	12.2027	15.000,00	0,00	0,00	0,00	1.154,00	0,00	5.674,00	9.326,00
Euro	12.2028	15.000,00	0,00	0,00	0,00	1.154,00	0,00	6.828,00	8.172,00
Euro	12.2029	15.000,00	0,00	0,00	0,00	1.154,00	0,00	7.982,00	7.018,00
Euro	12.2030	15.000,00	0,00	0,00	0,00	1.154,00	0,00	9.136,00	5.864,00
Euro	12.2031	15.000,00	0,00	0,00	0,00	1.154,00	0,00	10.290,00	4.710,00
Euro	12.2032	15.000,00	0,00	0,00	0,00	1.154,00	0,00	11.444,00	3.556,00
Euro	12.2033	15.000,00	0,00	0,00	0,00	1.154,00	0,00	12.598,00	2.402,00
Euro	12.2034	15.000,00	0,00	0,00	0,00	1.154,00	0,00	13.752,00	1.248,00
Euro	12.2035	15.000,00	0,00	0,00	0,00	1.154,00	0,00	14.906,00	94,00
Euro	12.2036	15.000,00	0,00	0,00	0,00	93,00	0,00	14.999,00	1,00
Euro	12.2037	15.000,00	0,00	0,00	0,00	0,00	0,00	14.999,00	1,00

5.16 AfA-Vorschau

6 Klicken Sie zuletzt auf das Register *Abschreibung*. Hier werden Ihnen das *AHK-Datum*, die *AfA-Art* sowie die *Nutzungsdauer* angezeigt (Bild 5.17).

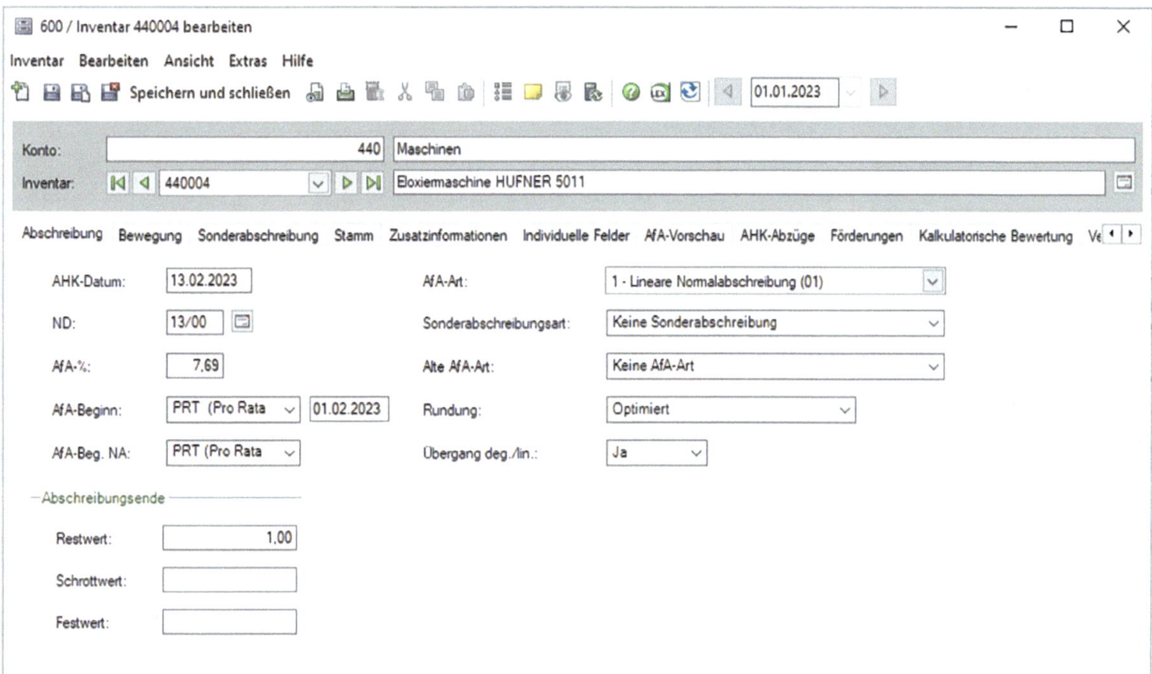

5.17 Abschreibung

Hinweis: In den Registern *Abschreibung* und *Bewegung* können Sie ggf. Änderungen vornehmen.

7 Schließen Sie danach das Fenster *600 / Inventar 440004 bearbeiten*, indem Sie auf das Symbol *Schließen* x klicken.

Übung: Neu erfasste Anlagegüter in der Anlagenbuchführung kontrollieren

Prüfen Sie die Zugänge in der FIBU-Gruppe *690 / Sonstige Betriebs- und Geschäftsausstattung*.

Aufgabe 1

Am 16.01.2023 wurde eine Frankiermaschine mit einem Buchwert von 2.000,00 EUR erfasst. Die Frankiermaschine wird linear mit einer Nutzungsdauer von 8 Jahren abgeschrieben. Folgende Zugangswerte müssen zum Anlagegut in der Anlagenbuchführung vorliegen:

5.18 Frankiermaschine

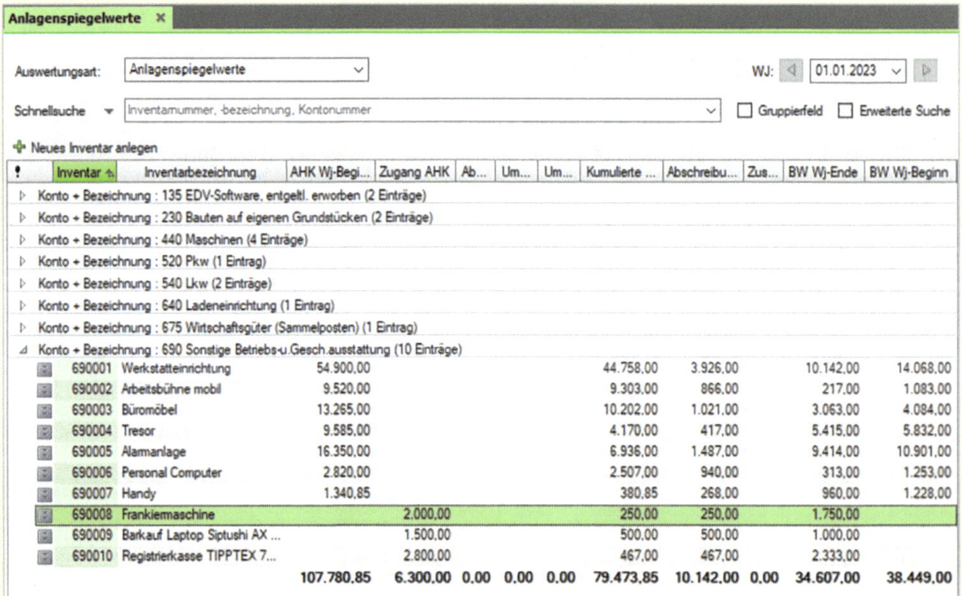
Anlagenspiegelwerte

Auswertungsart: Anlagenspiegelwerte — WJ: 01.01.2023

Schnellsuche: Inventarnummer, -bezeichnung, Kontonummer — Gruppierfeld — Erweiterte Suche

Neues Inventar anlegen

Inventar	Inventarbezeichnung	AHK Wj-Begi...	Zugang AHK	Ab...	Um...	Um...	Kumulierte ...	Abschreibu...	Zus...	BW Wj-Ende	BW Wj-Beginn
Konto + Bezeichnung : 135 EDV-Software, entgeltl. erworben (2 Einträge)											
Konto + Bezeichnung : 230 Bauten auf eigenen Grundstücken (2 Einträge)											
Konto + Bezeichnung : 440 Maschinen (4 Einträge)											
Konto + Bezeichnung : 520 Pkw (1 Eintrag)											
Konto + Bezeichnung : 540 Lkw (2 Einträge)											
Konto + Bezeichnung : 640 Ladeneinrichtung (1 Eintrag)											
Konto + Bezeichnung : 675 Wirtschaftsgüter (Sammelposten) (1 Eintrag)											
Konto + Bezeichnung : 690 Sonstige Betriebs-u.Gesch.ausstattung (10 Einträge)											
690001	Werkstatteinrichtung	54.900,00					44.758,00	3.926,00		10.142,00	14.068,00
690002	Arbeitsbühne mobil	9.520,00					9.303,00	866,00		217,00	1.083,00
690003	Büromöbel	13.265,00					10.202,00	1.021,00		3.063,00	4.084,00
690004	Tresor	9.585,00					4.170,00	417,00		5.415,00	5.832,00
690005	Alarmanlage	16.350,00					6.936,00	1.487,00		9.414,00	10.901,00
690006	Personal Computer	2.820,00					2.507,00	940,00		313,00	1.253,00
690007	Handy	1.340,85					380,85	268,00		960,00	1.228,00
690008	Frankiermaschine		2.000,00				250,00	250,00		1.750,00	
690009	Barkauf Laptop Siptushi AX ...		1.500,00				500,00	500,00		1.000,00	
690010	Registrierkasse TIPPTEX 7...		2.800,00				467,00	467,00		2.333,00	
		107.780,85	6.300,00	0,00	0,00	0,00	79.473,85	10.142,00	0,00	34.607,00	38.449,00

Abschreibung in 2023	250,00 EUR
Buchwert 31.12.2023	1.750,00 EUR

Aufgabe 2

Am 25.01.2023 wurde der Laptop Siptushi AX 561 mit einem Buchwert von 1.500,00 EUR erfasst. Der Laptop wird linear mit einer Nutzungsdauer von 3 Jahren abgeschrieben. Folgende Zugangswerte müssen zum Anlagegut in der Anlagenbuchführung vorliegen (siehe Bild 5.19):

!	Inventar	Inventarbezeichnung	AHK Wj-Begi...	Zugang AHK	Ab...	Um...	Um...	Kumulierte ...	Abschreibu...	Zus...	BW Wj-Ende	BW Wj-Beginn
▷	Konto + Bezeichnung : 135 EDV-Software, entgeltl. erworben (2 Einträge)											
▷	Konto + Bezeichnung : 230 Bauten auf eigenen Grundstücken (2 Einträge)											
▷	Konto + Bezeichnung : 440 Maschinen (4 Einträge)											
▷	Konto + Bezeichnung : 520 Pkw (1 Eintrag)											
▷	Konto + Bezeichnung : 540 Lkw (2 Einträge)											
▷	Konto + Bezeichnung : 640 Ladeneinrichtung (1 Eintrag)											
▷	Konto + Bezeichnung : 675 Wirtschaftsgüter (Sammelposten) (1 Eintrag)											
◿	Konto + Bezeichnung : 690 Sonstige Betriebs-u.Gesch.ausstattung (10 Einträge)											
	690001	Werkstatteinrichtung	54.900,00					44.758,00	3.926,00		10.142,00	14.068,00
	690002	Arbeitsbühne mobil	9.520,00					9.303,00	866,00		217,00	1.083,00
	690003	Büromöbel	13.265,00					10.202,00	1.021,00		3.063,00	4.084,00
	690004	Tresor	9.585,00					4.170,00	417,00		5.415,00	5.832,00
	690005	Alarmanlage	16.350,00					6.936,00	1.487,00		9.414,00	10.901,00
	690006	Personal Computer	2.820,00					2.507,00	940,00		313,00	1.253,00
	690007	Handy	1.340,85					380,85	268,00		960,00	1.228,00
	690008	Frankiermaschine		2.000,00				250,00	250,00		1.750,00	
	690009	Barkauf Laptop Siptushi AX 561		1.500,00				500,00	500,00		1.000,00	
	690010	Registrierkasse TIPPTEX 7...		2.800,00				467,00	467,00		2.333,00	
			107.780,85	**6.300,00**	**0,00**	**0,00**	**0,00**	**79.473,85**	**10.142,00**	**0,00**	**34.607,00**	**38.449,00**

5.19 Laptop Siptushi AX 561

Abschreibung in 2023: 500,00 EUR
Buchwert 31.12.2023: 1.000,00 EUR

Aufgabe 3

Am 27.01.2023 wurde die Registrierkasse TIPPTEX 7000 mit einem Buchwert von 2.800,00 EUR erfasst. Die Registrierkasse wird linear mit einer Nutzungsdauer von 6 Jahren abgeschrieben. Folgende Zugangswerte müssen zum Anlagegut in der Anlagenbuchführung vorliegen:

!	Inventar	Inventarbezeichnung	AHK Wj-Begi...	Zugang AHK	Ab...	Um...	Um...	Kumulierte ...	Abschreibu...	Zus...	BW Wj-Ende	BW Wj-Beginn
▷	Konto + Bezeichnung : 135 EDV-Software, entgeltl. erworben (2 Einträge)											
▷	Konto + Bezeichnung : 230 Bauten auf eigenen Grundstücken (2 Einträge)											
▷	Konto + Bezeichnung : 440 Maschinen (4 Einträge)											
▷	Konto + Bezeichnung : 520 Pkw (1 Eintrag)											
▷	Konto + Bezeichnung : 540 Lkw (2 Einträge)											
▷	Konto + Bezeichnung : 640 Ladeneinrichtung (1 Eintrag)											
▷	Konto + Bezeichnung : 675 Wirtschaftsgüter (Sammelposten) (1 Eintrag)											
◿	Konto + Bezeichnung : 690 Sonstige Betriebs-u.Gesch.ausstattung (10 Einträge)											
	690001	Werkstatteinrichtung	54.900,00					44.758,00	3.926,00		10.142,00	14.068,00
	690002	Arbeitsbühne mobil	9.520,00					9.303,00	866,00		217,00	1.083,00
	690003	Büromöbel	13.265,00					10.202,00	1.021,00		3.063,00	4.084,00
	690004	Tresor	9.585,00					4.170,00	417,00		5.415,00	5.832,00
	690005	Alarmanlage	16.350,00					6.936,00	1.487,00		9.414,00	10.901,00
	690006	Personal Computer	2.820,00					2.507,00	940,00		313,00	1.253,00
	690007	Handy	1.340,85					380,85	268,00		960,00	1.228,00
	690008	Frankiermaschine		2.000,00				250,00	250,00		1.750,00	
	690009	Barkauf Laptop Siptushi AX ...		1.500,00				500,00	500,00		1.000,00	
	690010	Registrierkasse TIPPTEX 7...		2.800,00				467,00	467,00		2.333,00	
			107.780,85	**6.300,00**	**0,00**	**0,00**	**0,00**	**79.473,85**	**10.142,00**	**0,00**	**34.607,00**	**38.449,00**

5.20 Registrierkasse TIPPTEX 7000

Abschreibung in 2023: 467,00 EUR
Buchwert 31.12.2023: 2.333,00 EUR

Schließen Sie anschließend das Arbeitsblatt *Anlagenspiegelwerte*.

5.4 Anschaffungsnebenkosten zu einem Anlagegut erfassen

Anschaffungsnebenkosten sind alle Kosten, die neben dem Kaufpreis anfallen können. Hierbei wird unterschieden, ob es sich um Grundstücke oder um andere Vermögensgegenstände handelt.

- Bei Grundstücken sind dies Nettonotargebühren, Nettomaklergebühren, Nettovermessungsgebühren, Grundbuchgebühren und Grunderwerbssteuer.
- Bei allen anderen Anlagegütern u. a. Transportversicherungen, Nettoeingangsfrachten, Nettoanfuhr- und -abladekosten, Nettomontagekosten sowie Nettoeingangsprovisionen.

Ausgangssituation

Für die am 13.02.2023 angeschaffte Eloxiermaschine HUFNER 5011 sind Montagekosten in Höhe von 3.570,00 EUR brutto (incl. 19 % MwSt.) angefallen.

Die Inbetriebnahme der Maschine fand am 17.02.2023 statt. Die Montagekosten wurden mit Kassenbelegnummer KA38 am 17.02.2023 bar aus der Geschäftskasse bezahlt.

Anschaffungsnebenkosten erfassen

1. Öffnen Sie den Buchungsstapel *Buchungen Februar 2023*.
2. Um die Anschaffungsnebenkosten zur Eloxiermaschine HUFNER 5011 zu erfassen, geben Sie zunächst den nachfolgenden Buchungssatz ein.

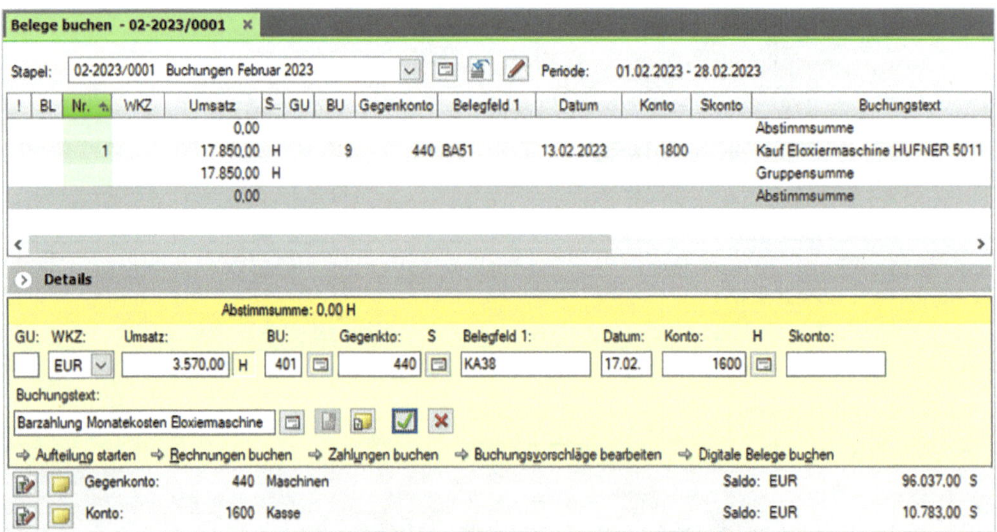

5.21 Buchung erfassen

Hinweis: Anstatt des neuen Steuerschlüssels 401 können Sie auch den Steuerschlüssel 9 für abziehbare Vorsteuer 19 % verwenden.

3 Klicken Sie auf das Symbol *Buchung übernehmen* ✓. Anschließend öffnet sich das Fenster *Buchungssatz einem Inventar zuordnen* (Bild 5.22).

4 Um die Montagekosten dem bestehenden Anlagegut Eloxiermaschine Hufner 5011 zuzuordnen, wählen Sie zunächst die Option *Neue Bewegung bei bestehendem Inventar anlegen* ❶ (Bild 5.22).

Nun wird die Bewegungsart *Zugang* ❷ mit dem Nettowert der Montagekosten von 3.000,00 EUR, dem Buchungsdatum 17.02.2023 und dem Buchungstext aus dem Buchungssatz angezeigt.

5 Im nächsten Schritt muss der Betrag dem Anlagegut zugewiesen werden. Klicken Sie dazu auf das Anlagegut *440004 Eloxiermaschine HUFNER 5011* ❸.

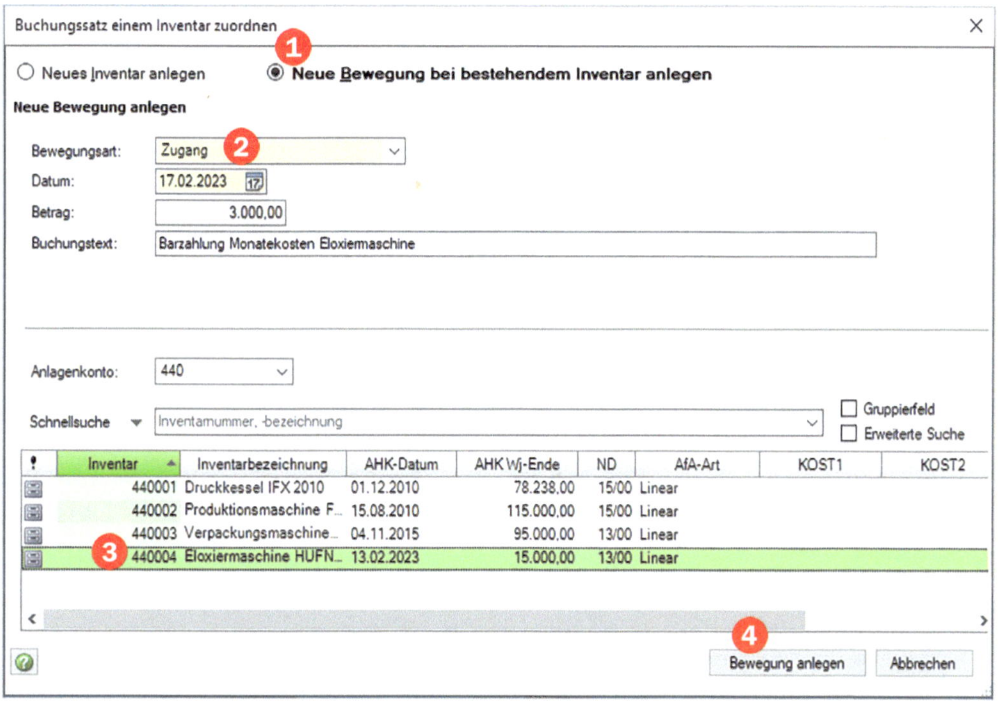

5.22 *Neue Bewegung*

6 Klicken Sie zuletzt auf die Schaltfläche *Bewegung anlegen* ❹. Die Montagekosten von 3.000,00 EUR werden als Anschaffungsnebenkosten der Eloxiermaschine zugeordnet (Bild 5.23).

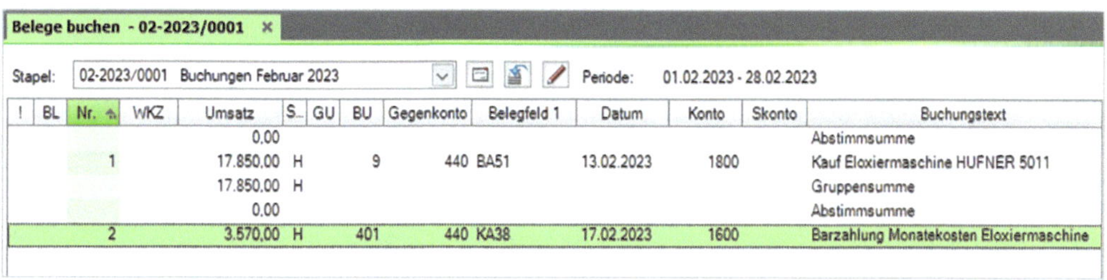

5.23 *Buchungsstapel*

7 Wechseln Sie mit Klick auf das Symbol *FIBU-Konto anzeigen* zur FIBU-Konten-Ansicht und geben Sie das Konto 440 Maschinen ein.

Neben der Buchung der Anschaffungskosten der Eloxiermaschine ist jetzt die zweite Buchung der Montagekosten von 3.000,00 EUR auf dem Konto Maschinen mit aufgeführt (Bild 5.24).

5.24 Konto 440 Maschinen

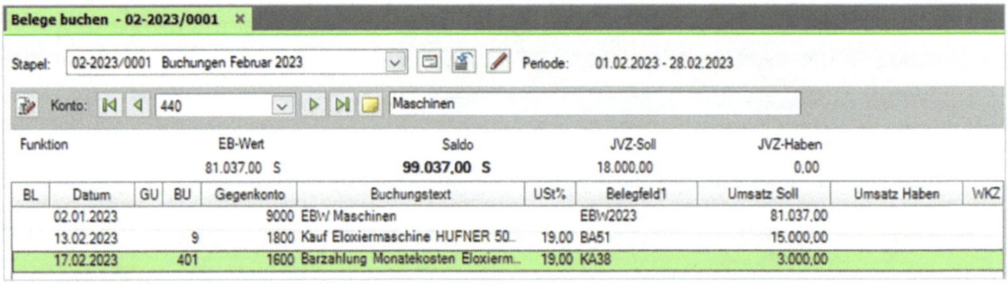

Werte in der Anlagenbuchhaltung kontrollieren

Im nächsten Schritt müssen - aufgrund der Buchung - die Werte in der Anlagenbuchhaltung kontrolliert werden.

5.25 Inventarübersicht

1 Klicken Sie in der Übersicht doppelt auf den Eintrag *Inventarübersicht*.

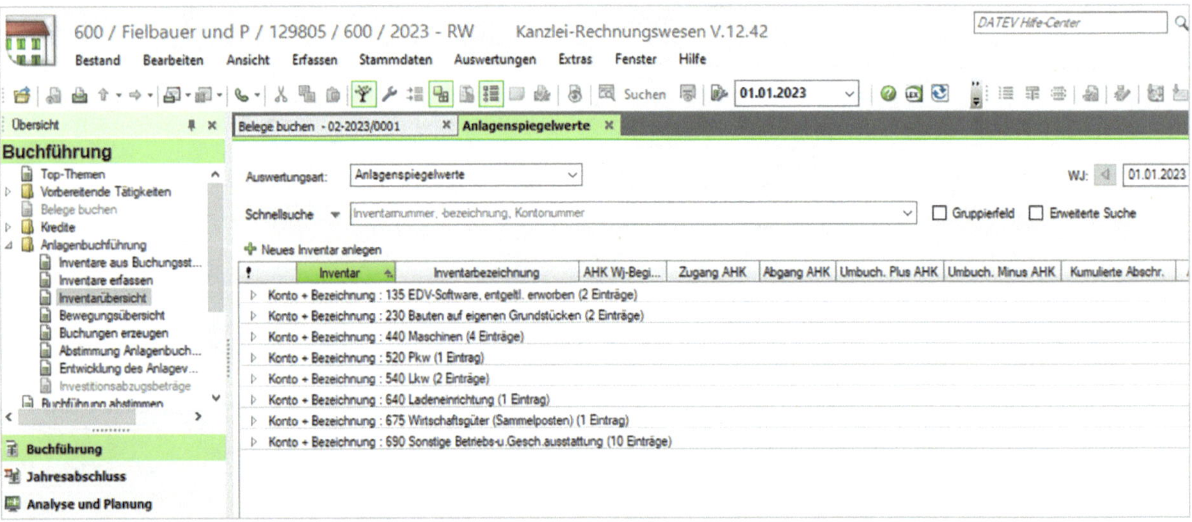

2 Klicken Sie auf das Pfeilsymbol der Zeile *Konto + Bezeichnung: 440 Maschinen (4 Einträge)*, um die Einträge zur FIBU-Gruppe Konto *440 / Maschinen* anzuzeigen. Die neuen Anschaffungskosten zur Eloxiermaschine von 18.000,00 EUR sind aufgeführt (Bild 5.26).

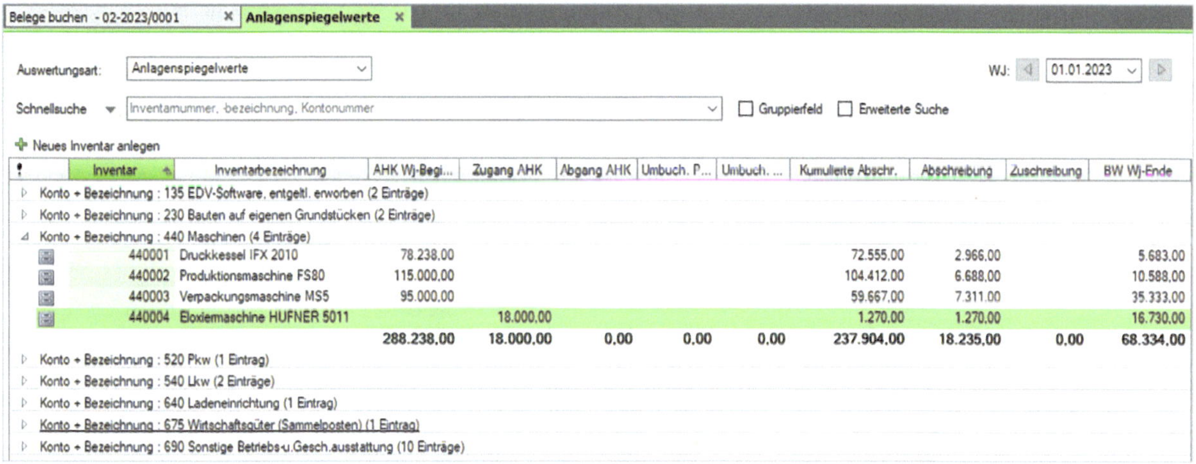

5.26 Anschaffungskosten Eloxiermaschine

Der lineare Abschreibungswert für das Jahr 2023 errechnet sich nun wie folgt:

Anschaffungswert:	18.000,00 EUR
Nutzungsdauer:	geteilt durch / 13 Jahre
	= 1.385,00 EUR Abschreibungswert pro Jahr (aufgerundet)

Anteiliger Abschreibungswert für das Jahr 2023:

Anschaffungsdatum:	13.02.2023
Abschreibungsbetrag jährlich:	1.385,00 EUR
	geteilt durch / 12 Monate
mal anteilige Monate 2023:	* 11 Monate = 1.270,00 EUR (aufgerundet)

3 Klicken Sie anschließend doppelt auf den Eintrag *440004 Eloxiermaschine*.

Im Register *Bewegung* werden die Montagekosten als zweiter Zugang mit dem Wert von 3.000,00 EUR aufgelistet (Bild 5.27). Buchwert der Eloxiermaschine zum 31.12.2023: 16.730,00 EUR.

5.27 Inventar bearbeiten

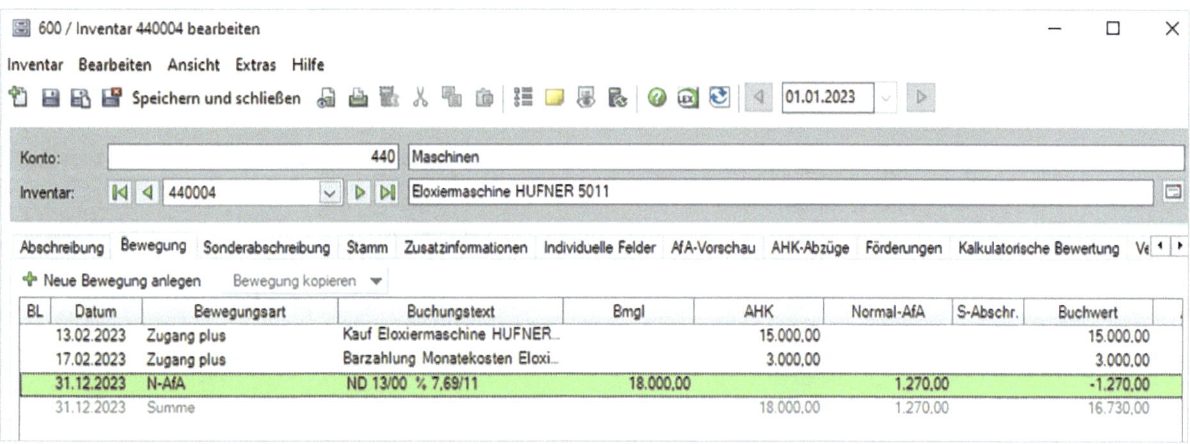

5.28 *Der geänderte Abschreibungsplan*

4 Um den geänderten Abschreibungsplan einzusehen, klicken Sie auf das Register *AfA-Vorschau* (Bild 5.28).

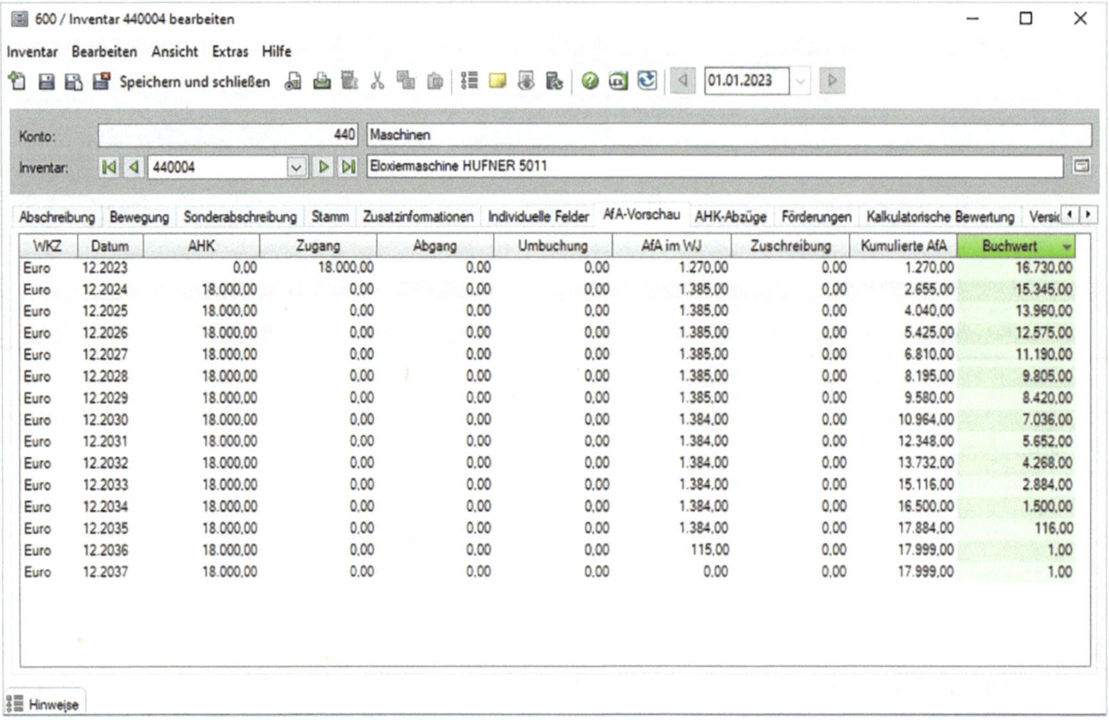

WKZ	Datum	AHK	Zugang	Abgang	Umbuchung	AfA im WJ	Zuschreibung	Kumulierte AfA	Buchwert
Euro	12.2023	0,00	18.000,00	0,00	0,00	1.270,00	0,00	1.270,00	16.730,00
Euro	12.2024	18.000,00	0,00	0,00	0,00	1.385,00	0,00	2.655,00	15.345,00
Euro	12.2025	18.000,00	0,00	0,00	0,00	1.385,00	0,00	4.040,00	13.960,00
Euro	12.2026	18.000,00	0,00	0,00	0,00	1.385,00	0,00	5.425,00	12.575,00
Euro	12.2027	18.000,00	0,00	0,00	0,00	1.385,00	0,00	6.810,00	11.190,00
Euro	12.2028	18.000,00	0,00	0,00	0,00	1.385,00	0,00	8.195,00	9.805,00
Euro	12.2029	18.000,00	0,00	0,00	0,00	1.385,00	0,00	9.580,00	8.420,00
Euro	12.2030	18.000,00	0,00	0,00	0,00	1.384,00	0,00	10.964,00	7.036,00
Euro	12.2031	18.000,00	0,00	0,00	0,00	1.384,00	0,00	12.348,00	5.652,00
Euro	12.2032	18.000,00	0,00	0,00	0,00	1.384,00	0,00	13.732,00	4.268,00
Euro	12.2033	18.000,00	0,00	0,00	0,00	1.384,00	0,00	15.116,00	2.884,00
Euro	12.2034	18.000,00	0,00	0,00	0,00	1.384,00	0,00	16.500,00	1.500,00
Euro	12.2035	18.000,00	0,00	0,00	0,00	1.384,00	0,00	17.884,00	116,00
Euro	12.2036	18.000,00	0,00	0,00	0,00	115,00	0,00	17.999,00	1,00
Euro	12.2037	18.000,00	0,00	0,00	0,00	0,00	0,00	17.999,00	1,00

5 Schließen Sie abschließend die Inventarkarte 440004 Eloxiermaschine.

Die Lösung zu den Aufgaben finden Sie im Lösungsbuch

Übung: Anschaffungsnebenkosten zu einem Anlagegut erfassen

Am 13.01.2023 hatte Fielbauer und Partner GmbH eine Frankiermaschine angeschafft. Für den Transport wurde eine Transportversicherung in Höhe von 300,00 EUR abgeschlossen. Die Transportversicherung wurde mit Kassenbeleg Nr. KA12 am 18.01.2023 bar bezahlt.

- Buchen Sie im Buchungsstapel *Buchungen Januar 2023* die Transportversicherung zur Frankiermaschine.
- Ordnen Sie den Transportversicherungsbetrag dem Anlagegut Frankiermaschine zu.
- Kontrollieren Sie die Salden der folgenden FIBU-Konten über die Ansicht *FIBU-Konto anzeigen* (siehe Tabelle nächste Seite).

Durch die Buchungen ergeben sich in den untenstehenden FIBU-Konten folgende Salden:

Konto	Bezeichnung	Betrag	Soll / Haben
440	Maschinen	99.037,00 EUR	Soll
690	Sonst. Betriebs.- u. Geschäftsausstattung	40.476,00 EUR	Soll
1600	Kasse	6.913,00 EUR	Soll
1406	Abziehbare Vorsteuer 19 %	4.617,00 EUR	Soll

Kontrollieren Sie die Bewegungen zur Frankiermaschine.

5.29 Bewegungen Frankiermaschine

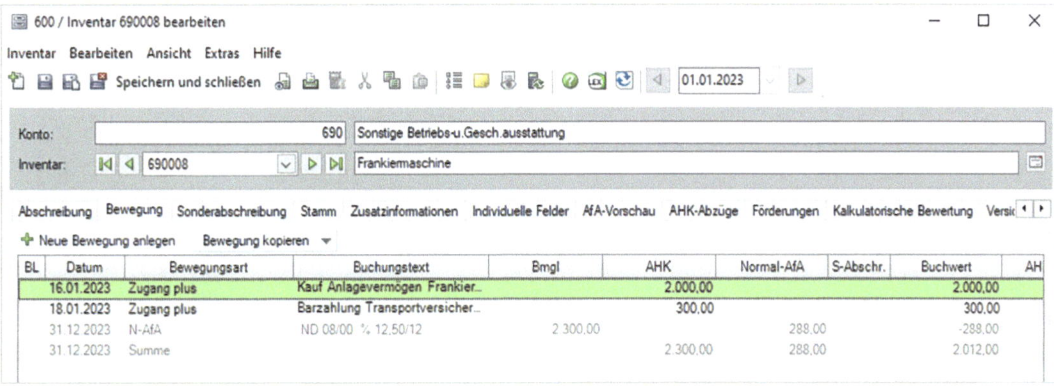

Sichern Sie den Mandanten Fielbauer und Partner GmbH. Den Buchungsstapel bitte noch nicht festschreiben.

5.5 Anschaffungspreisminderungen zu einem Anlagegut erfassen

Berechnungsgrundlagen

Die Anschaffungskosten eines Anlagegutes ergeben sich aus dem Kaufpreis (Anschaffungspreis) zuzüglich Anschaffungsnebenkosten. Vom Anschaffungspreis können jedoch Anschaffungspreisminderungen abgezogen werden.

- Unter dem Kaufpreis versteht man alle Kosten, die der Käufer aufwendet, um das Anlagegut zu erhalten und in einen betriebsbereiten Zustand zu setzen.
- Anschaffungspreisminderungen sind z. B. Skonti, Rabatte, Boni und Preisnachlässe.

- Nicht zu den Anschaffungskosten gehören die abziehbare Vorsteuer und Geldbeschaffungskosten, wie z. B. Damnum oder Zinsen.
- Anschaffungspreisminderungen dürfen gem. § 255 Abs. 1 HGB jedoch nur vom Anschaffungspreis, nicht von den Anschaffungsnebenkosten, vorgenommen werden.

Die Berechnung der Anschaffungskosten ergibt sich aus:

Anschaffungspreis (Kaufpreis)
\+ Anschaffungsnebenkosten (z. B. Montagekosten)
\- Anschaffungspreisminderungen (z. B. Skonto vom Anschaffungspreis)
= Anschaffungskosten

Ausgangssituation
Am 22.02.2023 liegt Ihnen folgende Eingangsrechnung vor:

5.30 Eingangsrechnung

TECNEC GmbH
Industriemaschinen
Golfplatz 30
50678 Köln

Tel. 0221 8520630
FAX 0221 8520634
Ansprechpartner Herr Müller
Internet www.tecnec.com

Firma
Fielbauer und Partner GmbH
Waldrand 36
53604 Bad Honnef

Lieferdatum	22.02.2023
Rechnungsdatum	22.02.2023
Rechnungsnummer	1520-2023
Ihre Kundennummer	12560

Aufgrund Ihrer Bestellung vom 17.02.2023 liefern und berechnen wir Ihnen den folgenden Artikel zuzüglich Fracht- und Montagekosten:

Pos	Bezeichnung	Nettopreis	Gesamt
1	Trennmaschine ROTEX 8000 Stationär	15.000,00 €	15.000,00 €
2	Bahnfracht	800,00 €	
3	Montagekosten	500,00 €	1.300,00 €
Gesamtbetrag netto			16.300,00 €
zzgl. 19,00 % Mwst.			3.097,00 €
Gesamtbetrag brutto			19.397,00 €

Zahlbar innerhalb von 14 Tagen unter Abzug von 2 % Skonto vom Warenwert, innerhalb 30 Tage netto.

Amtsgericht Köln HRB 1256
USt-IDNR.: DE 207295940
Steuernummer: 215/5870/0529

Bankverbindung:
PSD Bank Köln eG BIC:GENODEF1P13
IBAN: DE17370609930025236100

Wiederholungsübung: Anlagegüter im laufenden Geschäftsjahr erfassen

- Öffnen Sie den Mandanten Fielbauer und Partner in DATEV Kanzlei-Rechnungswesen.
- Legen Sie den Lieferanten mit der Kreditorennummer 70000 neu an.
- Buchen Sie die Eingangsrechnung im Buchungsstapel *Buchungen Februar 2023*.
- Die Trennmaschine stationär soll linear abgeschrieben werden, Nutzungsdauer 10 Jahre.
- Kontrollieren Sie die Salden der folgenden FIBU-Konten über die Ansicht FIBU-Konto anzeigen. Durch die Buchungen ergeben sich folgende Salden:

Konto	Bezeichnung	Betrag	Soll / Haben
440	Maschinen	115.337,00 EUR	Soll
1406	Abziehbare Vorsteuer 19 %	7.714,00 EUR	Soll
70000	TECNEC GmbH	19.397,00 EUR	Haben

- Kontrollieren Sie über die Anlagenspiegelwerte den Zugang der Trennmaschine ROTEX (Bild 5.31).

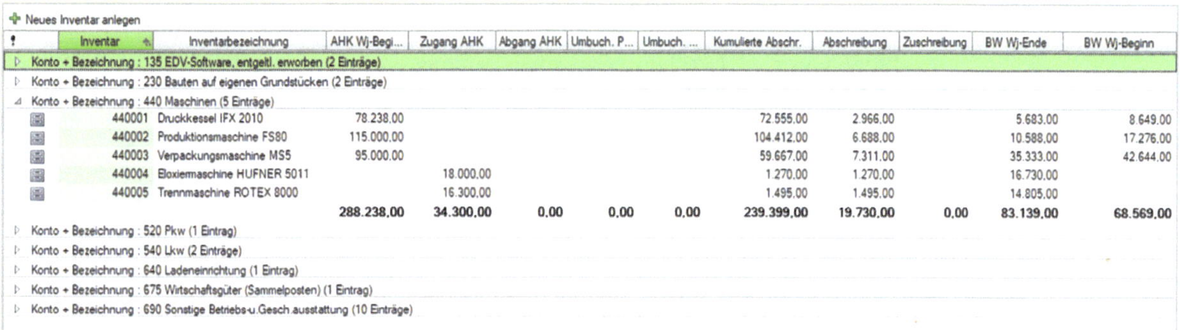

Neues Inventar anlegen

!	Inventar	Inventarbezeichnung	AHK Wj-Begi...	Zugang AHK	Abgang AHK	Umbuch. P...	Umbuch. ...	Kumulierte Abschr.	Abschreibung	Zuschreibung	BW Wj-Ende	BW Wj-Beginn
Konto + Bezeichnung : 135 EDV-Software, entgeltl. erworben (2 Einträge)												
Konto + Bezeichnung : 230 Bauten auf eigenen Grundstücken (2 Einträge)												
Konto + Bezeichnung : 440 Maschinen (5 Einträge)												
	440001	Druckkessel IFX 2010	78.238,00					72.555,00	2.966,00		5.683,00	8.649,00
	440002	Produktionsmaschine FS80	115.000,00					104.412,00	6.688,00		10.588,00	17.276,00
	440003	Verpackungsmaschine MS5	95.000,00					59.667,00	7.311,00		35.333,00	42.644,00
	440004	Eloxiermaschine HUFNER 5011		18.000,00				1.270,00	1.270,00		16.730,00	
	440005	Trennmaschine ROTEX 8000		16.300,00				1.495,00	1.495,00		14.805,00	
			288.238,00	**34.300,00**	**0,00**	**0,00**	**0,00**	**239.399,00**	**19.730,00**	**0,00**	**83.139,00**	**68.569,00**
Konto + Bezeichnung : 520 Pkw (1 Eintrag)												
Konto + Bezeichnung : 540 Lkw (2 Einträge)												
Konto + Bezeichnung : 640 Ladeneinrichtung (1 Eintrag)												
Konto + Bezeichnung : 675 Wirtschaftsgüter (Sammelposten) (1 Eintrag)												
Konto + Bezeichnung : 690 Sonstige Betriebs-u.Gesch.ausstattung (10 Einträge)												

5.31 Anlagenspiegelwerte

Der lineare Abschreibungswert für das Jahr 2023 errechnet sich nun wie folgt:

Anschaffungswert:	16.300,00 EUR
Nutzungsdauer:	geteilt durch / 10 Jahre
	= 1.630,00 EUR Abschreibungswert pro Jahr (aufgerundet)

Anteiliger Abschreibungswert für das Jahr 2023:

Anschaffungsdatum:	22.02.2023
Abschreibungsbetrag jährlich:	1.630,00 EUR
	geteilt durch / 12 Monate
mal anteilige Monate 2023:	* 11 Monate = 1.495,00 EUR (aufgerundet)

Buchen der Anschaffungspreisminderung (Skonto)

Ausgangssituation

Vom Warenwert der Trennmaschine ROTEX (siehe Rechnung Seite 118) können bei Zahlung innerhalb von 14 Tagen 2 % Skonto abgezogen werden. Der Skontowert errechnet sich wie folgt:

Warenwert:	15.000,00 EUR netto
davon 2 % Skonto:	= 300,00 EUR zzgl. 19 % MwSt. von 57,00 EUR
Gesamtskonto brutto:	357,00 EUR
Zahlbetrag:	Rechnungsbetrag 19.937,00 EUR abzgl. 357,00 EUR = 19.040,00 EUR

An den Lieferanten 70000 TECNEC GmbH müssen bei Nutzung des Skontoabzugs 19.040,00 EUR bezahlt werden.

Der dazugehörende Bankauszug Nr. BA55 vom 27.02.2023 weist einen Überweisungsbetrag von 19.040,00 EUR an den Kreditor 70000 TECNEC GmbH aus.

!

Bitte noch nicht buchen!

Um den Zahlungsvorgang mit der Anschaffungspreisminderung zur Trennmaschine ROTEX zu buchen, gehen Sie wie folgt vor:

1 Öffnen Sie den Buchungsstapel *Buchungen Februar 2023*.

2 Im ersten Schritt ist der Zahlungsausgang zu buchen. Erfassen Sie zunächst die Bankzahlung wie in Bild 5.32 und klicken Sie auf das Symbol *Übernehmen* ✓.

5.32 Bankzahlung buchen

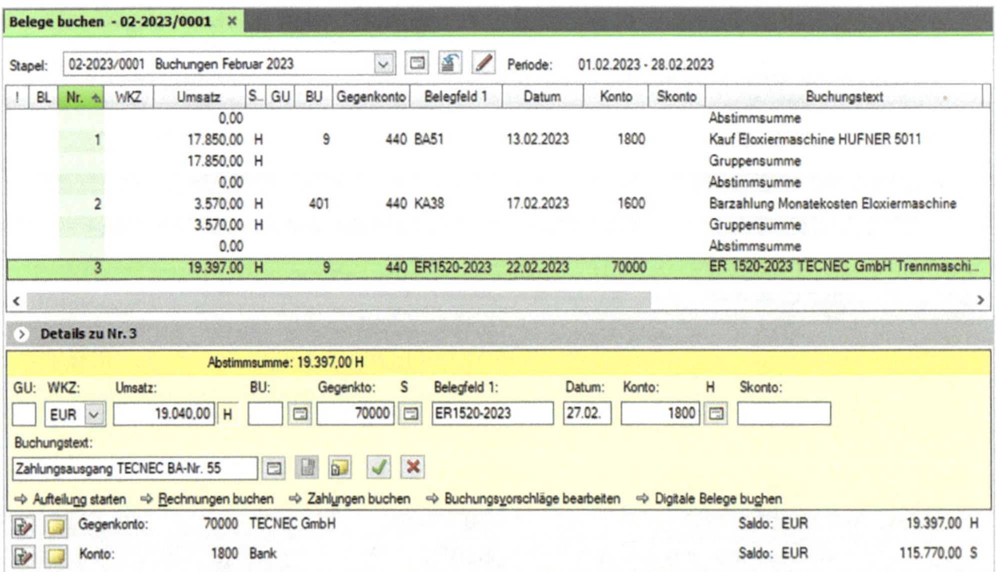

3 Im nächsten Schritt muss die Anschaffungsminderung (Skonto auf den Warenwert) gebucht werden. Geben Sie für die Anschaffungsminderung die folgende Buchung ein und klicken Sie auf das Symbol *Übernehmen* ✓.

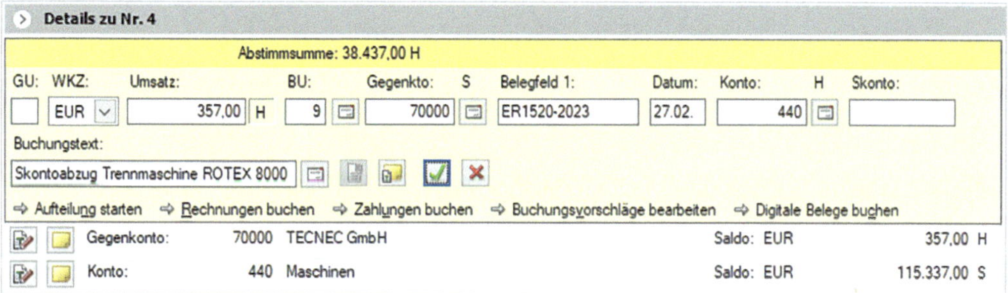

5.33 *Buchung der Anschaffungsminderung*

Achtung: Der Skontoabzug darf auf keinen Fall im Feld *Skonto* erfasst werden, da hierbei automatisch das Skontokonto *erhaltener Skonto 5736* beim Warenbezug gebucht wird und nicht das Anlagekonto. Anstatt des Steuerschlüssels 9 können Sie auch den neuen Steuerschlüssel 401 für abziehbare Vorsteuer 19 % verwenden.

!

Durch die Soforterfassung Anlagenbuchführung wird automatisch das Fenster *Buchungssatz einem Inventar zuordnen* mit der Option *Neue Bewegung bei bestehenden Inventar anlegen* und dem Skontobetrag von 300,00 EUR angezeigt. Dies entspricht dem Anschaffungsminderungsbetrag auf den Warenwert.

4 Als nächstes muss der Anschaffungsminderungsbetrag dem Anlagegut zugewiesen werden. Markieren Sie mit einem Klick das Anlagegut Inventarnummer *440005, Trennmaschine ROTEX* und klicken Sie auf die Schaltfläche *Bewegung anlegen* (Bild 5.34).

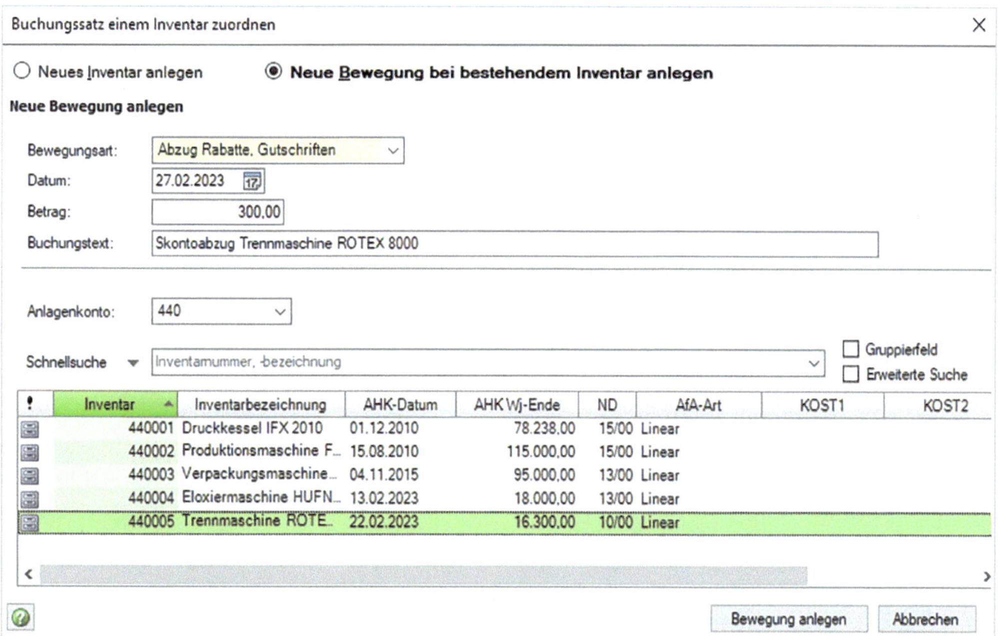

5.34 *Neue Bewegung anlegen*

Der Skontoabzug von 300,00 EUR wurde als Anschaffungspreisminderung der Trennmaschine ROTEX zugeordnet.

5 Wechseln Sie mit Klick auf das Symbol *FIBU-Konto anzeigen* zur FIBU-Konto-Ansicht und geben Sie das Konto 70000 (TECNEC) ein.

Der Zahlungsausgang und der Skontoabzug sind verbucht. Der Saldo auf dem Kreditorenkonto beträgt 0 (Bild 5.35).

5.35 Kreditorenkonto 70000

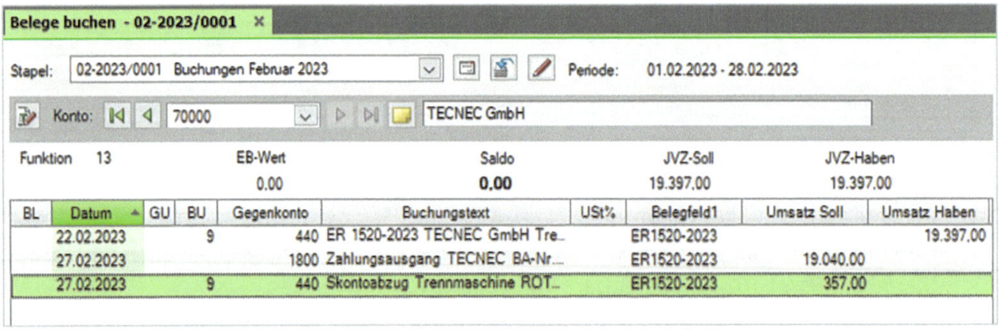

Belege buchen - 02-2023/0001

Stapel: 02-2023/0001 Buchungen Februar 2023 Periode: 01.02.2023 - 28.02.2023

Konto: 70000 TECNEC GmbH

Funktion	EB-Wert	Saldo	JVZ-Soll	JVZ-Haben
13	0,00	0,00	19.397,00	19.397,00

BL	Datum	GU	BU	Gegenkonto	Buchungstext	USt%	Belegfeld1	Umsatz Soll	Umsatz Haben
	22.02.2023		9	440	ER 1520-2023 TECNEC GmbH Tre...		ER1520-2023		19.397,00
	27.02.2023			1800	Zahlungsausgang TECNEC BA-Nr....		ER1520-2023	19.040,00	
	27.02.2023		9	440	Skontoabzug Trennmaschine ROT...		ER1520-2023	357,00	

6 Geben Sie nun in der Ansicht FIBU-Konto das Konto 440 (Maschinen) ein.

Der Skontowert vermindert den Anschaffungspreis der Trennmaschine um 300,00 EUR (Bild 5.36). Die Anschaffungskosten der Trennmaschine betragen nach der Anschaffungspreisminderung 16.000,00 EUR.

5.36 Konto 440 Maschinen

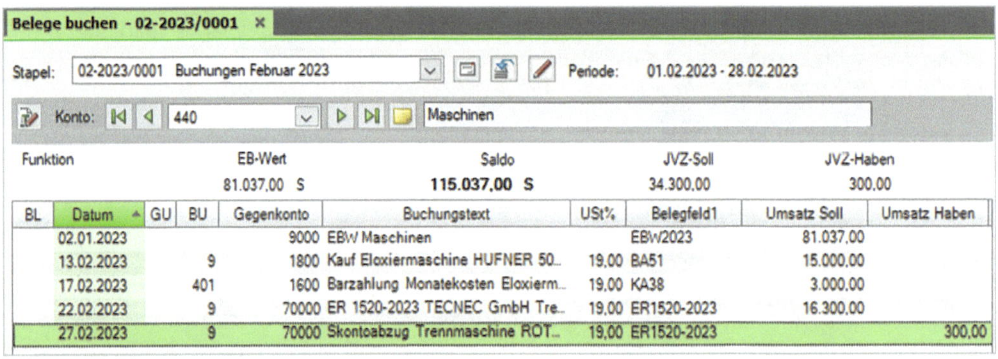

Belege buchen - 02-2023/0001

Stapel: 02-2023/0001 Buchungen Februar 2023 Periode: 01.02.2023 - 28.02.2023

Konto: 440 Maschinen

Funktion	EB-Wert	Saldo	JVZ-Soll	JVZ-Haben
	81.037,00 S	115.037,00 S	34.300,00	300,00

BL	Datum	GU	BU	Gegenkonto	Buchungstext	USt%	Belegfeld1	Umsatz Soll	Umsatz Haben
	02.01.2023			9000	EBW Maschinen		EBW2023	81.037,00	
	13.02.2023		9	1800	Kauf Eloxiermaschine HUFNER 50...	19,00	BA51	15.000,00	
	17.02.2023		401	1600	Barzahlung Monatekosten Eloxierm...	19,00	KA38	3.000,00	
	22.02.2023		9	70000	ER 1520-2023 TECNEC GmbH Tre...	19,00	ER1520-2023	16.300,00	
	27.02.2023		9	70000	Skontoabzug Trennmaschine ROT...	19,00	ER1520-2023		300,00

Werte in der Anlagenbuchhaltung kontrollieren

Im nächsten Schritt müssen - aufgrund der Buchung - die Werte in der Anlagenbuchhaltung kontrolliert werden.

1 Klicken Sie auf das Arbeitsblatt *Anlagenspiegelwerte*.

Hinweis: Sollten Sie das Arbeitsblatt *Anlagenspiegelwerte* zwischenzeitlich geschlossen haben, können Sie das Arbeitsblatt über den Menüpunkt *Stammdaten* ▶ *Anlagenbuchführung* ▶ *Inventarübersicht* oder über die Navigationsübersicht im geöffneten Ordner *Anlagenbuchführung* mit Doppelklick auf den Eintrag *Inventarübersicht* anzeigen lassen.

2 In der Auswertungsart *Anlagenspiegelwerte* sind beim Konto *440 Maschinen* für die Trennmaschine ROTEX Anschaffungskosten von 16.000,00 EUR aufgeführt (Bild 5.37). Der Abschreibungswert beträgt aufgrund des Skontoabzugs jetzt 1.467,00 EUR.

5.37 Anlagenspiegelwerte

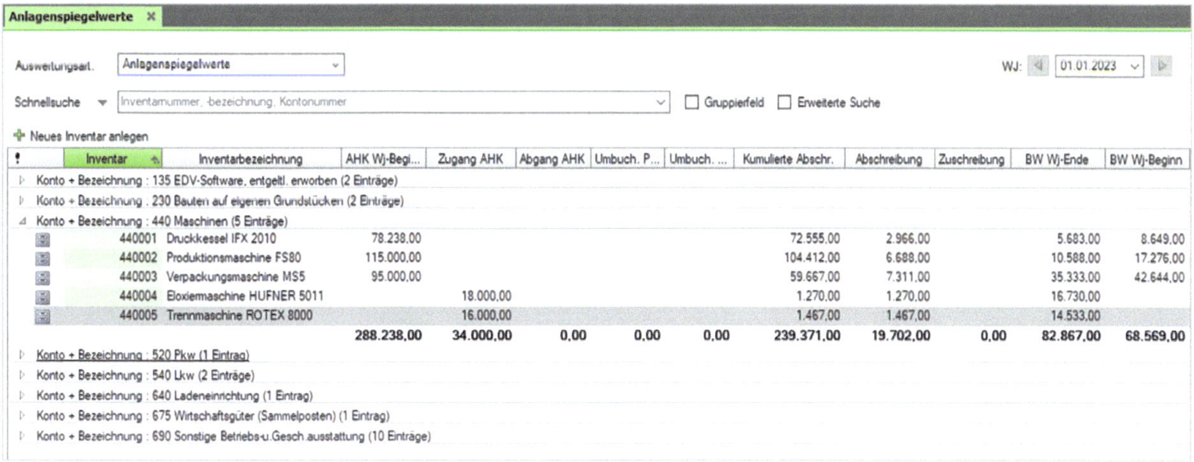

3 Klicken Sie doppelt auf den Eintrag *440005 Trennmaschine ROTEX*.

Im Register *Bewegung* wird der Skonto von 300,00 EUR als Minusbetrag aufgelistet. Die Anschaffungskosten der Trennmaschine betragen 16.000,00 EUR. Der neu ermittelte Abschreibungsbetrag beträgt durch die Anschaffungspreisminderung 1.467,00 EUR (Bild 5.38).

5.38 Bewegung

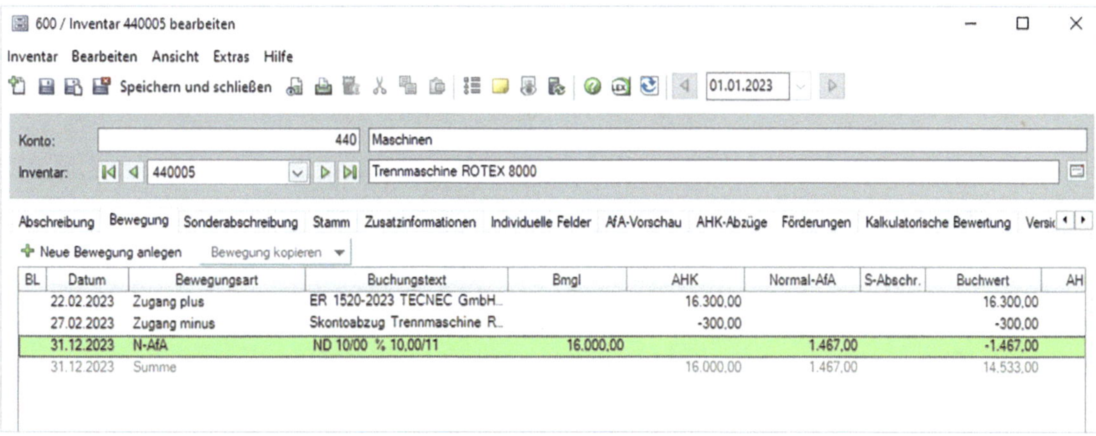

4 Klicken Sie auf das Register *AfA-Vorschau*, um den geänderten Abschreibungsplan einzusehen.

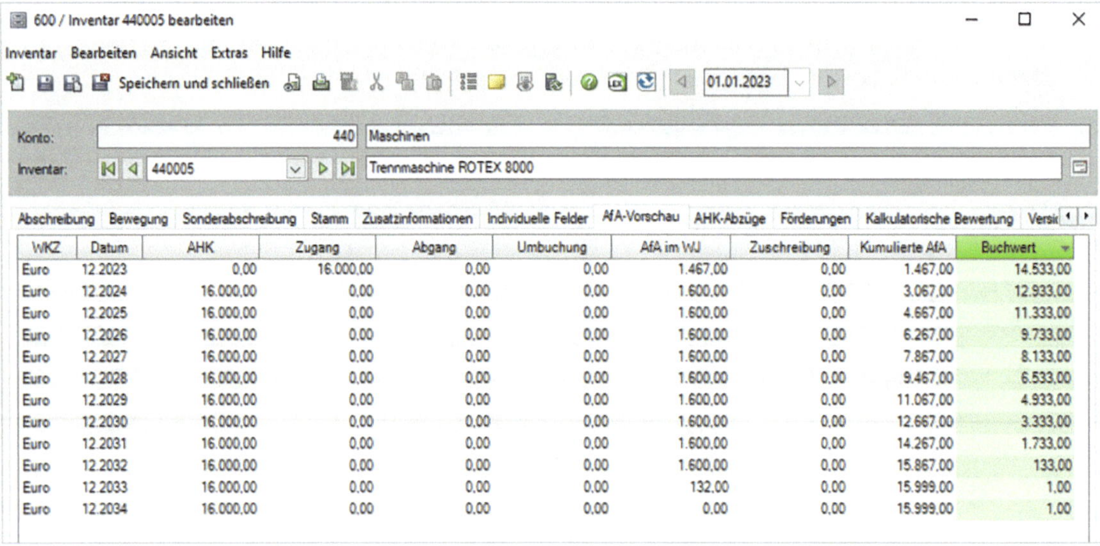

WKZ	Datum	AHK	Zugang	Abgang	Umbuchung	AfA im WJ	Zuschreibung	Kumulierte AfA	Buchwert
Euro	12.2023	0,00	16.000,00	0,00	0,00	1.467,00	0,00	1.467,00	14.533,00
Euro	12.2024	16.000,00	0,00	0,00	0,00	1.600,00	0,00	3.067,00	12.933,00
Euro	12.2025	16.000,00	0,00	0,00	0,00	1.600,00	0,00	4.667,00	11.333,00
Euro	12.2026	16.000,00	0,00	0,00	0,00	1.600,00	0,00	6.267,00	9.733,00
Euro	12.2027	16.000,00	0,00	0,00	0,00	1.600,00	0,00	7.867,00	8.133,00
Euro	12.2028	16.000,00	0,00	0,00	0,00	1.600,00	0,00	9.467,00	6.533,00
Euro	12.2029	16.000,00	0,00	0,00	0,00	1.600,00	0,00	11.067,00	4.933,00
Euro	12.2030	16.000,00	0,00	0,00	0,00	1.600,00	0,00	12.667,00	3.333,00
Euro	12.2031	16.000,00	0,00	0,00	0,00	1.600,00	0,00	14.267,00	1.733,00
Euro	12.2032	16.000,00	0,00	0,00	0,00	1.600,00	0,00	15.867,00	133,00
Euro	12.2033	16.000,00	0,00	0,00	0,00	132,00	0,00	15.999,00	1,00
Euro	12.2034	16.000,00	0,00	0,00	0,00	0,00	0,00	15.999,00	1,00

5.39 Abschreibungsplan

Wiederholungsübung

Aufgabe 1

Schreiben Sie alle bisherigen Buchungsstapel fest.

Aufgabe 2

Schließen Sie alle Arbeitsblätter.

Aufgabe 3

Sichern Sie den Mandanten Fielbauer und Partner GmbH.

Aufgabe 4

Starten Sie erneut die Buchführung 2023 für den Mandanten Fielbauer und Partner GmbH und legen Sie einen neuen Buchungsstapel 01.03.2023 bis 31.03.2023 mit der Bezeichnung *Buchungen März 2023* und Ihrem Diktatkürzel an.

Übung: Anschaffungspreisminderungen zu einem Anlagegut erfassen

Ihnen liegt am 13.03.2023 folgende Eingangsrechnung vor:

Die Lösung zu Aufgabe 2 und 4 finden Sie im Lösungsbuch.

FIATRO Stapler
Gabelstapler aller Art
Höhenweg 5
10115 Berlin

Tel.	030 855220
Fax	030 855622
USt-IdNr.	DE811366041
Steuer Nr.	30/536/33010
Rech-Datum	13.03.2023
Rechnung Nr.	ER63-2023
Ihre Kunden Nr.	12854
AuftragsNr:	1252AS1
Lieferdatum:	13.03.2023

Firma
Fielbauer und Partner GmbH
Herrn Fielbauer
Waldrand 36
53604 Bad Honnef

Rechnung zu Gabelstapler FIATRO XLM

Wir liefern und berechnen Ihnen:

Gabelstapler FIATRO XLM	**Preis:**	**21.500,00 €**
zuzgl. Transportkosten		500,00 €
Nettobetrag		22.000,00 €
+ 19 % Mehrwertsteuer		4.180,00 €
Bruttobetrag:		26.180,00 €

Zahlbar innerhalb von 7 Tagen unter Abzug von 3 % Skonto, innerhalb 14 Tage netto
Die Rechnung beinhaltet nicht skontierfähige Transportkosten in Höhe von 500,00 EUR netto.

Bankverbindung:
Sparda-Bank Berlin
IBAN: DE19 1209 6597 0001 5609 30

Aufgabe 1

Legen Sie den Lieferanten FIATRO Stapler mit der Kreditorennummer 70001 neu an.

Aufgabe 2

Buchen Sie die oben aufgeführte Eingangsrechnung. Der Stapler muss über das Anlagekonto *0560 Sonstige Transportmittel* gebucht werden.

Abschreibungsart: linear
Nutzungsdauer: gem. AfA-Liste

Kontrollieren Sie die Salden der folgenden FIBU-Konten über die Ansicht FIBU-Konto anzeigen.

Konto	Bezeichnung	Betrag	Soll / Haben
560	Sonstige Transportmittel	22.000,00 EUR	Soll
1406	Abziehbare Vorsteuer 19 %	11.837,00 EUR	Soll
70001	FIATRO Stapler	26.180,00 EUR	Haben

Aufgabe 3

5.40 Zugang Stapler

- Prüfen Sie in der Anlagenbuchhaltung über die Anlagenspiegelwerte den Zugang des Gabelstaplers.

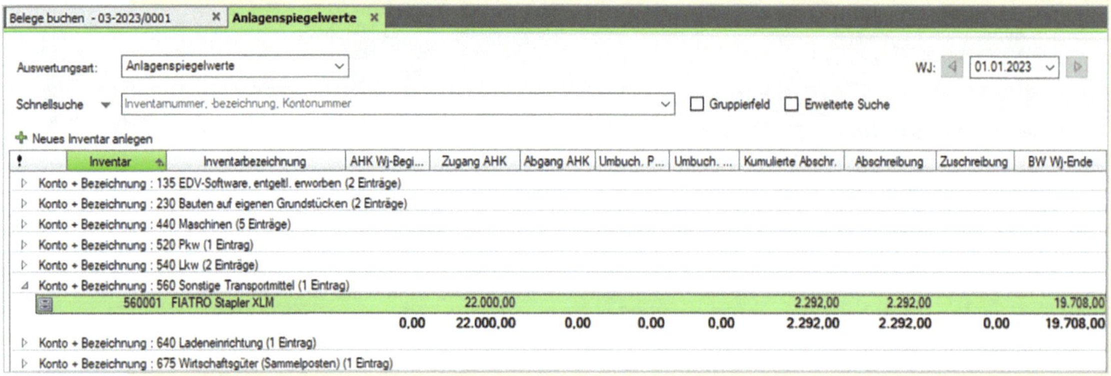

Aufgabe 4

Am 20.03.2023 liegt Ihnen mit Bankauszug Nr. BA 112 der Zahlungsausgang für den Stapler vor.

- Ermitteln Sie anhand der Eingangsrechnung nur vom Warenwert des Staplers den Skontowert (Anschaffungspreisminderung) und den Zahlbetrag an den Lieferanten.
- Buchen Sie den Zahlungsausgang und in einer zweiten Buchung die Anschaffungspreisminderung.
- Ordnen Sie die Preisminderung dem Stapler zu.
- Kontrollieren Sie die Salden der folgenden FIBU-Konten über die Ansicht FIBU-Konto anzeigen (siehe Tabelle unten).

Konto	Bezeichnung	Betrag	Soll / Haben
560	Sonstige Transportmittel	21.355,00 EUR	Soll
1406	Abziehbare Vorsteuer 19 %	11.714,45 EUR	Soll
70001	FIATRO Stapler	0,00 EUR	
1800	Bank	71.317,55 EUR	Soll

Aufgabe 5

Prüfen Sie in der Anlagenbuchführung über die Anlagenspiegelwerte die veränderten Zugangswerte durch die Anschaffungspreisminderung des Staplers.

5.41 Anschaffungspreisminderung Stapler

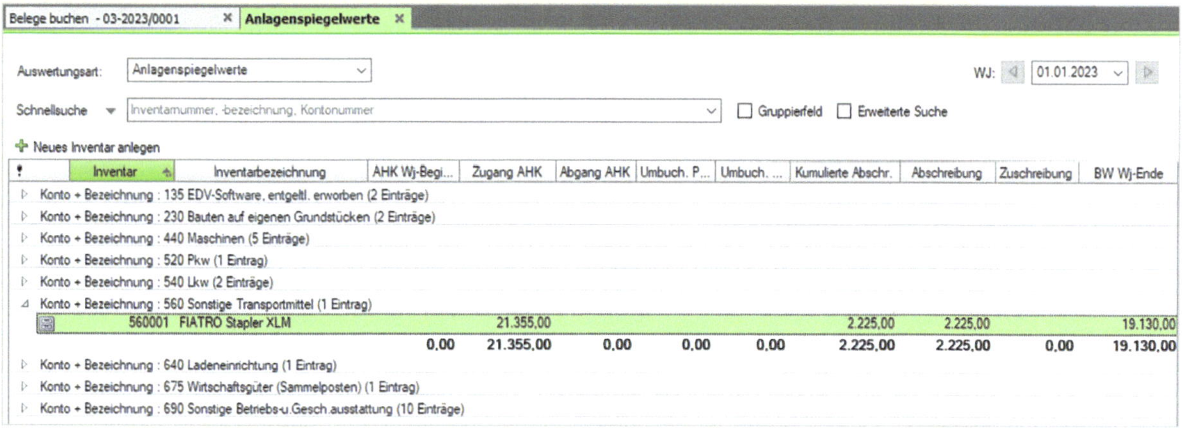

Der lineare Abschreibungswert für das Jahr 2023 errechnet sich nun wie folgt:

Anschaffungswert:	21.355,00 EUR
Nutzungsdauer:	geteilt durch / 8 Jahre
	= 2.670,00 EUR Abschreibungswert pro Jahr (aufgerundet)

Anteiliger Abschreibungswert für das Jahr 2023:

Anschaffungsdatum:	13.03.2023
Abschreibungsbetrag jährlich:	2.670,00 EUR
	geteilt durch / 12 Monate
mal anteilige Monate 2023:	* 10 Monate = 2.225,00 EUR (aufgerundet)
Buchwert zum 31.12.2023:	19.130,00 EUR

Aufgabe 6

Kontrollieren Sie die Bewegungen auf dem Konto *560 Sonstige Transportmittel*.

5.42 Bewegungen Konto 0560

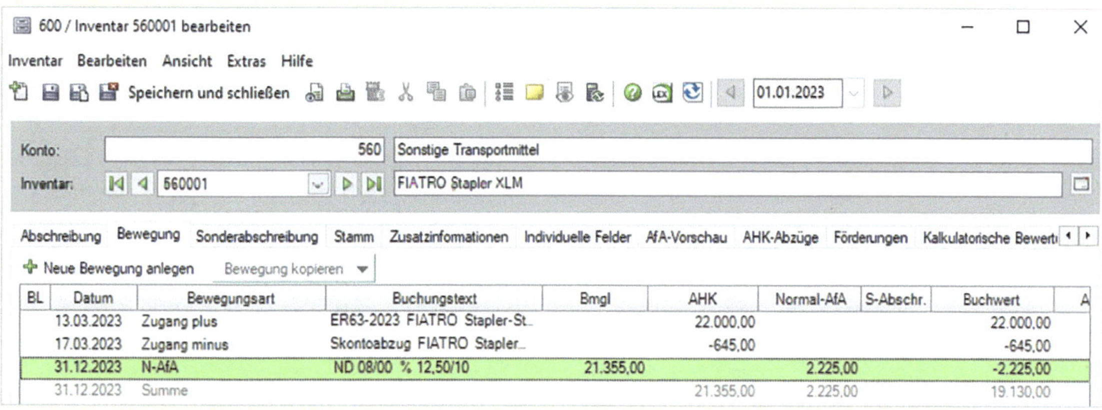

- Schließen Sie anschließend die Inventarkarte, das Arbeitsblatt Anlagenspiegelwerte und den Buchungsstapel *Buchungen März 2023*.
- Buchungen noch nicht festschreiben.

5.6 Auswertungen zu neu erfassten Wirtschaftsgütern drucken

Die Anlagenbuchhaltung verfügt über die Möglichkeit, Neuzugänge von Anlagevermögensgegenständen in einer Auswertung auszudrucken. Dazu gehen Sie wie folgt vor:

1 Wählen Sie den Menüpunkt *Auswertungen* ▶ *Anlagenbuchführung* ▶ *Zugangsliste...*. Das Arbeitsblatt *Zugangsliste* mit der Seitenansicht auf die Zugangsliste wird auf dem Bildschirm angezeigt. Standardmäßig wird die Liste im Hochformat und als Gesamtliste dargestellt (Bild 5.43).

Mit Klick auf die Navigationsschaltflächen können Sie die weiteren Kontengruppen einsehen oder die Liste über das Symbol *PDF* in eine PDF-Datei exportieren.

5.43 Seite 1

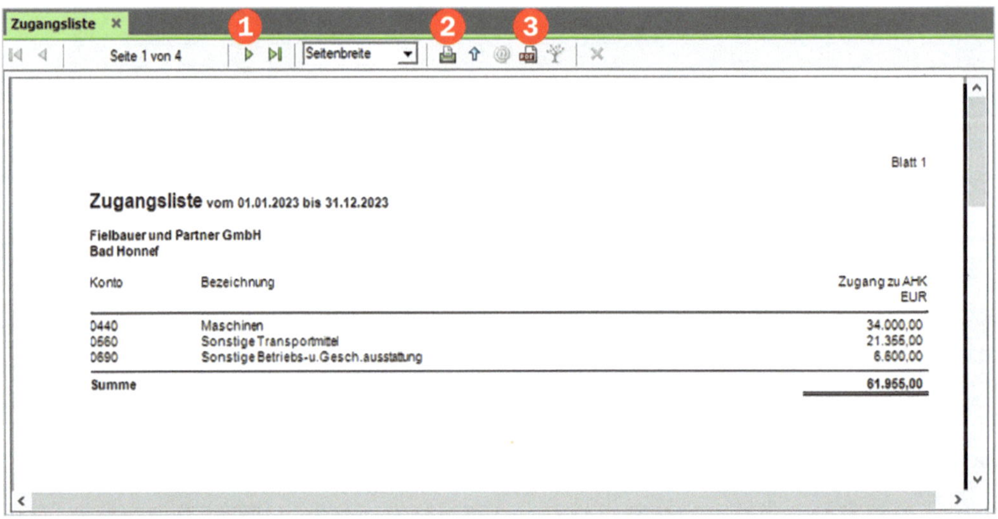

❶ Nächste Seite
❷ Drucken
❸ Export PDF

2 Klicken Sie auf das Symbol *Nächste Seite* ▶, um die folgenden Seiten anzuzeigen.

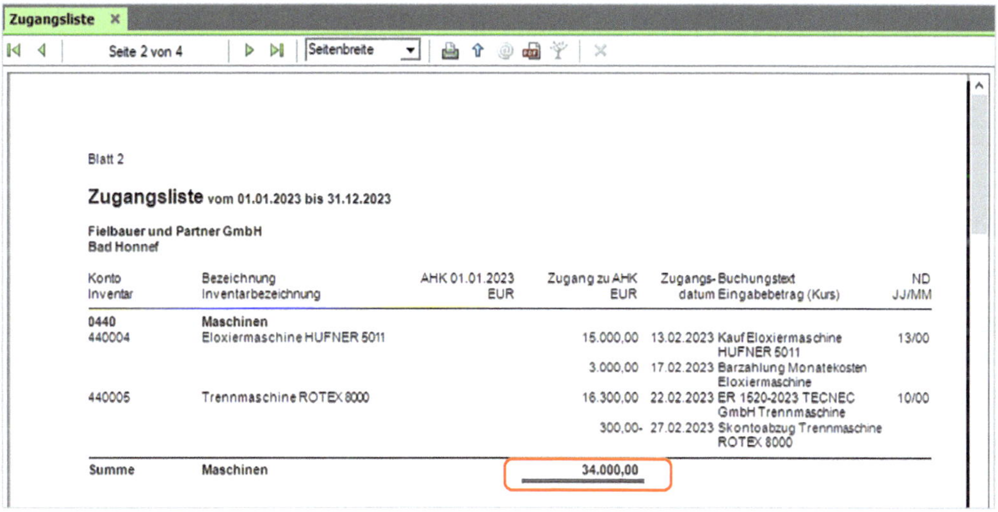
Zugangsliste
Seite 2 von 4 | Seitenbreite

Blatt 2

Zugangsliste vom 01.01.2023 bis 31.12.2023

Fielbauer und Partner GmbH
Bad Honnef

Konto Inventar	Bezeichnung Inventarbezeichnung	AHK 01.01.2023 EUR	Zugang zu AHK EUR	Zugangs-datum	Buchungstext Eingabebetrag (Kurs)	ND JJ/MM
0440	**Maschinen**					
440004	Eloxiermaschine HUFNER 5011		15.000,00	13.02.2023	Kauf Eloxiermaschine HUFNER 5011	13/00
			3.000,00	17.02.2023	Barzahlung Monatekosten Eloxiermaschine	
440005	Trennmaschine ROTEX 8000		16.300,00	22.02.2023	ER 1520-2023 TECNEC GmbH Trennmaschine	10/00
			300,00-	27.02.2023	Skontoabzug Trennmaschine ROTEX 8000	
Summe	**Maschinen**		**34.000,00**			

5.44 *Seite 2, Kontengruppe 0440 Maschinen*

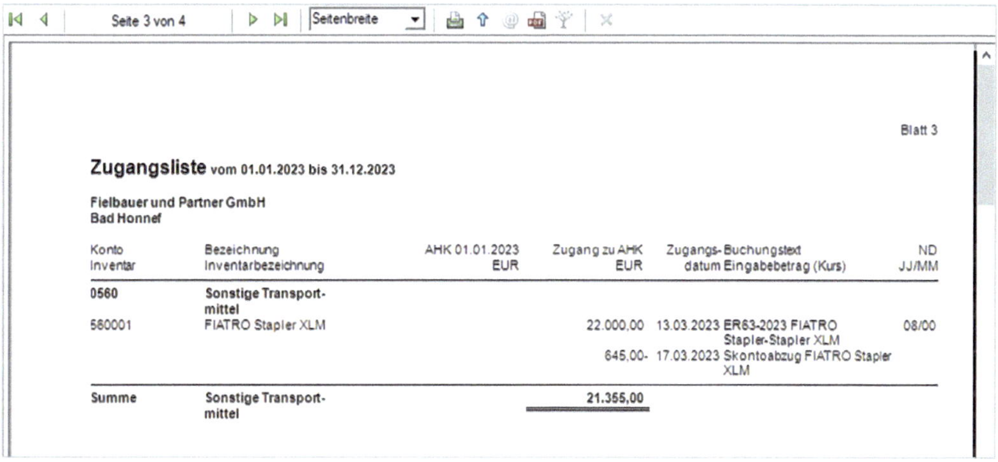
Seite 3 von 4 | Seitenbreite

Blatt 3

Zugangsliste vom 01.01.2023 bis 31.12.2023

Fielbauer und Partner GmbH
Bad Honnef

Konto Inventar	Bezeichnung Inventarbezeichnung	AHK 01.01.2023 EUR	Zugang zu AHK EUR	Zugangs-datum	Buchungstext Eingabebetrag (Kurs)	ND JJ/MM
0560	**Sonstige Transport-mittel**					
560001	FIATRO Stapler XLM		22.000,00	13.03.2023	ER63-2023 FIATRO Stapler-Stapler XLM	08/00
			645,00-	17.03.2023	Skontoabzug FIATRO Stapler XLM	
Summe	**Sonstige Transport-mittel**		**21.355,00**			

5.45 *Kontengruppe 0560 sonstige Transportmittel*

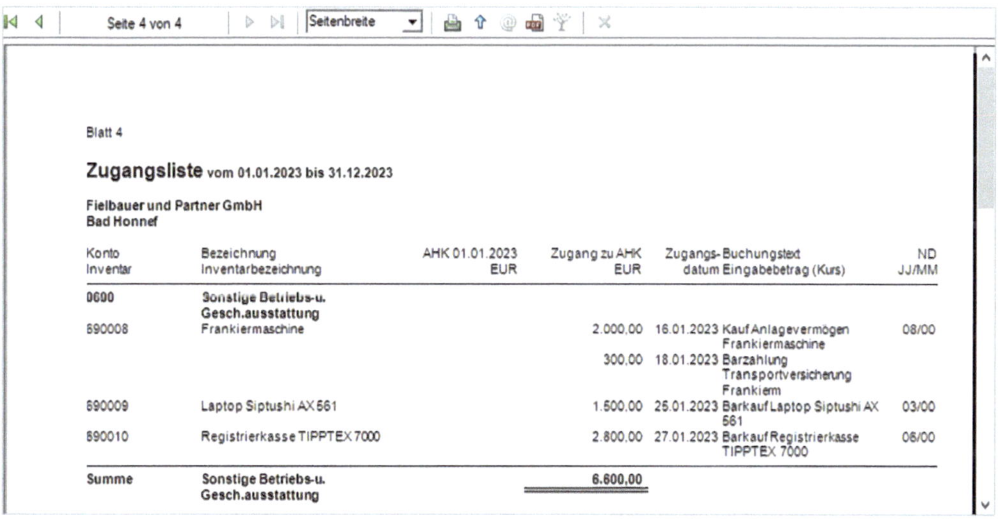
Seite 4 von 4 | Seitenbreite

Blatt 4

Zugangsliste vom 01.01.2023 bis 31.12.2023

Fielbauer und Partner GmbH
Bad Honnef

Konto Inventar	Bezeichnung Inventarbezeichnung	AHK 01.01.2023 EUR	Zugang zu AHK EUR	Zugangs-datum	Buchungstext Eingabebetrag (Kurs)	ND JJ/MM
0690	**Sonstige Betriebs-u. Gesch.ausstattung**					
690008	Frankiermaschine		2.000,00	16.01.2023	Kauf Anlagevermögen Frankiermaschine	08/00
			300,00	18.01.2023	Barzahlung Transportversicherung Frankiem	
690009	Laptop Siptushi AX 561		1.500,00	25.01.2023	Barkauf Laptop Siptushi AX 561	03/00
690010	Registrierkasse TIPPTEX 7000		2.800,00	27.01.2023	Barkauf Registrierkasse TIPPTEX 7000	08/00
Summe	**Sonstige Betriebs-u. Gesch.ausstattung**		**6.600,00**			

5.46 *Kontengruppe 0690 Sonstige Betriebs- und Geschäftsausstattung*

5.47 Zugangsliste anpassen

Hinweis: Mit Klick auf die *Eigenschaften* im rechten Zusatzbereich kann die Zugangsliste individuell an die Bedürfnisse angepasst werden.

3 Um die Zugangsliste auszudrucken, klicken Sie auf das Symbol *Drucken*. Im nachfolgenden Fenster können Sie den Druckumfang festlegen (Bild unten): Entweder *Alle Seiten* oder individuell über die Option *Bestimmte Seiten* und der Angabe *von* bzw. *bis*.

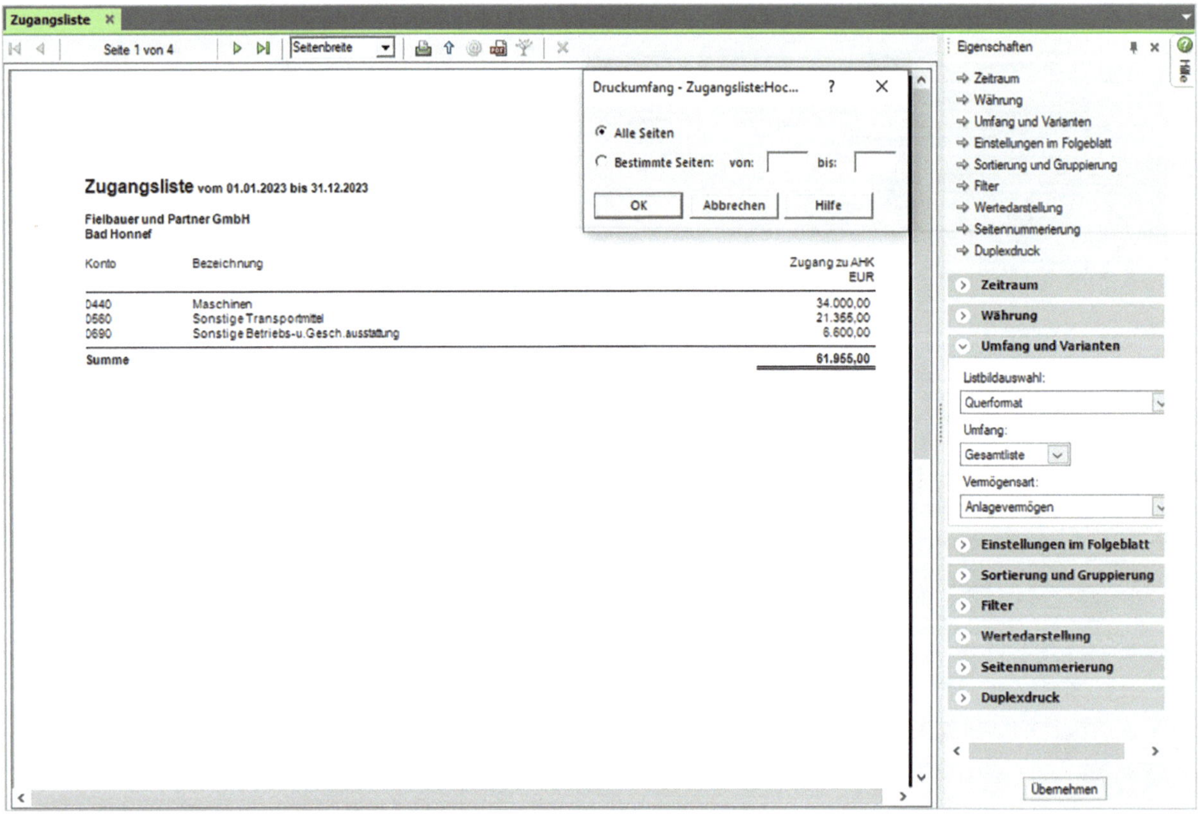

4 Wählen Sie die Option *Alle Seiten* und klicken Sie anschließend auf die Schaltfläche *OK*.

Übung: Zugangsliste ausdrucken

- Drucken Sie die Zugangsliste im Querformat aus, Umfang: Gesamtliste.

  Im Gegensatz zur Zugangsliste im Hochformat werden Ihnen zusätzlich die Abschreibungsarten, die Nutzungsdauer, der Abschreibungsprozentsatz und die Zugangswerte zum 31.12.2023 der neu erfassten Anlagegüter angezeigt.

- Schließen Sie anschließend die Zugangsliste.

Download

Die Musterlösung der Zugangsliste im Querformat ist als PDF-Datei zum Download verfügbar, Kap_05_Zugangsliste_Querformat.pdf.

6 Neue GWG erfassen

In diesem Kapitel erfahren Sie, wie ...

- neu erfasste Geringwertige Wirtschaftsgüter (GWG) unter 250 EUR in DATEV Kanzlei-Rechnungswesen gebucht werden,
- neue GWG ab 250 EUR bis 800 EUR aus dem laufenden Geschäftsjahr an die Anlagenbuchhaltung übergeben werden,
- Sie neu erfasste GWG in der Anlagenbuchhaltung kontrollieren.

6.1 Neu erfasste GWG unter 250 EUR buchen

Ausgangssituation

Unserer Buchhaltung liegt die unten abgebildete Rechnung vor. Die Rechnung wird bar über die Kasse mit Kassenbeleg Nr. KA118 bezahlt. Datum der Rechnung: 14.04.2023.

Auszug aus dem Rechnungsinhalt:

Druckerpapier 150.000 Blatt A4	250,00 EUR
10 Pakete Folienstifte	15,30 EUR
Großer Bürolocher Klipptex	110,00 EUR
Farbpatronen HT IF2	32,30 EUR
Nettobetrag	407,60 EUR
+ 19 % MwSt.	77,44 EUR
Bruttobetrag	**485,04 EUR**

Dieses Kapitel befasst sich mit dem Buchen der geringwertigen Wirtschaftsgüter (GWG). Der große Bürolocher Klipptex ist ein geringwertiges Wirtschaftsgut (GWG) und muss als solches gebucht werden. Die übrigen Rechnungspositionen sind Verbrauchsmaterialien des Bürobedarfs. So gehen Sie beim Buchen vor:

Wiederholungsübung

Legen Sie einen neuen Buchungsstapel für den Zeitraum vom 01.04.2023 bis 30.04.2023 mit der Bezeichnung Buchungen April 2023 und Ihrem Diktatkürzel an.

1. Öffnen Sie den Buchungsstapel *Buchungen April 2023*.
2. Buchen Sie zunächst den Bürobedarf mit der unten abgebildeten Buchung und klicken Sie dann auf *Buchung übernehmen* ✓.

6.1 *Bürobedarf buchen*

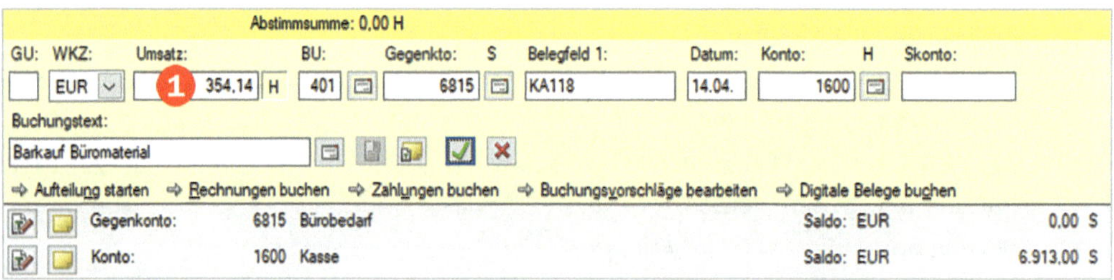

❶

Nettobetrag:	297,60 EUR
zzgl. 19 % MwSt.	56,54 EUR
Bruttobetrag:	354,14 EUR

Hinweis: Anstatt mit dem neuen Steuerschlüssel 401 können Sie auch mit Steuerschlüssel 9 für abziehbare Vorsteuer 19 % buchen.

3 Im nächsten Schritt muss jetzt das GWG - der große Bürolocher Klipptex - brutto gebucht werden. Der Bürolocher kann, da er den Wert von 250,00 EUR netto nicht übersteigt, gem. § 6 Absatz 2a Satz 4 EStG sofort als Betriebsausgabe oder als Sofortabschreibung gebucht werden. Er ist nicht aktivierungspflichtig. Buchungstexthinweis in beiden Fällen: *Barkauf großer Bürolocher Klipptex (GWG)*.

Buchung als Betriebsausgabe, Buchungssatz

Soll	Betrag	an	Haben	Betrag
6815 Bürobedarf	110,00 EUR	an	1600 Kasse	130,90 EUR
1406 Abziehbare Vorsteuer 19 %	20,90 EUR			

oder Buchung als Sofortabschreibung GWG, Buchungssatz

Soll	Betrag	an	Haben	Betrag
6260 Sofortabschreibung GWG	110,00 EUR	an	1600 Kasse	130,90 EUR
1406 Abziehbare Vorsteuer 19 %	20,90 EUR			

4 Geben Sie die folgende Buchung für den Bürolocher ein.

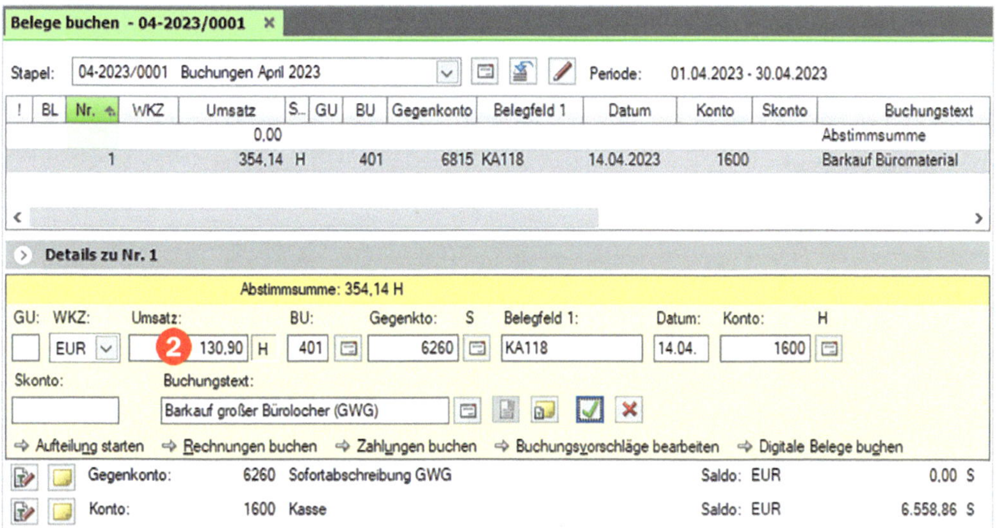

6.2 Buchung Bürolocher

2 Nettobetrag: 110,00 EUR
zzgl. 19 % MwSt. 20,90 EUR
Bruttobetrag: 130,90 EUR

Hinweis: Anstatt mit dem neuen Steuerschlüssel 401 können Sie auch mit Steuerschlüssel 9 für abziehbare Vorsteuer 19 % buchen.

5 Klicken Sie abschließend auf das Symbol *Buchung übernehmen* ✓. Der große Bürolocher wurde als Sofortabschreibung GWG gebucht. Er ist, da er den Wert von 250,00 EUR netto nicht übersteigt, nicht aktivierungspflichtig.

Wiederholungsübung: Salden überprüfen

Kontrollieren Sie die Salden der folgenden FIBU-Konten über die Ansicht FIBU-Konto anzeigen.

Konto	Bezeichnung	Betrag	Soll / Haben
6260	GWG Sofortabschreibung	110,00 EUR	Soll
6815	Bürobedarf	297,60 EUR	Soll
1406	Abziehbare Vorsteuer 19 %	11.791,89 EUR	Soll
1600	Kasse	6.427,96 EUR	Soll

Übung: GWG buchen

Die Lösung zu Aufgabe 1 finden Sie im Lösungsbuch.

Aufgabe 1

Unserer Buchhaltung liegt folgende weitere Rechnung vor. Die Rechnung wird bar über die Kasse mit Kassenbeleg Nr. KA120 bezahlt. Datum der Rechnung: 24.04.2023, Auszug aus dem Rechnungsinhalt:

Telefon FOX 2	130,00 EUR
Aktenvernichter TULA 11	140,00 EUR
Nettobetrag	270,00 EUR
+ 19 % MwSt.	51,30 EUR
Bruttobetrag	**321,30 EUR**

Beide Positionen sind Geringwertige Wirtschaftsgüter und können mittels GWG-Sofortabschreibung einzeln erfasst werden.

Buchen Sie die beiden GWG jeweils einzeln im Buchungsstapel *Buchungen April 2023*.

Aufgabe 2

Kontrollieren Sie anschließend die Salden der folgenden FIBU-Konten über die Ansicht FIBU-Konto anzeigen.

Konto	Bezeichnung	Betrag	Soll / Haben
6260	GWG Sofortabschreibung	380,00 EUR	Soll
1406	Abziehbare Vorsteuer 19 %	11.843,19 EUR	Soll
1600	Kasse	6.106,66 EUR	Soll

6.2 Neu erfasste GWG buchen und übergeben

GWG ab 250,00 EUR bis einschließlich 800 EUR

Ausgangssituation (Achtung: Bitte noch nicht buchen!)
Unserer Buchhaltung liegt folgende Rechnung vor:

TECNEC GmbH
Industriemaschinen
Golfplatz 30
50105 Köln

Tel.	0221 8520630
FAX	0221 8520634
Ansprechpartner	Herr Müller
Internet	www.tecnec.com

Firma
Fielbauer und Partner GmbH
Waldrand 36
53604 Bad Honnef

Lieferdatum	21.04.2023
Rechnungsdatum	26.04.2023
Rechnungsnummer	1820-2023
Ihre Kundennummer	12560

Aufgrund Ihrer Bestellung vom 19.04.2023 liefern und berechnen wir Ihnen die folgenden Artikel:

Pos	Bezeichnung	Menge	Nettopreis	Gesamt
1	**Industriestaubsauger Hoober F10**	**1**	415,00 €	415,00 €
2	**Abkantbank Fix & Fort 2023**	**1**	745,00 €	745,00 €
Gesamtbetrag netto				1.160,00 €
zzgl. 19,00 % Mwst.				220,40 €
Gesamtbetrag brutto				1.380,40 €

Zahlbar innerhalb von 30 Tagen ohne Abzug von Skonto.

Amtsgericht Köln HRB 1256
USt-IdNR.: DE 207295940
Steuernummer: 215/5870/0529

Bankverbindung:
PSD Bank Köln eG BIC:GENODEF1P13
IBAN: DE17370609930025236100

6.3 Eingangsrechnung

Beide Positionen sind geringwertige Wirtschaftsgüter. Da der Einzelwert der GWG 250,00 EUR netto übersteigt und weniger als 800,00 EUR netto beträgt, müssen beide Anlagegüter auf das Konto *Geringwertige Wirtschaftsgüter*, Konto-Nr. *0670* gebucht werden.

Jedes geringwertige Wirtschaftsgut muss dabei einzeln gebucht werden.

Hier geht es jetzt um das Buchen des geringwertigen Wirtschaftsguts und die Soforterfassung Anlagenbuchführung während des Buchens. Der Industriestaubsauger Hoober F10 und die Abkantbank Fix & Fort 2023 sind GWG Sammelposten.

1 Buchen Sie zunächst den Industriestaubsauger Hoober F10 mit folgender Buchung (Bild 6.4) und klicken Sie dann auf das Symbol *Buchung übernehmen* ✓.

6.4 Industriestaubsauger buchen

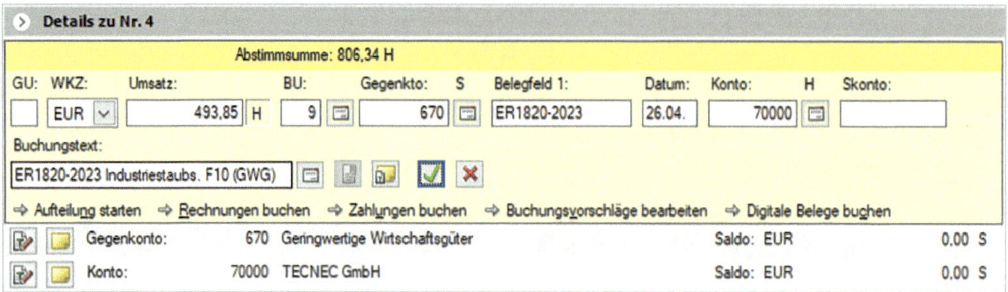

Hinweis: Anstatt mit dem Steuerschlüssel 9 können Sie auch mit dem neuen Steuerschlüssel 401 für abziehbare Vorsteuer 19 % buchen.

Nettobetrag:	415,00 EUR
zzgl. 19 % MwSt.	78,85 EUR
Bruttobetrag:	493,85 EUR

Aufgrund der Sofortaktivierung kann das geringwertige Wirtschaftsgut nun im nächsten Schritt inventarisiert und die GWG-Sofortabschreibung festgelegt werden.

Im oberen Teil des Zuordnungsfensters (Bild 6.5) werden das FIBU-Konto, die Inventar-Nummer, der Inventartext und die Bewegungsart *Zugang* angezeigt. Das AHK-Datum wird vom Buchungssatz übernommen.

2 Im nächsten Schritt muss jetzt die Abschreibungsart *GWG-Sofortabschreibung* zugewiesen werden, standardmäßig ist die Abschreibungsart *1 Lineare Normalabschreibung* vorgegeben. Klicken Sie auf das Auswahlfeld *AfA-Art* und wählen Sie die Abschreibungsart *8 - GWG-Sofortabschreibung (08)* aus (Bild 6.5).

6.5 Buchungssatz zuordnen: Abschreibungsart auswählen

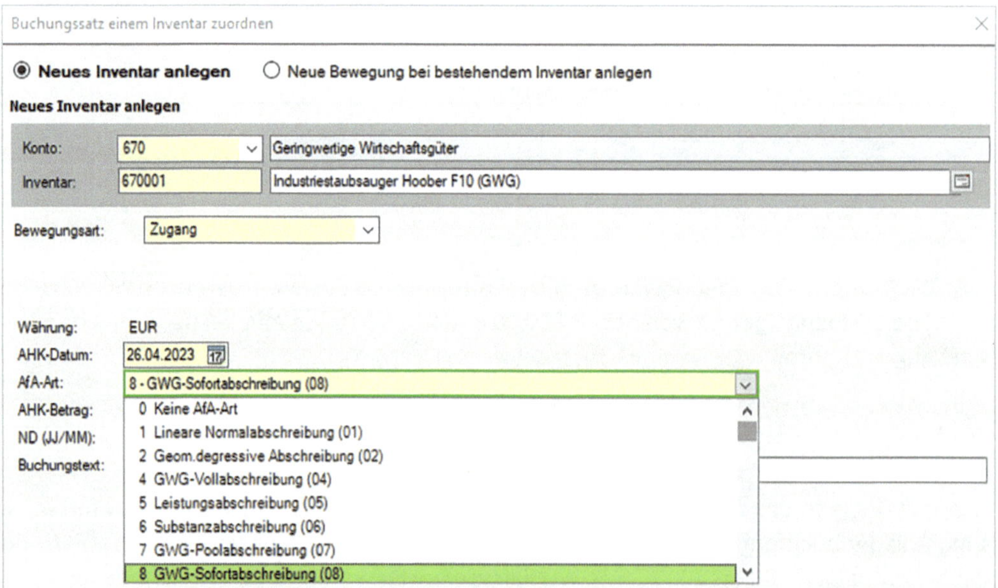

Nachdem Sie die GWG-Sofortabschreibung ausgewählt und mit der Tabulator-Taste oder Enter-Taste das Auswahlfeld verlassen haben, wird im Feld *ND (JJ/MM):* automatisch die Nutzungsdauer von 1 Jahr eingetragen. Der Nettobuchwert des GWG wird im Feld *AHK-Betrag* angezeigt (Bild 6.6).

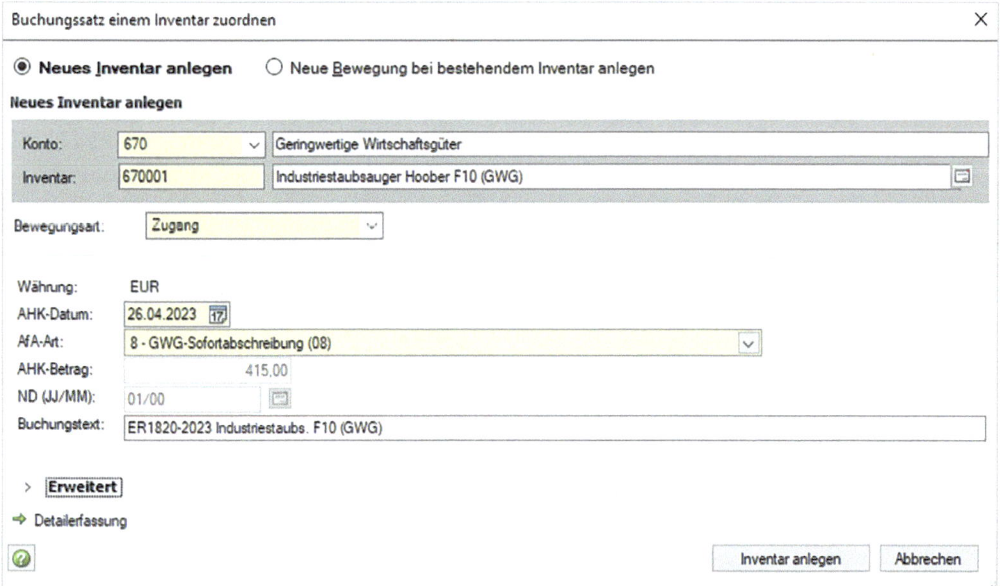

6.6 Nutzungsdauer und AHK-Betrag

3 Klicken Sie auf den Abschnitt *Erweitert*. Hier wird der Lieferant des Staubsaugers, die Firma TECNEC GmbH, angezeigt (Bild 6.7), er wurde automatisch aus dem erfassten Buchungssatz übernommen.

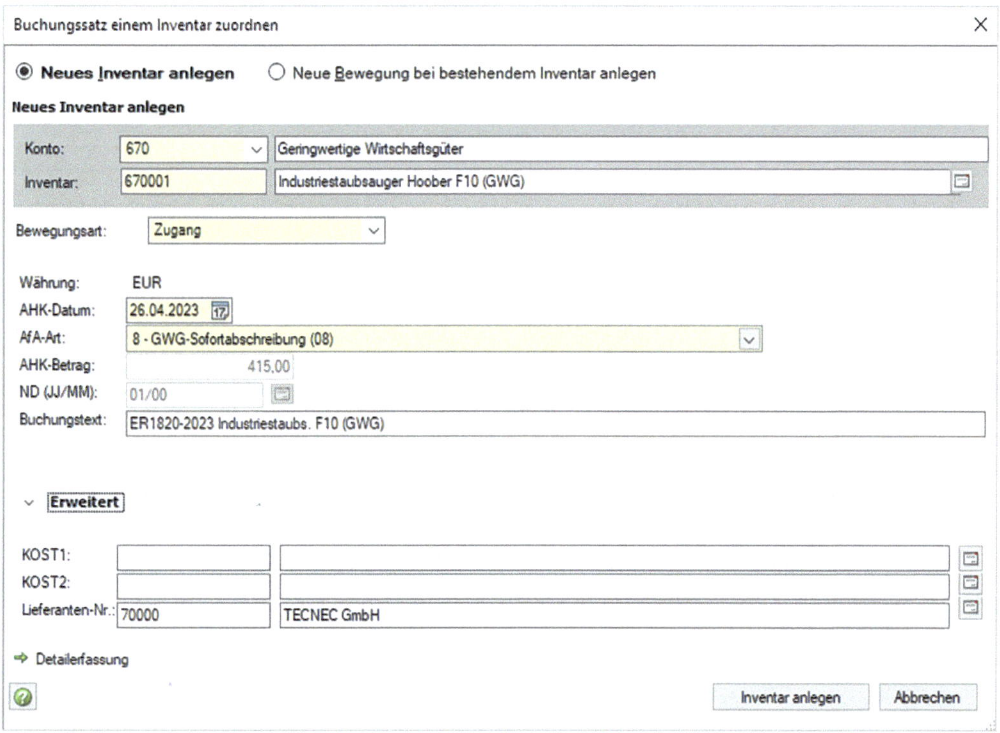

6.7 Lieferant anzeigen

4 Klicken Sie dann auf die Schaltfläche *Inventar anlegen*.

5 Im nächsten Schritt muss das GWG Abkantbank Fix & Fort 2023 gebucht werden. Geben Sie für die Abkantbank Fix & Fort 2023 folgende Buchung ein und klicken Sie dann auf das Symbol *Buchung übernehmen*.

6.8 Buchung Abkantbank Fix & Fort 2021

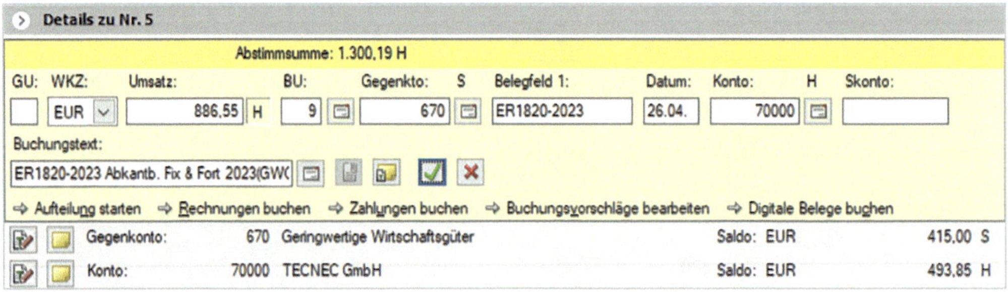

Hinweis: Anstatt mit dem Steuerschlüssel 9 können Sie auch mit dem neuen Steuerschlüssel 401 für abziehbare Vorsteuer 19 % buchen:

Nettobetrag:	745,00 EUR
zzgl. 19 % MwSt.	141,55 EUR
Bruttobetrag:	886,55 EUR

Aufgrund der Sofortaktivierung kann jetzt das zweite GWG inventarisiert und die GWG-Sofortabschreibung festgelegt werden.

6.9 Buchungssatz zuordnen

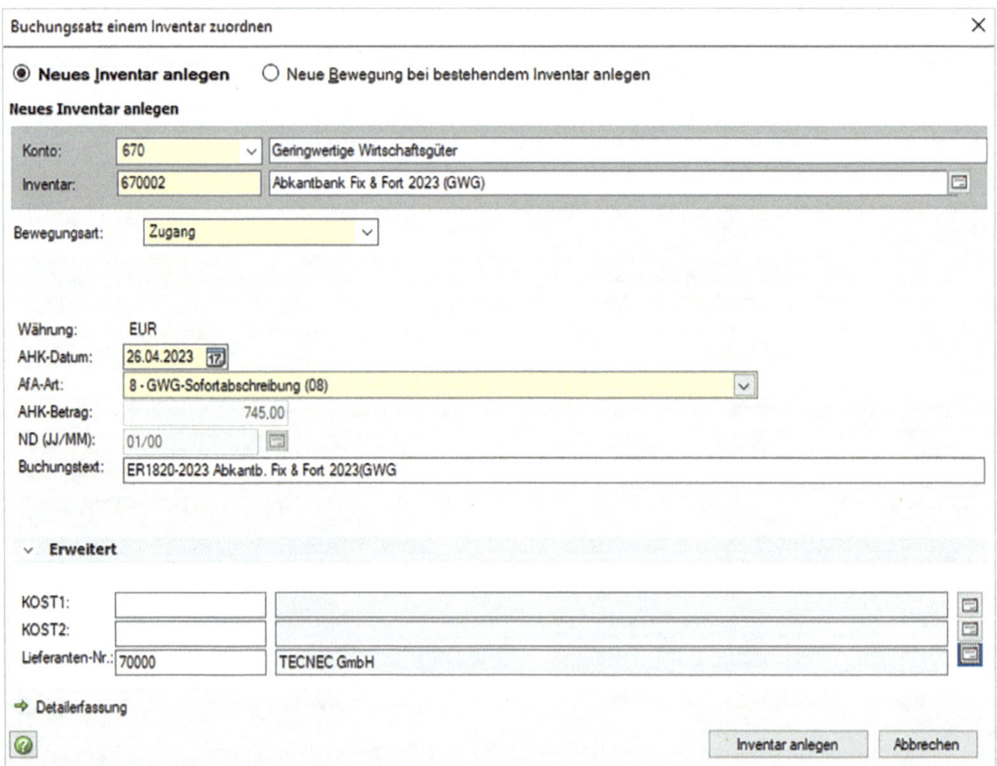

Im oberen Teil des Zuordnungsfensters werden das FIBU-Konto *0670 Geringwertige Wirtschaftsgüter*, die vorgeschlagene Inventarnummer *670002*, der Inventartext und die Bewegungsart *Zugang* angezeigt (Bild 6.9).

Im unteren Teil werden vom erfassten Buchungssatz das AHK-Datum, der Nettowert des GWG, *745,00 EUR*, der Buchungstext und die Lieferantennummer *70000 TECNEC GmbH* übernommen.

6 Wählen Sie wieder im Auswahlfeld *AfA-Art* die Abschreibungsart *8 - GWG-Sofortabschreibung* aus und wechseln Sie durch Drücken der Tabulator-Taste zum nächsten Feld. Im Feld *ND (JJ/MM)* wird automatisch die Nutzungsdauer von 1 Jahr eingetragen.

7 Klicken Sie zum Schluss auf die Schaltfläche *Inventar anlegen*.

Die beiden Anlagegüter wurden als Wirtschaftsgüter Sammelposten gebucht und mit der Soforterfassung Anlagenbuchführung inventarisiert. Als Abschreibungsmethode wurde die GWG-Sofortabschreibung festgelegt.

Wiederholungsübung: Salden überprüfen

Kontrollieren Sie die Salden der folgenden FIBU-Konten über die Ansicht FIBU-Konto anzeigen.

Konto	Bezeichnung	Betrag	Soll / Haben
70000	TECNEC GmbH	1.380,40 EUR	Haben
670	Geringwertige Wirtschaftsgüter	1.160,00 EUR	Soll
1406	Abziehbare Vorsteuer 19 %	12.063,59 EUR	Soll
3300	Verbindlichkeiten aus Lieferungen und Leistungen	1.380,40 EUR	Haben

Übung: GWG buchen

Aufgabe 1

Am 28.04.2023 liegt Ihnen mit Bankauszug Nr. BA 130 der Zahlungsausgang für die Rechnung Nr. ER1820-2023 an TECNEC, Köln vor. Zahlbetrag: 1.380,40 EUR

Buchen Sie im Buchungsstapel *Buchungen April 2023* den Zahlungsausgang.

Die Lösungen zu Aufgabe 1 und 2 finden Sie im Lösungsbuch.

Achtung: Falls bei einer Rechnung Skonto abgezogen wurde, müssen natürlich der Zahlungsausgang und die Anschaffungsminderung gebucht werden. Dabei darf auf keinen Fall der Skontobetrag im Feld *Skonto* erfasst werden, da hierbei automatisch das Skontokonto *Erhaltener Skonto 5736* beim Warenbezug gebucht wird und nicht das GWG-Konto.

Aufgabe 2

Buchen Sie den folgenden Kassenbeleg, KA-Nr. KA148 vom 28.04.2023

Auszug aus dem Rechnungsinhalt:

Pos. 1 Schraubenzieher Set 80-teilig	112,00 EUR
Pos. 2 Werkstattwagen	598,00 EUR
Nettobetrag	710,00 EUR
+ 19 % MwSt.	134,90 EUR
Bruttobetrag	844,90 EUR

- Pos. 1 ist als GWG Sofortabschreibung zu erfassen.
- Pos. 2 ist als Geringwertiges Wirtschaftsgut zu inventarisieren und mit der Abschreibungsmethode GWG-Sofortabschreibung zu erfassen.

Aufgabe 3

Kontrollieren Sie die Salden der folgenden FIBU-Konten über die Ansicht FIBU-Konto anzeigen.

Konto	Bezeichnung	Betrag	Soll / Haben
70000	TECNEC GmbH	0,00 EUR	
3300	Verbindlichkeiten aus Lieferungen und Leistungen	0,00 EUR	
670	Geringwertige Wirtschaftsgüter	1.758,00 EUR	Soll
6260	Sofortabschreibung GWG	492,00 EUR	Soll
1406	Abziehbare Vorsteuer 19 %	12.198,49 EUR	Soll
1600	Kasse	5.261,76 EUR	Soll
1800	Bank	69.937,15 EUR	Soll

Aufgabe 4

Sichern Sie den Mandanten Fielbauer und Partner GmbH und schreiben Sie anschließend die Buchungsstapel *Buchungen März 2023* und *Buchungen April 2023* fest.

Exkurs: GWG Sammelposten zwischen 250,00 EUR und 1.000,00 EUR

Firma Fielbauer und Partner GmbH nutzt für das Jahr 2023 das GWG Wahlrecht nach Variante 1, GWG mit einem Wert von 250 EUR bis 800,00 EUR netto als GWG zu buchen und diese zu aktivieren. Sie könne anschließend beim Jahresabschluss über die Sofortabschreibung GWG komplett abgeschrieben werden.

Natürlich kann eine Firma auch die Variante 2 anwenden und GWG von 250 EUR bis 1.000 EUR netto als Wirtschaftsgüter Sammelposten buchen und über eine Nutzungsdauer von 5 Jahren abschreiben. Anhand eines Informationsbeispiels soll dies jetzt demonstriert werden: Barkauf Faxgerät netto, 400,00 EUR zzgl. MwSt. 76,00 EUR, brutto 476,00 EUR.

Der Buchungssatz

Soll	Betrag	an	Haben	Betrag
675 Wirtschaftsgüter Sammelposten	400,00 EUR	an	1600 Kasse	476,00 EUR
1406 Abziehbare Vorsteuer 19 %	76,00 EUR			

Aufgrund der Sofortaktivierung kann das GWG über die Soforterfassung Anlagenbuchführung inventarisiert und die GWG-Poolabschreibung festgelegt werden.

Im Auswahlfeld *AfA-Art* muss die Abschreibungsart *7 - GWG-Poolabschreibung (07)* ausgewählt werden (Bild 6.10).

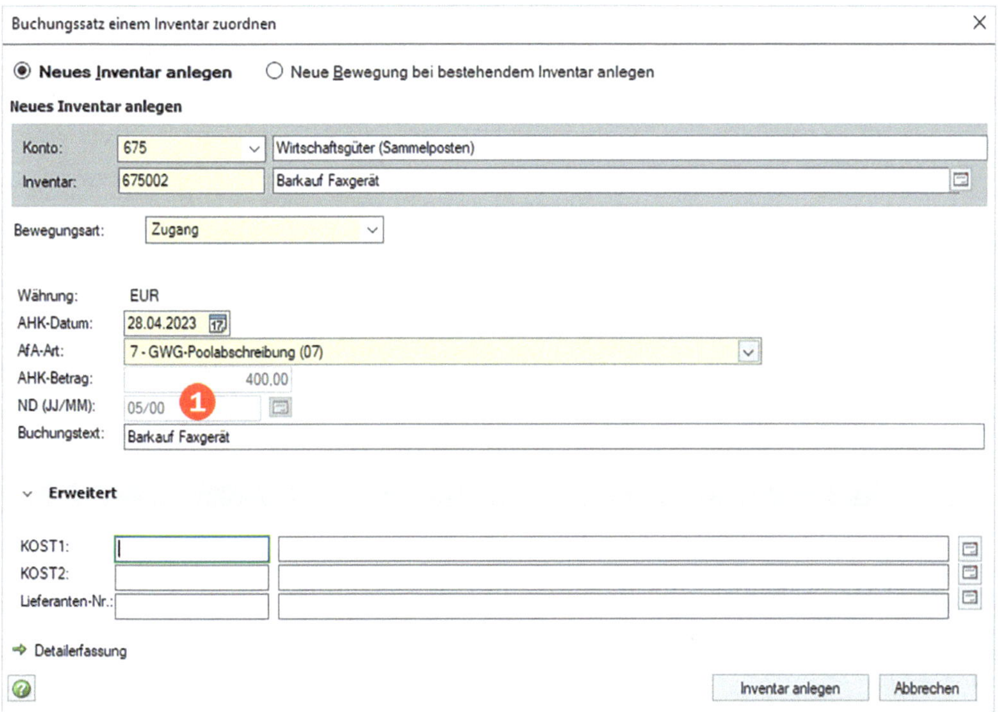

6.10 GWG Poolabschreibung

❶ Im Feld Nutzungsdauer (JJ/MM) wird automatisch die Nutzungsdauer von 5 Jahren eingetragen.

6.3 GWG-Zugänge in der Anlagenbuchhaltung kontrollieren

Aufgrund der Soforterfassung Anlagenbuchführung in DATEV Kanzlei-Rechnungswesen werden die erfassten GWG-Buchungen in die Anlagenbuchhaltung übertragen und müssen selbstverständlich kontrolliert werden. Dies ist sehr wichtig, damit bei einer späteren Übergabe der Abschreibungswerte keine falschen Werte übertragen werden.

Ausgangssituation

Am 26.04.2023 wurde mit Eingangsrechnung Nr. ER1820-2023 ein Industriestaubsauger Hoober F10 mit einem Buchwert von 415,00 EUR gebucht. Der Industriestaubsauger wurde als Geringwertiges Wirtschaftsgut (250,00 EUR bis 800,00 EUR) mit der Abschreibungsmethode GWG Sofortabschreibung erfasst.

Der Abschreibungswert für das Jahr 2023 beträgt demnach 415,00 EUR, da das Anlagegut im Jahr der Anschaffung komplett abgeschrieben werden kann.

Um den Zugang des Industriestaubsaugers Hoober F10 zu kontrollieren, gehen Sie wie folgt vor:

1 Wählen Sie den Menüpunkt *Stammdaten* ▶ *Anlagenbuchführung* ▶ *Inventarübersicht* oder klicken Sie in der Navigationsübersicht im geöffneten Ordner *Anlagenbuchführung* doppelt auf den Eintrag *Inventarübersicht*. Das Arbeitsblatt *Anlagenspiegelwerte* mit allen Anlagegütern wird geöffnet (Bild 6.11).

6.11 Anlagenspiegelwerte

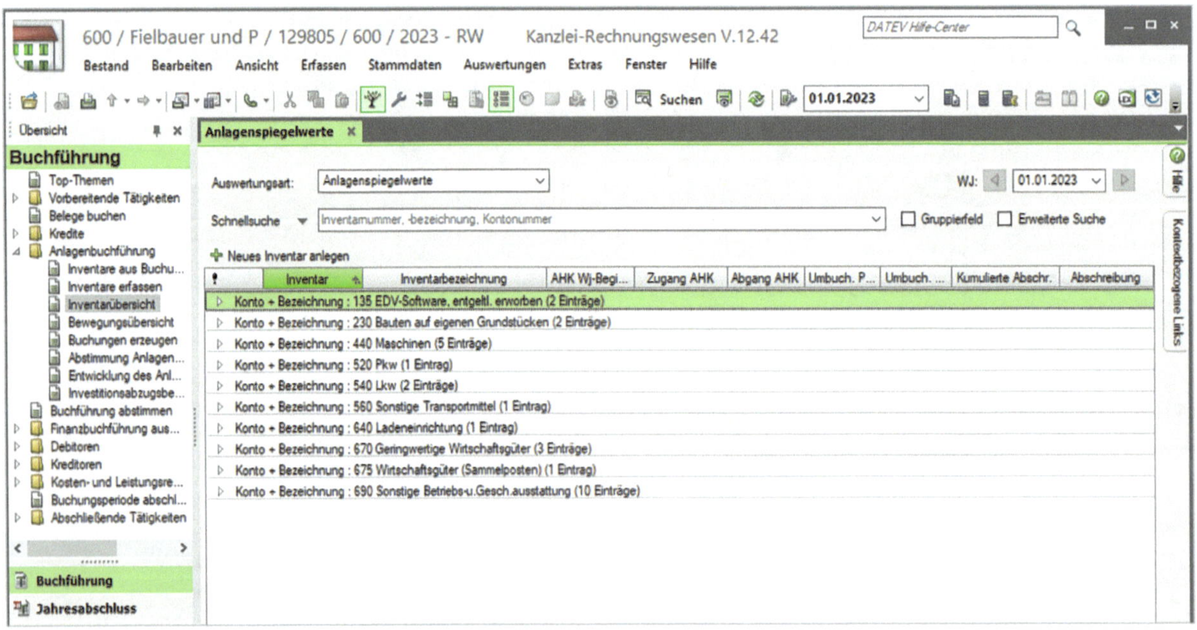

2 Klicken Sie auf dem Pfeil ▷ der Zeile *Konto + Bezeichnung; 670 Geringwertige Wirtschaftsgüter (3 Einträge)*, um die Einzelposten der FIBU-Gruppe anzeigen zu lassen. Hier finden Sie alle neu erfassten geringwertigen Wirtschaftsgüter (Bild 6.12).

6.12 GWG

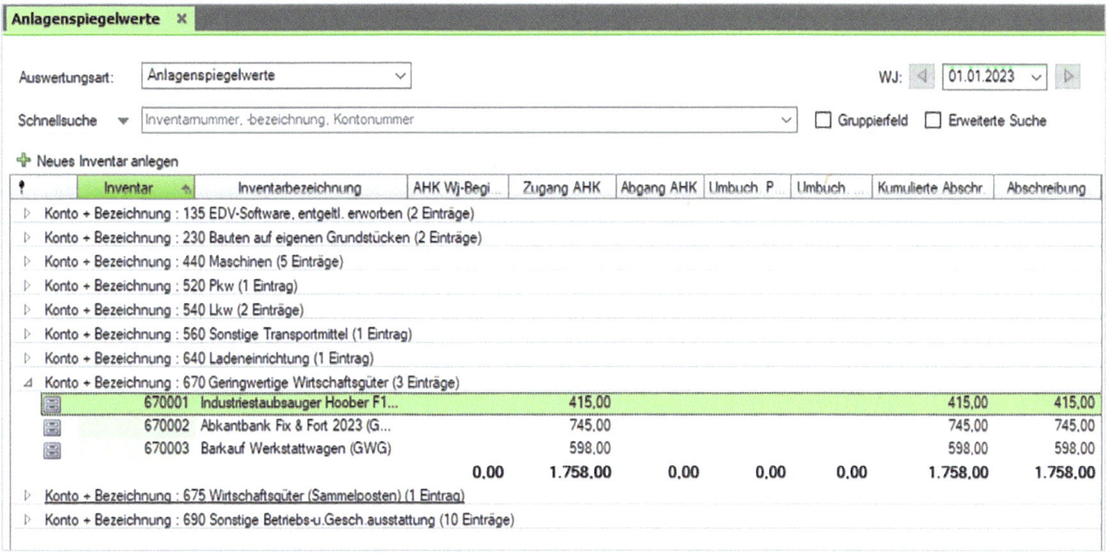

3 Der Industriestaubsauger Hoober F10 wird unter der Inventarnummer 670001 geführt. Klicken Sie doppelt auf diesen Eintrag.

Im Register *Bewegung* wird Ihnen die Bewegungsart *Zugang plus* mit dem Anschaffungsdatum 26.04.2023 und den Anschaffungskosten von 415,00 EUR angezeigt. Der Buchwert zum 31.12.2023 beträgt 415,00 EUR (Bild 6.13).

Bei der Abschreibungsart GWG-Sofortabschreibung wird unabhängig vom Erwerb der Abschreibungsbetrag für das gesamte Jahr ermittelt und das Anlagegut komplett abgeschrieben.

6.13 Register Bewegung

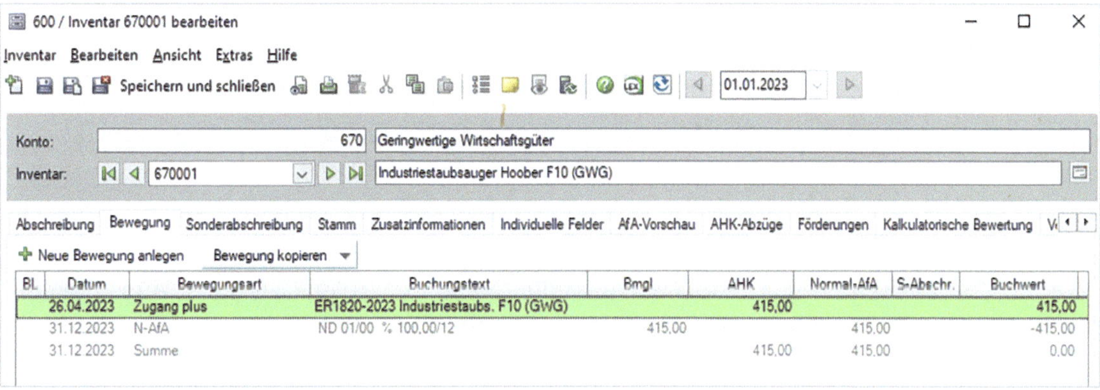

4 Klicken Sie auf das Register *AfA-Vorschau*. Der Abschreibungsplan zum GWG wird Ihnen angezeigt.

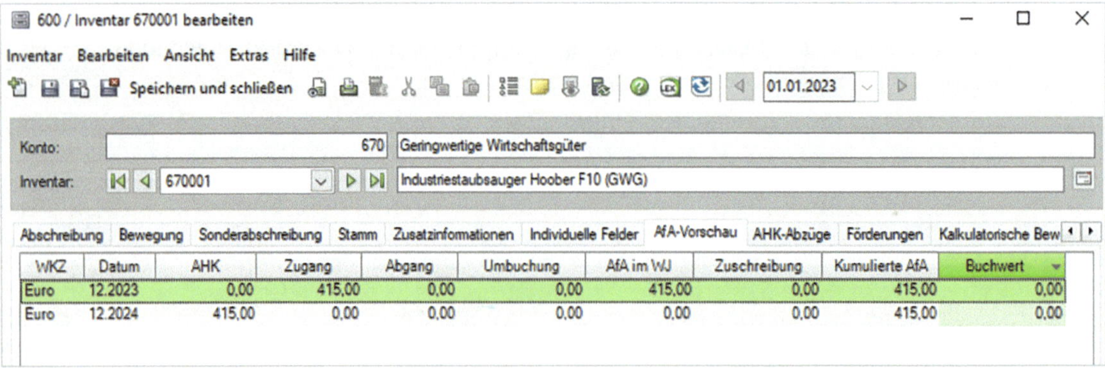

6.14 Abschreibungsplan

Tipp: Im Register *Abschreibung* können die Abschreibungsart GWG Sofortabschreibung, das AHK-Datum und weitere Angaben zur Sofortabschreibung eingesehen und ggf. geändert werden.

5 Schließen Sie zuletzt die Inventarkarte.

Übung: GWG kontrollieren

Aufgabe 1

Prüfen Sie für folgende GWG die Zugänge und die Abschreibungswerte für das Jahr 2023:

Bezeichnung	Zugang	Abschreibung in 2023
Abkantbank Fix & Fort 2023	745,00 EUR	745,00 EUR
Werkstattwagen	598,00 EUR	598,00 EUR

Aufgabe 2

Drucken Sie die Zugangsliste im Querformat als Gesamtliste aus.
Summe Wirtschaftsgüter Sammelposten: 1.758,00 EUR

Schließen Sie abschließend alle geöffneten Arbeitsblätter.

Download

Die Musterlösung zur Zugangsliste im Querformat ist im PDF-Format zum Download verfügbar, Kap_06_Zugangsliste_Querformat_Gesamtliste.pdf.

7 Verkauf von Anlagegütern

In diesem Kapitel erfahren Sie, wie ...

- Sie den Verkauf von gebrauchten Anlagegütern erfassen,
- Sie die Abgangsliste von Anlagegütern ausdrucken.

7.1 Verkauf von gebrauchten Anlagegütern

Ausgangssituation
Am 23.06.2023 wurde mit Kassenbeleg Nr. KA185 eine mobile Arbeitsbühne mit einem Verkaufserlös von netto 1.500,00 EUR zzgl. 19 % MwSt. verkauft.

Für den Verkauf müssen in der Buchhaltung folgende Buchungen vorgenommen werden:

- Die anteilmäßige Abschreibung bis zum Juni 2023 (Monat des Abgangs),
- den Verkaufserlös des Anlagegutes und
- das Verbuchen des Anlageabgangs (bei Buchgewinn/Buchverlust) = Wertberichtigung.

Da wir in unserem Übungsfall mit der Anlagenbuchhaltung arbeiten, können die anteilige Abschreibung bis zum Verkaufsdatum und der Anlagenabgang (Buchgewinn / Buchverlust) im Bereich der Anlagenbuchhaltung erfasst werden. Die dazugehörenden Buchungen ermittelt die Anlagenbuchhaltung eigenständig und kann bei der Übergabe der Abschreibungen an den Buchführungsbereich von DATEV Kanzlei-Rechnungswesen übertragen werden.

Den Buchungssatz für den Verkauf des Anlagegutes muss der Buchhalter in einem Buchungsstapel im Buchführungssektor von DATEV Kanzlei-Rechnungswesen verbuchen. Dies kann allerdings erst dann vorgenommen werden, wenn in der Anlagenbuchhaltung festgestellt wurde, ob das Anlagegut mit Buchgewinn oder Buchverlust verkauft wurde.

Anlagenabgang erfassen

Um den Anlagenabgang der mobilen Arbeitsbühne in der Anlagenbuchhaltung vorzunehmen, gehen Sie wie folgt vor:

7.1 Inventarübersicht

1 Klicken Sie in der Übersicht doppelt auf den Eintrag *Inventarübersicht*. Alle vorgetragenen und neu erfassten Anlagegüter werden gruppiert nach FIBU- Konten aufgelistet.

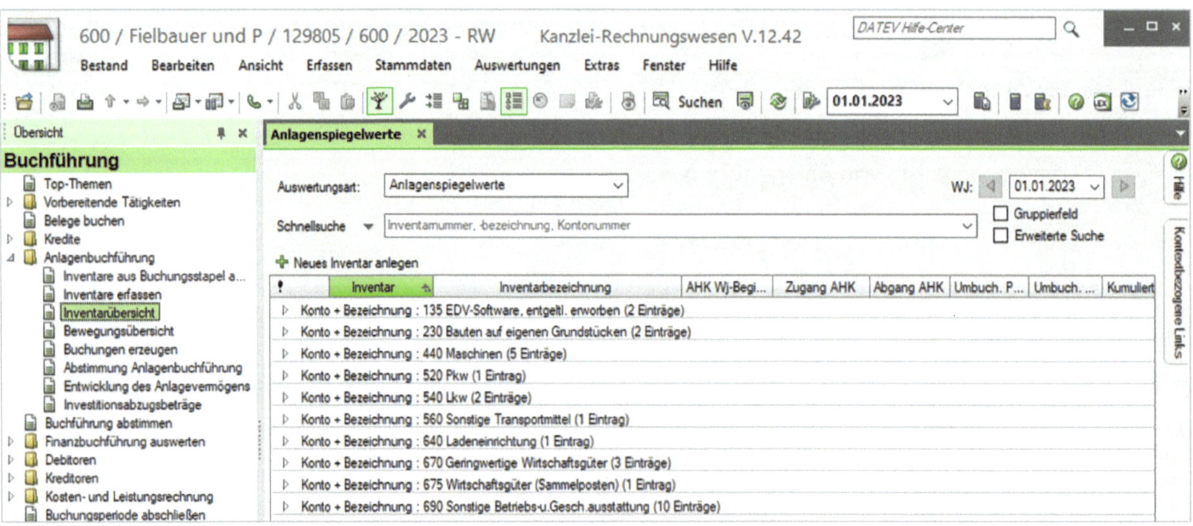

2 Klicken Sie auf *Konto + Bezeichnung: 690 Sonstige Betriebs-u. Gesch.ausstattung Sammelposten (10 Einträge)*, um die Details dieser FIBU-Gruppe anzeigen zu lassen (Bild 7.2).

7.2 Konto 690

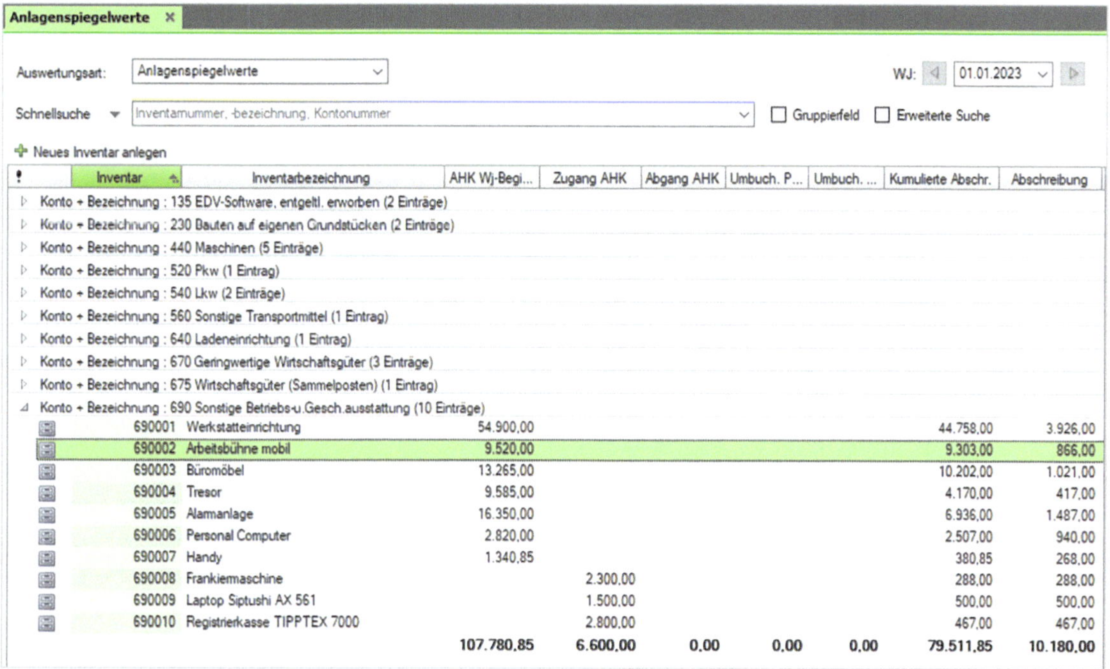

Anlagenspiegelwerte

Auswertungsart: Anlagenspiegelwerte | WJ: 01.01.2023

Schnellsuche: Inventarnummer, -bezeichnung, Kontonummer | Gruppierfeld | Erweiterte Suche

Neues Inventar anlegen

Inventar	Inventarbezeichnung	AHK Wj-Begi...	Zugang AHK	Abgang AHK	Umbuch. P...	Umbuch. ...	Kumulierte Abschr.	Abschreibung
Konto + Bezeichnung : 135 EDV-Software, entgeltl. erworben (2 Einträge)								
Konto + Bezeichnung : 230 Bauten auf eigenen Grundstücken (2 Einträge)								
Konto + Bezeichnung : 440 Maschinen (5 Einträge)								
Konto + Bezeichnung : 520 Pkw (1 Eintrag)								
Konto + Bezeichnung : 540 Lkw (2 Einträge)								
Konto + Bezeichnung : 560 Sonstige Transportmittel (1 Eintrag)								
Konto + Bezeichnung : 640 Ladeneinrichtung (1 Eintrag)								
Konto + Bezeichnung : 670 Geringwertige Wirtschaftsgüter (3 Einträge)								
Konto + Bezeichnung : 675 Wirtschaftsgüter (Sammelposten) (1 Eintrag)								
Konto + Bezeichnung : 690 Sonstige Betriebs-u.Gesch.ausstattung (10 Einträge)								
690001	Werkstatteinrichtung	54.900,00					44.758,00	3.926,00
690002	Arbeitsbühne mobil	9.520,00					9.303,00	866,00
690003	Büromöbel	13.265,00					10.202,00	1.021,00
690004	Tresor	9.585,00					4.170,00	417,00
690005	Alarmanlage	16.350,00					6.936,00	1.487,00
690006	Personal Computer	2.820,00					2.507,00	940,00
690007	Handy	1.340,85					380,85	268,00
690008	Frankiermaschine		2.300,00				288,00	288,00
690009	Laptop Siptushi AX 561		1.500,00				500,00	500,00
690010	Registrierkasse TIPPTEX 7000		2.800,00				467,00	467,00
		107.780,85	6.600,00	0,00	0,00	0,00	79.511,85	10.180,00

3 Im nächsten Schritt klicken Sie doppelt auf den Eintrag *690002 Arbeitsbühne mobil*.

Die Inventarkarte zur Arbeitsbühne mobil wird geöffnet. Im Register *Bewegung* werden der Buchwert von 1.083,00 EUR am 01.01.2023, der jährliche Abschreibungsbetrag von 866,00 EUR und der Buchwert zum 31.12.2023 von 217,00 EUR angezeigt (Bild 7.3).

7.3 Inventarkarte: Register Bewegung

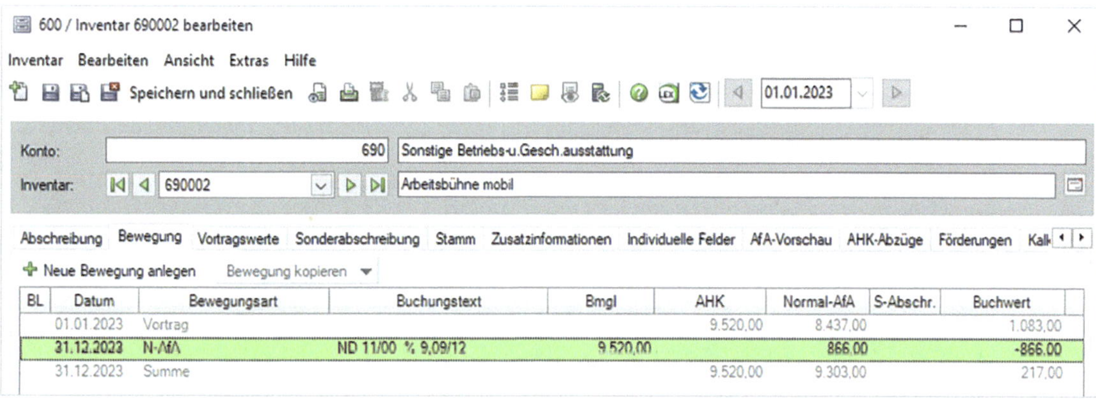

600 / Inventar 690002 bearbeiten

Inventar Bearbeiten Ansicht Extras Hilfe

Speichern und schließen | 01.01.2023

Konto: 690 | Sonstige Betriebs-u.Gesch.ausstattung

Inventar: 690002 | Arbeitsbühne mobil

Abschreibung | Bewegung | Vortragswerte | Sonderabschreibung | Stamm | Zusatzinformationen | Individuelle Felder | AfA-Vorschau | AHK-Abzüge | Förderungen | Kalk

Neue Bewegung anlegen | Bewegung kopieren

BL	Datum	Bewegungsart	Buchungstext	Bmgl	AHK	Normal-AfA	S-Abschr.	Buchwert
	01.01.2023	Vortrag			9.520,00	8.437,00		1.083,00
	31.12.2023	N-AfA	ND 11/00 % 9,09/12	9.520,00		866,00		-866,00
	31.12.2023	Summe			9.520,00	9.303,00		217,00

4 Klicken Sie auf das Register *Abschreibung*, um die weiteren Einstellungen zum Anlagegut mobile Arbeitsbühne anzeigen zu lassen. Sie wurde am 15.04.2013 angeschafft und mit einem Anschaffungswert von 9.520,00 EUR erfasst und wird über einen Zeitraum von 11 Jahren abgeschrieben. Da die Arbeitsbühne zum 23.06.2023 verkauft wird, darf jedoch lediglich die anteilige Abschreibung für das Jahr 2023 vorgenommen werden.

In unserem Übungsfall haben wir uns bei Vollabgang von Anlagegütern für die Variante *AfA monatsgenau* entschieden. Da das Anlagegut nach dem 31. Dezember 2012 angeschafft wurde, ist die Berechnung der *AfA bis Vormonat* in diesem Fall nicht zulässig.

Die Berechnung:

Abschreibungsbetrag jährlich:	866,00 EUR
	geteilt durch 12 Monate
mal anteilige Monate 2023:	* 6 Monate = 433,00 EUR (aufgerundet)

Die anteilige Abschreibung ermittelt die Anlagenbuchhaltung beim Anlagenabgang eigenständig.

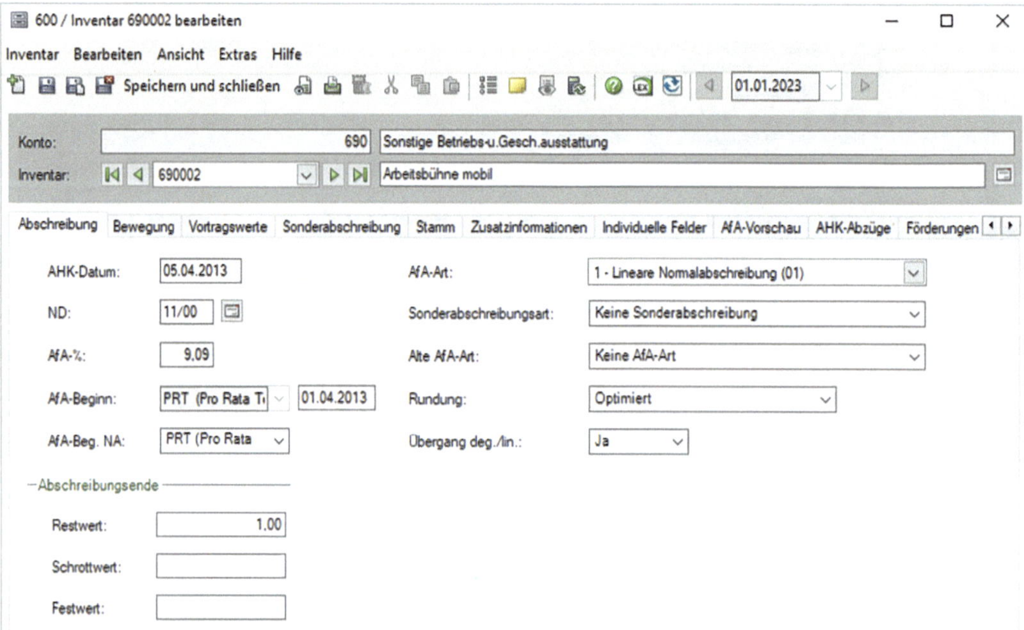

7.4 Register Abschreibung

5 Um den Anlagenabgang zu erfassen, klicken Sie auf das Register *Bewegung* ❶ und hier auf *Neue Bewegung anlegen* ❷ (Bild 7.5).

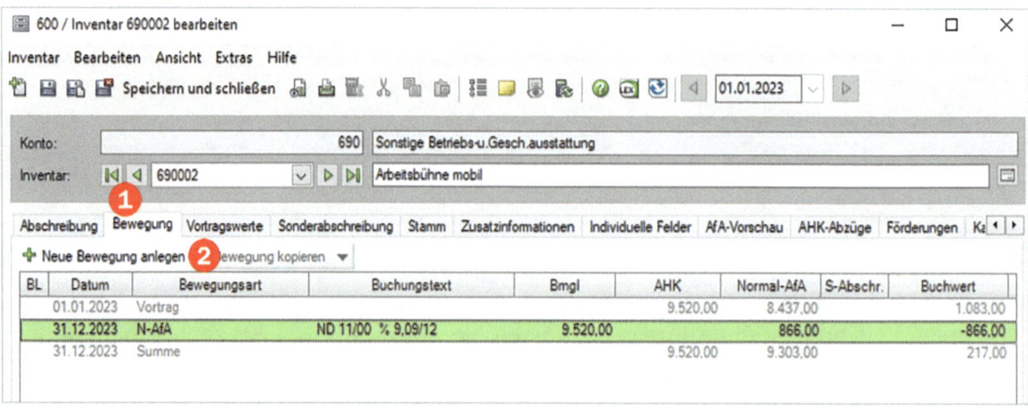

7.5 Neue Bewegung anlegen

6 Das Dialogfenster *Bewegungen anlegen* wird geöffnet, klicken Sie in der Liste der möglichen Bewegungen auf den Eintrag *Vollabgang* und erfassen Sie die dazugehörigen Daten (Bild 7.6).

7 Geben Sie im Feld *Datum* das Buchungsdatum des Verkaufs, den 23.06.2023, ein.

Hinweis. Anhand des Verkaufsdatums wird die anteilmäßige Abschreibung monatsgenau für die Arbeitsbühne ermittelt.

8 Im Feld *Verkaufserlös (netto)* geben Sie den Nettoverkaufspreis der mobilen Arbeitsbühne von 1.500,00 EUR ein.

9 Im Auswahlfeld *Abschreibung ansetzen* muss der Standardeintrag *Monatsgenau* übernommen werden.

10 Geben Sie im Feld *Buchungstext* Barverkauf mobile Arbeitsbühne ein.

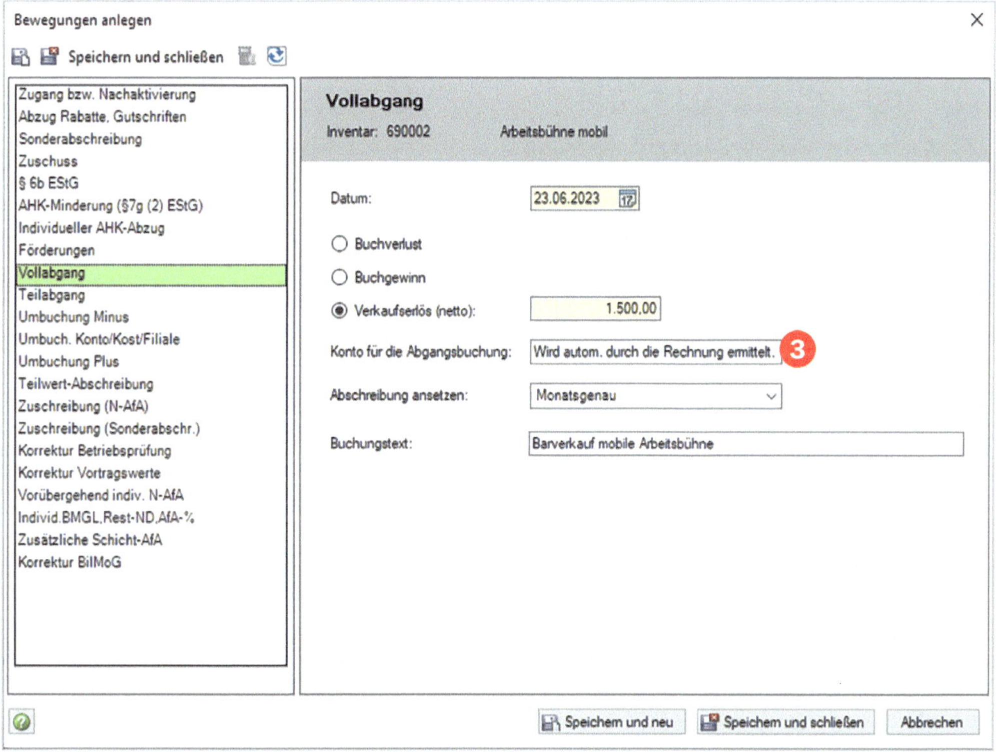

7.6 Vollabgang Arbeitsbühne mobil

3 Die Konten für den Anlagenabgang bei Buchgewinn (SKR04 4855) und Buchverlust (SKR04 6895) ermittelt das Programm eigenständig.

11 Klicken Sie zuletzt auf die Schaltfläche *Speichern und Schließen*. Das Programm ermittelt aus den Angaben die anteilige Abschreibung. Darüber hinaus stellt es fest, ob die Arbeitsbühne mit Buchgewinn oder Buchverlust verkauft wurde.

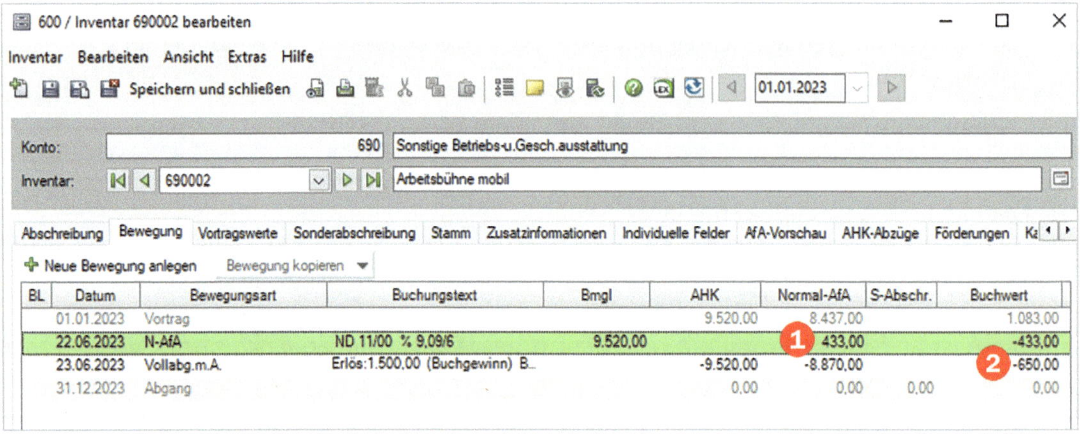

7.7 *Die anteilige Abschreibung*

❶ Anteilige Abschreibung für 6 Monate: 433,00 EUR.

Buchwert zum 23.06.2023: 650,00 EUR

❷ Buchgewinn: 1.500,00 EUR - 650,00 EUR = 850,00 EUR

12 Klicken Sie anschließend auf das Symbol *Speichern und Schließen*.

In der Auswertungsart Anlagenspiegelwerte wird der Vollabgang der mobilen Arbeitsbühne wie in Bild 7.8 aufgeführt.

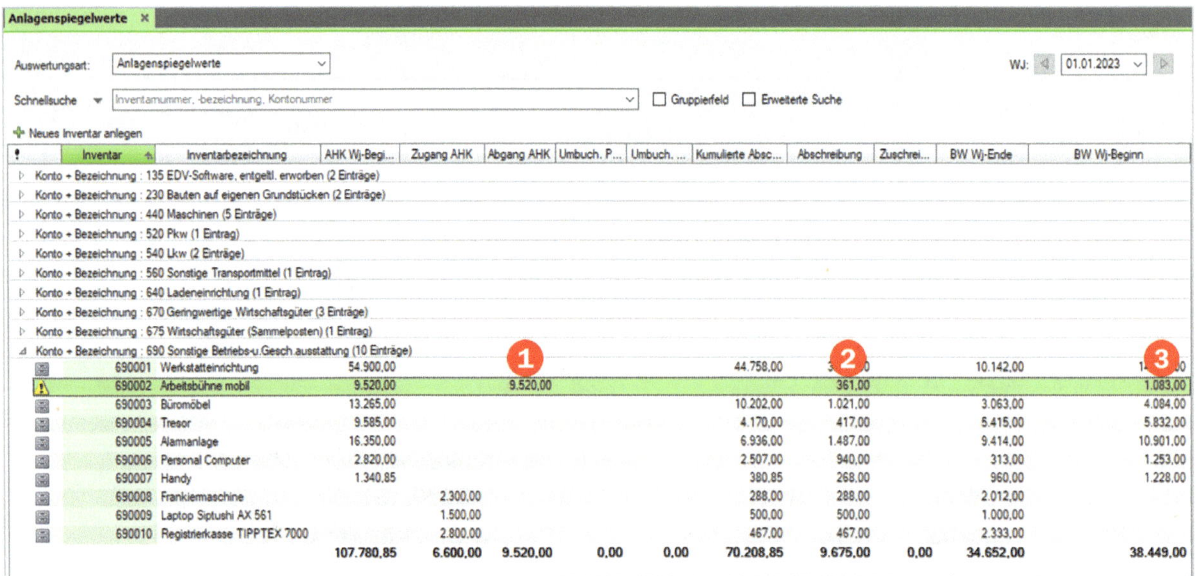

7.8 *Anlagenspiegelwerte*

❶ Vollabgang der Arbeitsbühne

❷ Anteilige Abschreibung für 2023: 433,00 EUR

❸ Buchwert 01.01.2023: 1.083,00 EUR

Buchwert 31.12.2023: 0,00 EUR

Abschreibung und Anlagenabgang buchen

Die Buchungssätze für die Abschreibung und den Anlagenabgang bildet die Anlagenbuchhaltung eigenständig. Sie können bei der Übergabe der Abschreibungsbuchungen an die Finanzbuchhaltung übertragen werden.

Folgende Buchungssätze werden von der Anlagenbuchhaltung an die Finanzbuchhaltung in Bezug auf den Vollabgang der mobilen Arbeitsbühne übergeben:

A. Anteilige Abschreibung

Soll	Betrag	an	Haben	Betrag
6220 Abschreibungen auf Sachanlagen	433,00 EUR	an	690 Sonstige Betriebs- und Geschäftsausstattung	433,00 EUR

B. Anlagenabgang

Soll	Betrag	an	Haben	Betrag
4855 Anlagenabgänge Sachanlagen (Restbuchwert bei Buchgewinn)	650,00 EUR	an	690 Sonstige Betriebs- und Geschäftsausstattung	650,00 EUR

Der Verkauf des Anlageguts muss in einem Buchungsstapel der Finanzbuchhaltung verbucht werden. Um den Verkauf der mobilen Arbeitsbühne zu buchen, gehen Sie wie folgt vor:

1. Legen Sie einen neuen Buchungsstapel 01.06.2023 bis 30.06.2023 mit der Bezeichnung Buchungen Juni 2023 und Ihrem Diktatkürzel an.
2. Geben Sie den Buchungssatz für den Barverkauf der mobilen Arbeitsbühne mit Buchgewinn ein (Bild 7.9).

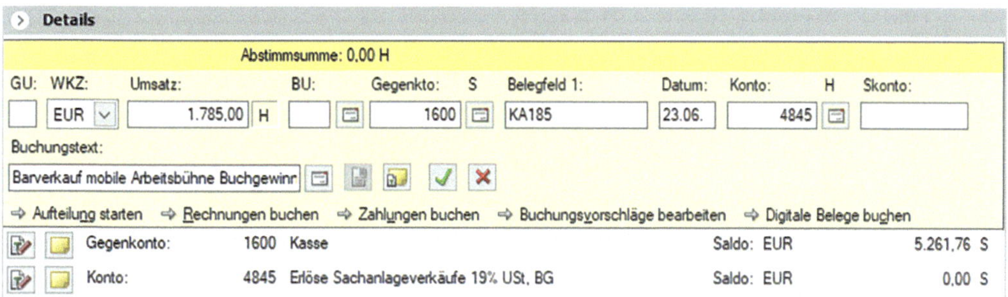

7.9 Buchung Barverkauf mobile Arbeitsbühne

Hinweis: Bei dem angegebenen Konto *4845 Erlöse aus Verkäufen Sachanlagevermögen 19% USt. (bei Buchgewinn)* handelt es sich um ein Automatikkonto. Der Umsatzsteuerbetrag wird automatisch gebildet und gebucht.

Wenn ein Anlagegut mit Buchverlust verkauft wurde, ist dies mit einem Konto, z. B. *6885 Erlöse aus Verkäufen Sachanlagevermögen 19% USt. (bei Buchverlust) Automatikkonto*, zu buchen.

3. Klicken Sie anschließend auf das Symbol *Buchung übernehmen*.

7.10 Die erfasste Buchung

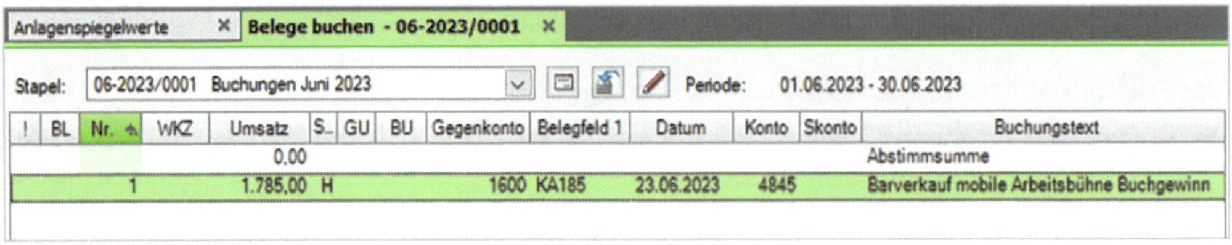

Anlagenspiegelwerte | Belege buchen - 06-2023/0001

Stapel: 06-2023/0001 Buchungen Juni 2023 Periode: 01.06.2023 - 30.06.2023

!	BL	Nr.	WKZ	Umsatz	S..	GU	BU	Gegenkonto	Belegfeld 1	Datum	Konto	Skonto	Buchungstext
				0,00									Abstimmsumme
		1		1.785,00	H			1600	KA185	23.06.2023	4845		Barverkauf mobile Arbeitsbühne Buchgewinn

Wiederholungsübung: Salden überprüfen

Prüfen Sie über die Ansicht FIBU-Konto anzeigen die folgenden Salden:

Konto	Bezeichnung	Betrag	Soll / Haben
1600	Kasse	7.046,76 EUR	Soll
4845	Erlöse Sachanlagenverkäufe 19 % USt., BG	1.500,00 EUR	Haben
3806	Umsatzsteuer 19 %	285,00 EUR	Haben

Übung: Verkauf von Anlagegütern

Am 28.06.2023 wurde mit Kassenbeleg Nr. KA191 ein PC mit einem Verkaufserlös von netto 750,00 EUR zzgl. 19 % MwSt. 142,50 EUR, brutto 892,50 EUR bar verkauft.

Die Lösungen zu Aufgabe 1 und 2 finden Sie im Lösungsbuch.

Aufgabe 1

Erfassen Sie den Anlagenabgang des PCs in der Anlagenbuchhaltung. Nach der Erfassung ergeben sich folgende Werte:

Abschreibungsbetrag anteilmäßig:		470,00 EUR
Buchverlust:	Erlös:	750,00 EUR
	Buchwert 28.06.2023:	783,00 EUR
	Buchverlust:	33,00 EUR

Aufgabe 2

Buchen Sie in der Finanzbuchhaltung im Buchungsstapel *Buchungen Juni 2023* den Barverkauf des PCs.

Kontrollieren Sie anschließend die Salden der folgenden FIBU-Konten über die Ansicht FIBU-Konto anzeigen.

Konto	Bezeichnung	Betrag	Soll / Haben
1600	Kasse	7.939,26 EUR	Soll
6885	Erlöse Sachanlagenverkäufe 19 % USt., BV (Buchverlust)	750,00 EUR	Haben
3806	Umsatzsteuer 19 %	427,50 EUR	Haben

- Schließen Sie anschließend den Buchungsstapel.
- Den Buchungsstapel bitte noch nicht festschreiben.

Aufgabe 3

- Sichern Sie den Mandanten Fielbauer und Partner GmbH.

7.2 Abgangsliste drucken

Natürlich verfügt das Programm auch bei den Anlagenabgängen über diverse Auswertungsmöglichkeiten. Hierzu steht Ihnen die Abgangsliste zur Verfügung, bei der Sie die Anlagenabgänge und den Buchgewinn bzw. Buchverlust mit ausdrucken können.

Um die Abgangsliste auszudrucken, gehen Sie - wie nachfolgend dargestellt - vor:

1 Wählen Sie den Menüpunkt *Auswertungen* ▶ *Anlagenbuchführung* ▶ *Abgangsliste....* Das Arbeitsblatt mit der Seitenansicht auf die Abgangsliste wird am Bildschirm angezeigt. Standardmäßig wird die Liste im Querformat und als Gesamtliste dargestellt. Seite 1 zeigt die Summen der Abgänge mit Anschaffungskosten, Verkaufserlösen, Buchgewinn/-verlusten und Buchwert bei Anlagenabgang (Bild 7.11).

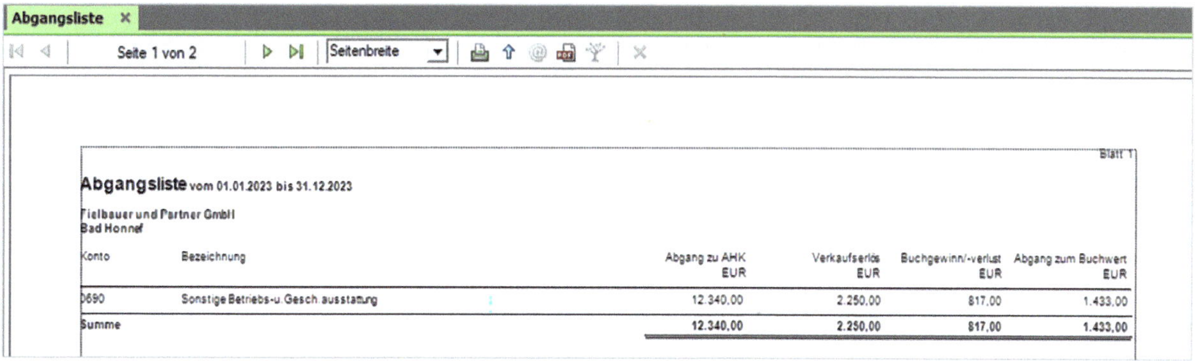

7.11 Abgangsliste

2 Um zusätzliche Details zur Abgangsliste anzeigen zu lassen, klicken Sie im rechten Zusatzbereich über das Register *Eigenschaften* ❶ auf *Umfang und Varianten* ❷ (Bild 7.12).

Hier können Sie z. B. über das Auswahlfeld *Listbildauswahl* zwischen *Hochformat* und *Querformat* wählen. Wählen Sie, wie in Bild 7.12 dargestellt, *Querformat* aus. Die Abgangsliste kann über die Eigenschaften natürlich noch weiter individuell angepasst werden. Zum Übernehmen der Änderungen klicken Sie auf die Schaltfläche *Übernehmen* ❸.

7.12 Abgangsliste: Eigenschaften

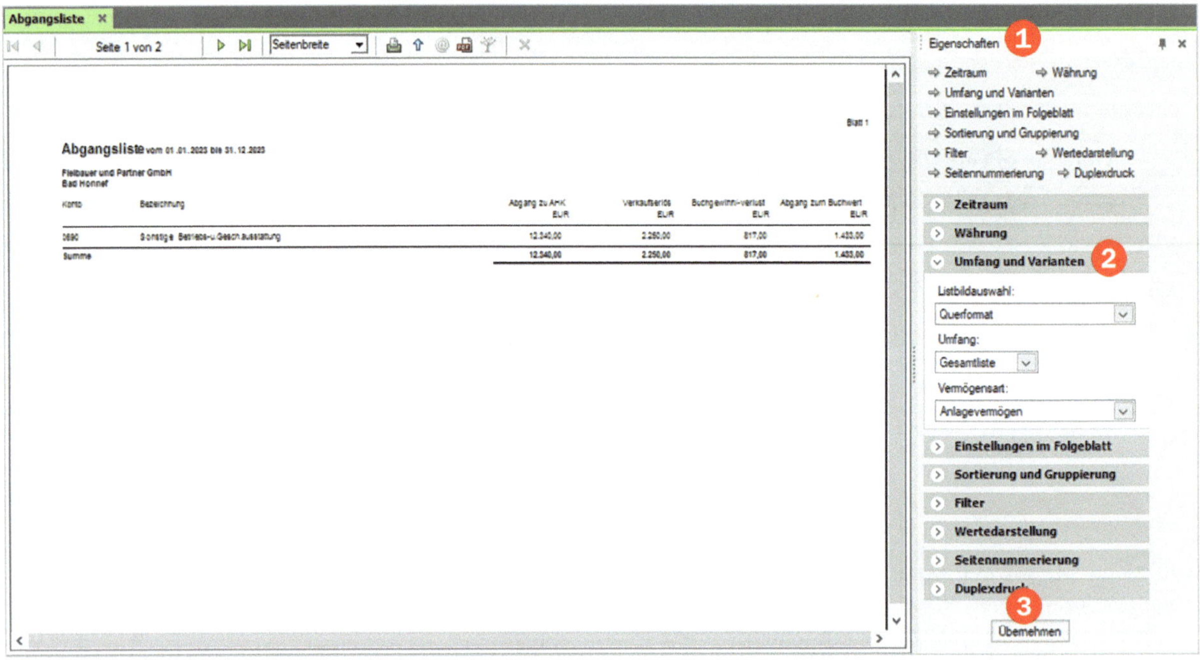

Die Abgangsliste wird nun mit den Detailinformationen auf den Folgeseiten angezeigt. Auf Seite 1 erhalten Sie Gesamtinformationen zu den Abgängen:

Verkaufserlöse:	2.250,00 EUR
abzgl. Abgang Buchwerte	1.433,00 EUR
= Buchgewinn gesamt von:	817,00 EUR

7.13 Seite 1

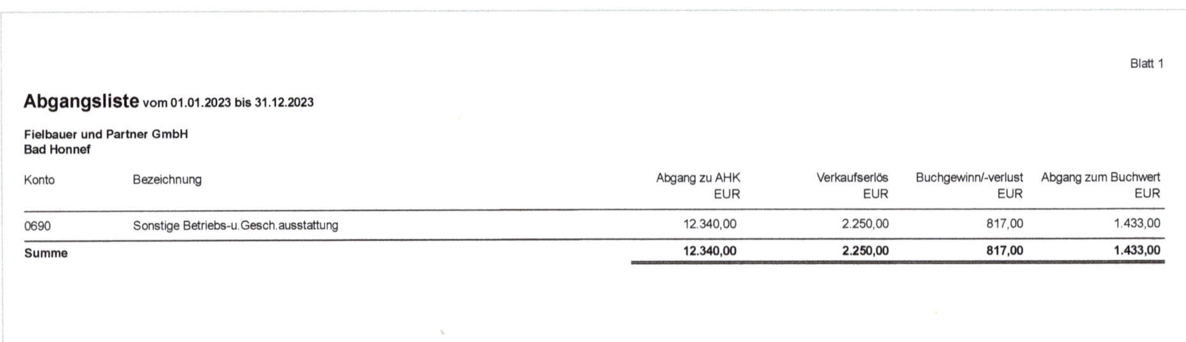

Blatt 1

Abgangsliste vom 01.01.2023 bis 31.12.2023

Fielbauer und Partner GmbH
Bad Honnef

Konto	Bezeichnung	Abgang zu AHK EUR	Verkaufserlös EUR	Buchgewinn/-verlust EUR	Abgang zum Buchwert EUR
0690	Sonstige Betriebs-u.Gesch.ausstattung	12.340,00	2.250,00	817,00	1.433,00
Summe		**12.340,00**	**2.250,00**	**817,00**	**1.433,00**

3 Klicken Sie auf die Navigationspfeile, um zur nächsten Seite zu blättern.

Seite 2, Detailinformationen zu den Abgängen: Darstellung der Abgänge Kontengruppe 0690, Sonstige Betriebs- und Geschäftsausstattung

7.14 Seite 2

Blatt 2

Abgangsliste vom 01.01.2023 bis 31.12.2023

Fielbauer und Partner GmbH
Bad Honnef

Konto Inventar	Bezeichnung Inventarbezeichnung	AHK- Datum	AHK 01.01.2023 EUR	Abgang zu AHK EUR	Abgang zum Buchwert EUR	Abgangs- datum Buchungstext	Verkaufserlös EUR	Buchgewinn/ -verlust EUR	ND JJ/MM	AHK 31.12.2023 EUR
0690	**Sonstige Betriebs-u. Gesch.ausstattung**									
690002	Arbeitsbühne mobil	05.04.2013	9.520,00	9.520,00	650,00	23.06.2023 Barverkauf mobile Arbeitsbühne	1.500,00	1 850,00	11/00	
690006	Personal Computer	02.05.2021	2.820,00	2.820,00	783,00	28.06.2023 Barverkauf PC	750,00	2 -33,00	03/00	
Summe	**Sonstige Betriebs-u. Gesch.ausstattung**			**12.340,00**	**1.433,00**		**2.250,00**	**817,00**		

❶	Arbeitsbühne mobil (690002)	
	Verkaufserlös:	1.500,00 EUR
	abzgl. Abgang Buchwert:	650,00 EUR
	= Buchgewinn von:	850,00 EUR
❷	Personal Computer (690006)	
	Verkaufserlös:	750,00 EUR
	abzgl. Abgang Buchwert:	783,00 EUR
	= Buchverlust von:	33,00 EUR

4 Um die Abgangsliste auszudrucken, klicken Sie auf das Symbol *Drucken*. Im nachfolgenden Dialogfenster legen Sie den Druckumfang fest: *Alle Seiten* oder individuell mit der Option *bestimmte Seiten* und Angabe der Seitenzahl.

5 Klicken Sie auf die Option *Alle Seiten* und anschließend auf die Schaltfläche *OK*.

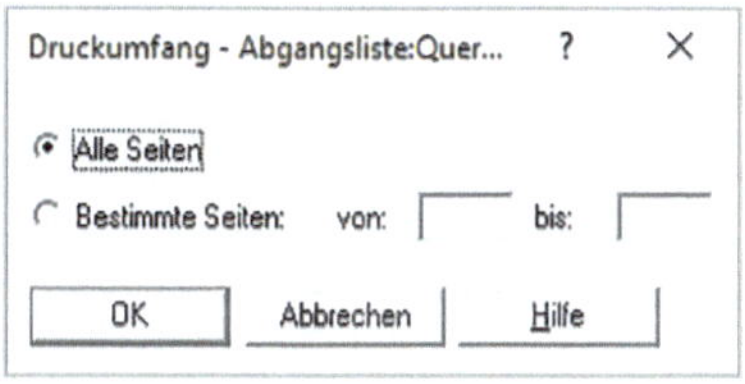

7.15 Druckumfang festlegen

6 Die Abgangsliste wird nun ausgedruckt. Schließen Sie zuletzt das Arbeitsblatt *Abgangsliste*.

Die Musterlösung zur Abgangsliste im Querformat ist im PDF-Format zum Download verfügbar, Kap_07_Abgangsliste_Querformat.pdf

Download

Notizen

8 Übergabe der Buchungen

In diesem Kapitel erfahren Sie, wie ...

- Sie automatische Buchungen aus der Anlagenbuchführung kontrollieren,
- Abschreibungsbuchungssätze an die Finanzbuchführung übertragen werden.

8.1 Automatische Buchungen in der Anlagenbuchhaltung kontrollieren

Durch das Erfassen von Wirtschaftsgütern des Anlagevermögens in der Anlagenbuchhaltung und Übergabe von anlagerelevanten Buchungen aus der Finanzbuchhaltung von DATEV Kanzlei-Rechnungswesen werden vor allem Abschreibungsbuchungen erzeugt. Diese Abschreibungsbuchungen können von der Anlagenbuchhaltung an die Finanzbuchhaltung übertragen werden.

Bei Anlagenabgängen ermittelt das Programm den Buchungssatz für die Ausbuchung des Anlagegutes aus dem Betriebsvermögen.

Bevor die Buchungen übertragen werden, ist es natürlich notwendig, die Buchungen zu kontrollieren. Die Anlagenbuchhaltung stellt für diese Kontrolle die bereits bekannten Inventarübersichten mit den Abschreibungsbeträgen sowie eine Buchungsliste mit den Buchungssätzen zur Verfügung.

In unserem Übungsfall werden die Abschreibungsbuchungen und die Anlagenabgänge übungstechnisch einmalig am Ende des Geschäftsjahres übertragen. In der Praxis werden bei vielen Firmen allerdings die Abschreibungswerte oftmals monatlich übertragen. Die Abschreibungen werden in der betriebswirtschaftlichen Auswertung für den laufenden Monat benötigt, um eine genaue BWA oder auch kalkulatorische Abschreibungen zu erhalten.

Um die Buchungen in der Anlagenbuchhaltung zu kontrollieren, gehen Sie wie folgt vor.

1 Wählen Sie den Menüpunkt *Auswertungen* ▶ *Anlagenbuchführung* ▶ *Buchungsliste…*. Das Arbeitsblatt mit der Seitenansicht auf die Buchungsliste wird am Bildschirm angezeigt. Standardmäßig erhalten Sie die Liste im Hochformat und mit den monatlichen Abschreibungswerten für den Monat Januar 2023 (Bild 8.1).

2 Klicken Sie im rechten Zusatzbereich auf das Register *Eigenschaften*, um Aussehen und Umfang der Buchungsliste festzulegen.

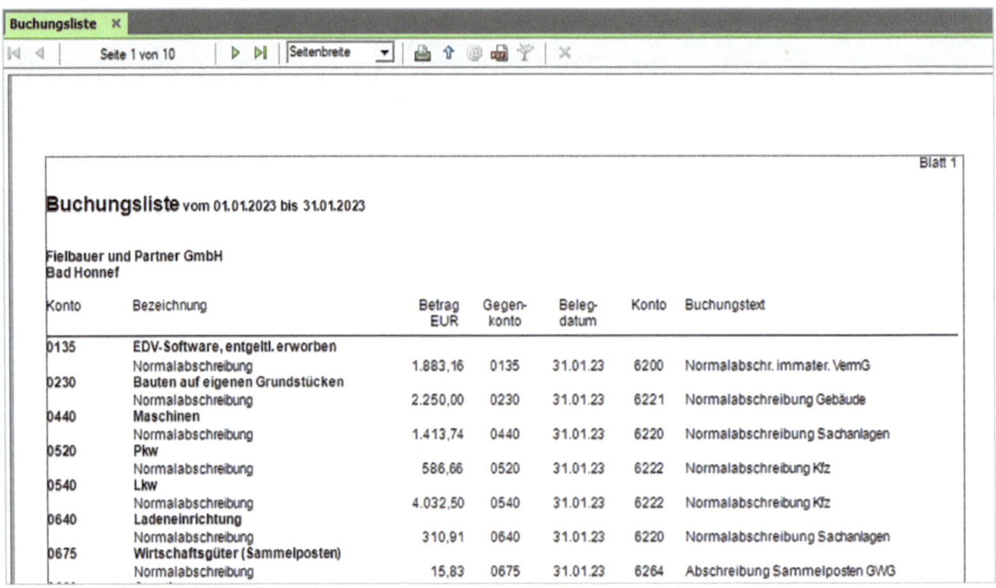

Konto	Bezeichnung	Betrag EUR	Gegen-konto	Beleg-datum	Konto	Buchungstext
0135	EDV-Software, entgeltl. erworben					
	Normalabschreibung	1.883,16	0135	31.01.23	6200	Normalabschr. immater. VermG
0230	Bauten auf eigenen Grundstücken					
	Normalabschreibung	2.250,00	0230	31.01.23	6221	Normalabschreibung Gebäude
0440	Maschinen					
	Normalabschreibung	1.413,74	0440	31.01.23	6220	Normalabschreibung Sachanlagen
0520	Pkw					
	Normalabschreibung	586,66	0520	31.01.23	6222	Normalabschreibung Kfz
0540	Lkw					
	Normalabschreibung	4.032,50	0540	31.01.23	6222	Normalabschreibung Kfz
0640	Ladeneinrichtung					
	Normalabschreibung	310,91	0640	31.01.23	6220	Normalabschreibung Sachanlagen
0675	Wirtschaftsgüter (Sammelposten)					
	Normalabschreibung	15,83	0675	31.01.23	6264	Abschreibung Sammelposten GWG

8.1 Buchungsliste

3 Klicken Sie zunächst auf den Eintrag *Zeitraum*. Damit die Buchungssätze für das gesamte Wirtschaftsjahr 2023 angezeigt werden, wählen Sie die Option *Gesamtes Wirtschaftsjahr* ❶ (Bild 8.2).

4 Um möglichst viele Informationen zu erhalten, klicken Sie außerdem in den Eigenschaften auf *Umfang und Varianten*. Wählen Sie im Feld *Listbildauswahl* die Einstellung *Hochformat* ❷ und als Umfang *Gesamtliste* aus. Im Abschnitt *Einstellungen im Folgeblatt* aktivieren Sie noch *Gesamtsumme ausgeben* ❸.

5 Klicken Sie dann auf die Schaltfläche *Übernehmen* ❹.

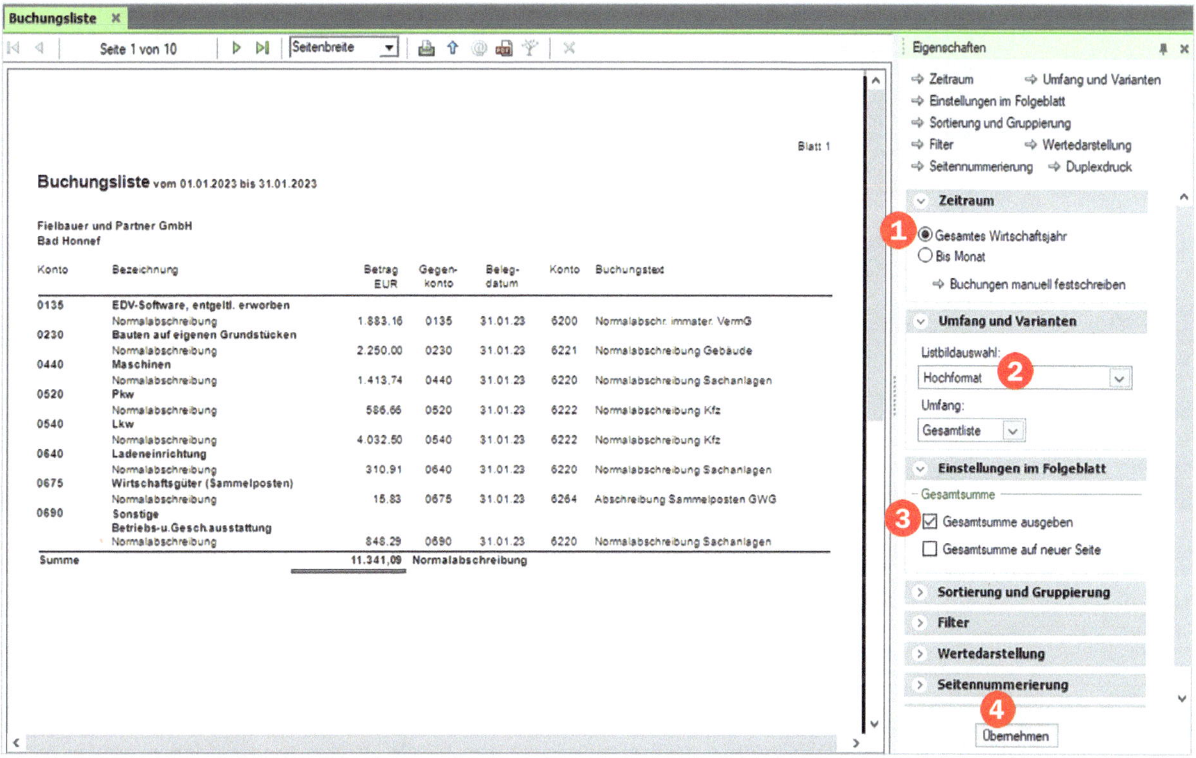

8.2 Zeitraum, Umfang und Varianten auswählen

6 Es werden nun alle Abschreibungsbuchungssätze für das Geschäftsjahr 2023 mit den jeweiligen Summen und die Anlagenabgänge angezeigt (Bild 8.4). Die Beträge im Feld *Konto* werden im Soll und im Feld *Gegenkonto* im Haben gebucht.

7 Benutzen Sie jeweils die Navigationsschaltfläche *Nächste Seite*, um die weiteren Seiten anzuzeigen, mit der Schaltfläche *Zurück* blättern Sie wieder zurück.

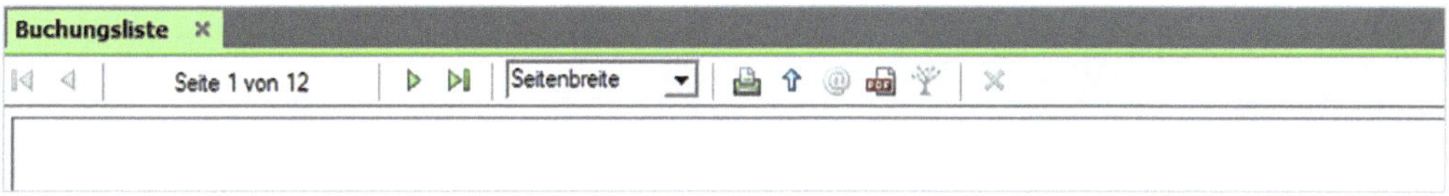

8.3 Navigation in der Seitenansicht

8.4 Seite 1

Blatt 1

Buchungsliste vom 01.01.2023 bis 31.12.2023

Fielbauer und Partner GmbH
Bad Honnef

Konto	Bezeichnung	Betrag EUR	Gegen-konto	Beleg-datum	Konto	Buchungstext
0135	**EDV-Software, entgeltl. erworben**					
	Normalabschreibung	12.148,00	0135	31.12.23	6200	Normalabschr. immater. VermG
0230	**Bauten auf eigenen Grundstücken**					
	Normalabschreibung	27.000,00	0230	31.12.23	6221	Normalabschreibung Gebäude
0440	**Maschinen**					
	Normalabschreibung	19.702,00	0440	31.12.23	6220	Normalabschreibung Sachanlagen
0520	**Pkw**					
	Normalabschreibung	7.040,00	0520	31.12.23	6222	Normalabschreibung Kfz
0540	**Lkw**					
	Normalabschreibung	48.390,00	0540	31.12.23	6222	Normalabschreibung Kfz
0560	**Sonstige Transportmittel**					
	Normalabschreibung	2.225,00	0560	31.12.23	6222	Normalabschreibung Kfz
0640	**Ladeneinrichtung**					
	Normalabschreibung	3.731,00	0640	31.12.23	6220	Normalabschreibung Sachanlagen
0670	**Geringwertige Wirtschaftsgüter**					
	GWG-Vollabschreibung	1.758,00	0670	31.12.23	6260	Sofortabschreibung GWG
0675	**Wirtschaftsgüter (Sammelposten)**					
	Normalabschreibung	190,00	0675	31.12.23	6264	Abschreibung Sammelposten GWG
0690	**Sonstige Betriebs-u.Gesch.ausstattung**					
	Normalabschreibung	9.277,00	0690	31.12.23	6220	Normalabschreibung Sachanlagen
	Abgänge (Restbw. Buchgew.)	650,00	0690	31.12.23	4855	Abg. Sachanl. (Restb. Buchgew)
	Abgänge (Restbw. Buchverl.)	783,00	0690	31.12.23	6895	Abgänge (Restb. Buchverlust)
Summe		**129.703,00**	**Normalabschreibung**			
		1.758,00	**GWG-Vollabschreibung**			
		650,00	**Abgänge (Restbw. Buchgew.)**			
		783,00	**Abgänge (Restbw. Buchverl.)**			

Auf Seite 2 werden die Abschreibungsbuchungen der Kontengruppe *0135, EDV-Software* dargestellt.

8.5 Seite 2

Blatt 2

Buchungsliste vom 01.01.2023 bis 31.12.2023

Fielbauer und Partner GmbH
Bad Honnef

Konto Inventar	Bezeichnung Inventarbezeichnung	Nicht verrech. Abschreibung der Vormonate EUR	Abschreibung des Monats EUR	Gesamte Abschreibung EUR
0135	**EDV-Software, entgeltl. erworben**			
135001	Bürosoftware			
	Normalabschreibung	3.399,00		3.399,00
135002	SpezS 2022			
	Normalabschreibung	8.749,00		8.749,00
Summe				
	Normalabschreibung	**12.148,00**		**12.148,00**

Die Jahresabschreibungswerte:

Bürosoftware 3.399,00 EUR
SpezS 2022 8.749,00 EUR

Die nicht verrechneten Abschreibungswerte der Vormonate und die monatliche Abschreibung werden Ihnen zusätzlich angezeigt.

Seite 3: Abschreibungsbuchungen Kontengruppe *0230, Bauten auf eigenen Grundstücken*.

8.6 *Seite 3, Kontengruppe 0230*

Blatt 3

Buchungsliste vom 01.01.2023 bis 31.12.2023

Fielbauer und Partner GmbH
Bad Honnef

Konto Inventar	Bezeichnung Inventarbezeichnung	Nicht verrech. Abschreibung der Vormonate EUR	Abschreibung des Monats EUR	Gesamte Abschreibung EUR
0230	**Bauten auf eigenen Grundstücken**			
230001	Geschäftsgebäude			
	Normalabschreibung	14.300,00	1.300,00	15.600,00
230002	Produktionshalle			
	Normalabschreibung	10.450,00	950,00	11.400,00
Summe				
	Normalabschreibung	**24.750,00**	**2.250,00**	**27.000,00**

Seite 4: Abschreibungsbuchungen Kontengruppe 0440 Maschinen

8.7 *Seite 4, Kontengruppe 0440*

Blatt 4

Buchungsliste vom 01.01.2023 bis 31.12.2023

Fielbauer und Partner GmbH
Bad Honnef

Konto Inventar	Bezeichnung Inventarbezeichnung	Nicht verrech. Abschreibung der Vormonate EUR	Abschreibung des Monats EUR	Gesamte Abschreibung EUR
0440	**Maschinen**			
440001	Druckkessel IFX 2010			
	Normalabschreibung	2.718,83	247,17	2.966,00
440002	Produktionsmaschine FS80			
	Normalabschreibung	6.130,66	557,34	6.688,00
440003	Verpackungsmaschine MS5			
	Normalabschreibung	6.701,75	609,25	7.311,00
440004	Eloxiermaschine HUFNER 5011			
	Normalabschreibung	1.154,54	115,46	1.270,00
440005	Trennmaschine ROTEX 8000			
	Normalabschreibung	1.333,63	133,37	1.467,00
Summe				
	Normalabschreibung	**18.039,41**	**1.662,59**	**19.702,00**

Seite 5: Abschreibungsbuchungen Kontengruppe 0520 PKW

8.8 *Seite 5, Kontengruppe 0520*

Blatt 5

Buchungsliste vom 01.01.2023 bis 31.12.2023

Fielbauer und Partner GmbH
Bad Honnef

Konto Inventar	Bezeichnung Inventarbezeichnung	Nicht verrech. Abschreibung der Vormonate EUR	Abschreibung des Monats EUR	Gesamte Abschreibung EUR
0520	**Pkw**			
520001	Pkw SU FP 1			
	Normalabschreibung	6.453,33	586,67	7.040,00
Summe				
	Normalabschreibung	**6.453,33**	**586,67**	**7.040,00**

Der ermittelte Wert erfolgte über die Leistungsabschreibung: Gefahrene km im Jahr 2023: 32.000 km

Seite 6: Abschreibungsbuchungen Kontengruppe 0540 LKW

8.9 Seite 6, Kontengruppe 0540

Blatt 6

Buchungsliste vom 01.01.2023 bis 31.12.2023

Fielbauer und Partner GmbH
Bad Honnef

Konto Inventar	Bezeichnung Inventarbezeichnung	Nicht verrech. Abschreibung der Vormonate EUR	Abschreibung des Monats EUR	Gesamte Abschreibung EUR
0540	**Lkw**			
540001	Lkw SU FP 5270			
	Normalabschreibung	26.812,50	2.437,50	29.250,00
540002	Lkw SU FP5280			
	Normalabschreibung	17.545,00	1.595,00	19.140,00
Summe				
	Normalabschreibung	**44.357,50**	**4.032,50**	**48.390,00**

Die ermittelten Werte erfolgten über die Leistungsabschreibung.

Gefahrene km im Jahr 2023:	75.000 km	LKW SU FP 5270
Gefahrene km im Jahr 2023:	58.000 km	LKW SU FP 5280

Seite 7: Abschreibungsbuchungen Kontengruppe 0560 Sonstige Transportmittel

8.10 Seite 7, Kontengruppe 0560

Blatt 7

Buchungsliste vom 01.01.2023 bis 31.12.2023

Fielbauer und Partner GmbH
Bad Honnef

Konto Inventar	Bezeichnung Inventarbezeichnung	Nicht verrech. Abschreibung der Vormonate EUR	Abschreibung des Monats EUR	Gesamte Abschreibung EUR
0560	**Sonstige Transportmittel**			
560001	FIATRO Stapler XLM			
	Normalabschreibung	2.002,50	222,50	2.225,00
Summe				
	Normalabschreibung	**2.002,50**	**222,50**	**2.225,00**

Seite 8: Abschreibungsbuchungen Kontengruppe 0640 Ladeneinrichtung

8.11 Seite 8, Kontengruppe 0640

Blatt 8

Buchungsliste vom 01.01.2023 bis 31.12.2023

Fielbauer und Partner GmbH
Bad Honnef

Konto Inventar	Bezeichnung Inventarbezeichnung	Nicht verrech. Abschreibung der Vormonate EUR	Abschreibung des Monats EUR	Gesamte Abschreibung EUR
0640	**Ladeneinrichtung**			
640001	Showroom Einrichtung			
	Normalabschreibung	3.420,08	310,92	3.731,00
Summe				
	Normalabschreibung	**3.420,08**	**310,92**	**3.731,00**

Seite 9: Abschreibungsbuchungen Kontengruppe 0670 Geringwertige Wirtschaftsgüter

8.12 Seite 9, Kontengruppe 0670

Blatt 9

Buchungsliste **vom 01.01.2023 bis 31.12.2023**

Fielbauer und Partner GmbH
Bad Honnef

Konto Inventar	Bezeichnung Inventarbezeichnung	Nicht verrech. Abschreibung der Vormonate EUR	Abschreibung des Monats EUR	Gesamte Abschreibung EUR
0670	**Geringwertige Wirtschaftsgüter**			
670001	Industriestaubsauger Hoober F10 (GWG)			
	GWG-Vollabschreibung	380,41	34,59	415,00
670002	Abkantbank Fix & Fort 2023 (GWG)			
	GWG-Vollabschreibung	682,91	62,09	745,00
670003	Barkauf Werkstattwagen (GWG)			
	GWG-Vollabschreibung	548,16	49,84	598,00
Summe				
	GWG-Vollabschreibung	**1.611,48**	**146,52**	**1.758,00**

Seite 10: Abschreibungsbuchungen Kontengruppe 0675 Wirtschaftsgüter Sammelposten

8.13 Seite 10, Kontengruppe 0675

Blatt 10

Buchungsliste **vom 01.01.2023 bis 31.12.2023**

Fielbauer und Partner GmbH
Bad Honnef

Konto Inventar	Bezeichnung Inventarbezeichnung	Nicht verrech. Abschreibung der Vormonate EUR	Abschreibung des Monats EUR	Gesamte Abschreibung EUR
0675	**Wirtschaftsgüter (Sammelposten)**			
675001	GWG Sammelposten 2022			
	Normalabschreibung	174,16	15,84	190,00
Summe				
	Normalabschreibung	**174,16**	**15,84**	**190,00**

8.14 Seite 11, Kontengruppe 0690

Seite 11: Abschreibungsbuchungen und Anlagenabgänge Kontengruppe 0690 Sonstige Betriebs- und Geschäftsausstattung

Blatt 11

Buchungsliste **vom 01.01.2023 bis 31.12.2023**

Fielbauer und Partner GmbH
Bad Honnef

Konto Inventar	Bezeichnung Inventarbezeichnung	Nicht verrech. Abschreibung der Vormonate EUR	Abschreibung des Monats EUR	Gesamte Abschreibung EUR
0690	**Sonstige Betriebs-u.Gesch.ausstattung**			
690001	Werkstatteinrichtung			
	Normalabschreibung	3.598,83	327,17	3.926,00
690002	Arbeitsbühne mobil			
1	Normalabschreibung	433,00		433,00
	Abgänge (Restbw. Buchgew.)	650,00		650,00
690003	Büromöbel			
	Normalabschreibung	935,91	85,09	1.021,00
690004	Tresor			
	Normalabschreibung	382,25	34,75	417,00
690005	Alarmanlage			
	Normalabschreibung	1.363,08	123,92	1.487,00
690006	Personal Computer			
2	Normalabschreibung	470,00		470,00
	Abgänge (Restbw. Buchverl.)	783,00		783,00
690007	Handy			
	Normalabschreibung	245,66	22,34	268,00
690008	Frankiermaschine			
	Normalabschreibung	264,00	24,00	288,00
690009	Laptop Siptushi AX 561			
	Normalabschreibung	458,33	41,67	500,00
690010	Registrierkasse TIPPTEX 7000			
	Normalabschreibung	428,08	38,92	467,00
Summe				
	Normalabschreibung	**8.579,14**	**697,86**	**9.277,00**
	Abgänge (Restbw. Buchgew.)	**650,00**		**650,00**
	Abgänge (Restbw. Buchverl.)	**783,00**		**783,00**

1. Abgang Arbeitsbühne mobil Restbuchwert mit Buchgewinn 650,00 EUR
2. Abgang Personal Computer Restbuchwert mit Buchverlust 783,00 EUR

Die Gesamtsummen für das Jahr 2023 werden am Ende der letzten Seite wie in Bild 8.15 aufgelistet.

Hinweis: Seite 12 ist eine leere Seite.

Blatt 11

Buchungsliste vom 01.01.2023 bis 31.12.2023

Fielbauer und Partner GmbH
Bad Honnef

Konto Inventar	Bezeichnung Inventarbezeichnung	Nicht verrech. Abschreibung der Vormonate EUR	Abschreibung des Monats EUR	Gesamte Abschreibung EUR
0690	**Sonstige Betriebs-u.Gesch.ausstattung**			
690001	Werkstatteinrichtung			
	Normalabschreibung	3.598,83	327,17	3.926,00
690002	Arbeitsbühne mobil			
	Normalabschreibung	433,00		433,00
	Abgänge (Restbw. Buchgew.)	650,00		650,00
690003	Büromöbel			
	Normalabschreibung	935,91	85,09	1.021,00
690004	Tresor			
	Normalabschreibung	382,25	34,75	417,00
690005	Alarmanlage			
	Normalabschreibung	1.363,08	123,92	1.487,00
690006	Personal Computer			
	Normalabschreibung	470,00		470,00
	Abgänge (Restbw. Buchverl.)	783,00		783,00
690007	Handy			
	Normalabschreibung	245,66	22,34	268,00
690008	Frankiermaschine			
	Normalabschreibung	264,00	24,00	288,00
690009	Laptop Siptushi AX 561			
	Normalabschreibung	458,33	41,67	500,00
690010	Registrierkasse TIPPTEX 7000			
	Normalabschreibung	428,08	38,92	467,00
Summe				
	Normalabschreibung	**8.579,14**	**697,86**	**9.277,00**
	Abgänge (Restbw. Buchgew.)	**650,00**		**650,00**
	Abgänge (Restbw. Buchverl.)	**783,00**		**783,00**
Summe				
	Normalabschreibung	**119.924,12**	**9.778,88**	**129.703,00**
	GWG-Vollabschreibung	**1.611,48**	**146,52**	**1.758,00**
	Abgänge (Restbw. Buchgew.)	**650,00**		**650,00**
	Abgänge (Restbw. Buchverl.)	**783,00**		**783,00**

8.15 Seite 11 mit Gesamtsummen

Gesamtsummen 2023

8 Um die Buchungsliste auszudrucken, klicken Sie auf das Symbol *Drucken*. Im nachfolgenden Dialogfenster legen Sie den Druckumfang fest: *Alle Seiten* oder individuell mit der Option *bestimmte Seiten* und Angabe der Seitenzahl.

Tipp: Mit Klick auf das Symbol *PDF* können Sie die Buchungsliste auch in eine PDF-Datei exportieren.

9 Klicken Sie auf die Option *Bestimmte Seiten* und geben Sie die Seite 1 bis 11 an. Klicken Sie anschließend auf die Schaltfläche *OK*.

10 Schließen Sie zuletzt das Arbeitsblatt *Buchungsliste*.

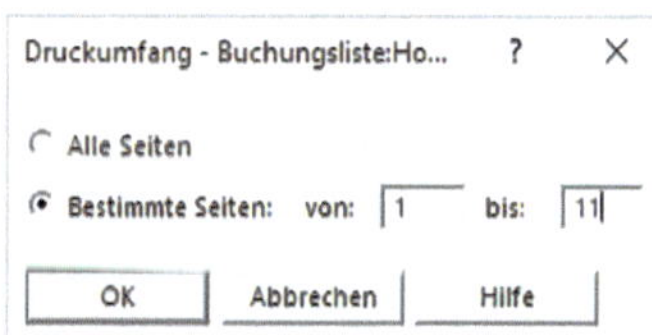

8.16 Druckumfang festlegen

Die Musterlösung zur Buchungsliste ist im PDF-Format zum Download verfügbar, Kap_08_Buchungsliste.pdf

Download

8.2 Buchungssätze an die Finanzbuchführung übertragen

Buchungssätze übertragen

Nachdem alle Buchungssätze über die Buchungsliste kontrolliert wurden, können diese im letzten Schritt an die Finanzbuchhaltung von DATEV Kanzlei-Rechnungswesen übergeben werden. Dabei gehen Sie - wie nachfolgend dargestellt - vor.

1 Wählen Sie den Menüpunkt *Erfassen* ▶ *Anlagenbuchführung* ▶ *Buchungen Erzeugen* ▶ *Buchführung* oder klicken Sie in der Navigationsübersicht im geöffneten Ordner *Anlagenbuchführung* doppelt auf den Eintrag *Buchungen erzeugen*.

8.17 Buchungen erzeugen

Das Fenster *Buchungen erzeugen* (Bild 8.18) öffnet sich. Im ersten Schritt werden die Einstellungen für die zu übergebenden Buchungssätze festgelegt.

2 Da wir die Buchungssätze für das gesamte Geschäftsjahr 2023 an die Finanzbuchhaltung übertragen möchten, geben Sie im Feld *Buchungsdatum* den 31.12.2023 ein.

Standardmäßig wird als Buchungsdatum der 31.01.2023 für monatliche Abschreibungsbuchungen angezeigt.

3 Geben Sie im Feld *Belegnummer* die Belegnummer für die Abschreibungsbuchungen AfA2023 ein.

8.18 Buchungsdatum und Belegnummer

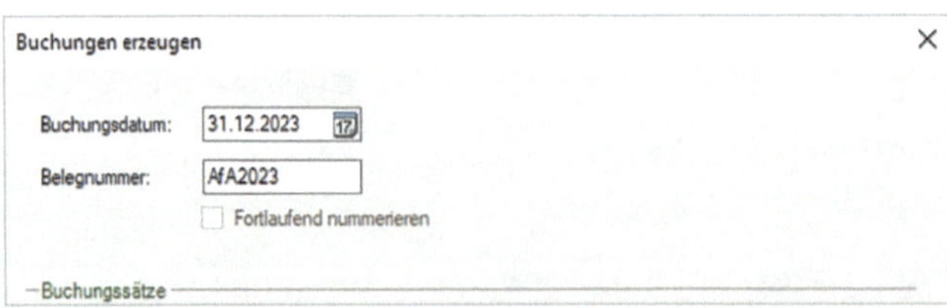

4 Für den Übungsfall sollen ansonsten die Standardeinstellungen für die Buchungssätze übernommen werden (Bild 8.19).

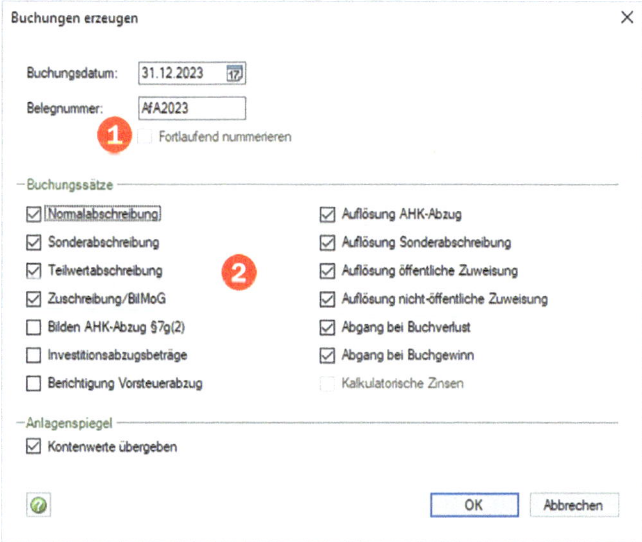

8.19 Buchungen Standardeinstellungen

❶ Wird keine Belegnummer angegeben, kann mit Klick auf das Kontrollkästchen *Fortlaufend nummerieren* eine automatisch erzeugte fortlaufende Belegnummer für die Abschreibungsbuchungssätze aktiviert werden.

❷ Die weiterzugebenden Buchungssätze können individuell über die einzelnen Kontrollkästchen eingeschränkt oder erweitert werden.

5 Klicken Sie auf die Schaltfläche *OK*.

In einem Dialogfenster werden nun alle zu übergebenden Abschreibungsbuchungssätze angezeigt.

8.20 Zu übergebende Abschreibungsbuchungen

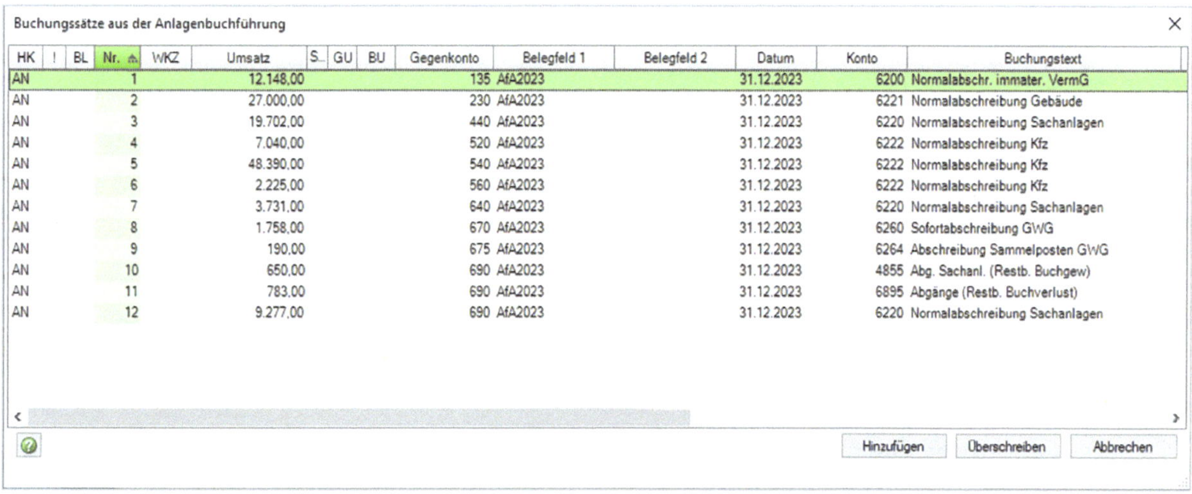

Beispiel: Zur Abschreibung der immateriellen Wirtschaftsgüter zur EDV-Software, FIBU-Konto Nr. 135, wird folgender Buchungssatz gebildet und übertragen.

Soll	an	Haben	Betrag
6200 Abschreibungen immaterielle Vermögensgegenstände	an	135 EDV-Software	12.148,00 EUR

Abschreibungsdatum: 31.12.2023
Belegnummer: AfA2023
Buchungstext: Normalabschr. Immater. VermG

6 Klicken Sie auf die Schaltfläche *Hinzufügen* (siehe Bild 8.20). Hinweis: Die Schaltfläche *Überschreiben* wird lediglich bei Korrekturen benötigt.

!

Achtung: DATEV Kanzlei-Rechnungswesen wechselt an dieser Stelle automatisch von der Anlagenbuchhaltung zur Finanzbuchhaltung.

7 Im nächsten Schritt legen Sie - wie in Bild 8.21 abgebildet - den Buchungsstapel für die Buchungen mit Ihrem Diktatkürzel an und klicken anschließend auf die Schaltfläche *OK*.

8 Sie erhalten eine Meldung, die Sie darauf hinweist, dass zwischen den Beständen der Finanzbuchführung und der Anlagenbuchführung Differenzen vorliegen (Bild 8.22). Im Kapitel Anlagenbuchführung abstimmen wird dies kontrolliert. Bestätigen Sie ebenfalls mit der Schaltfläche *OK*.

8.21 Buchungsstapel anlegen

8.22 Meldung

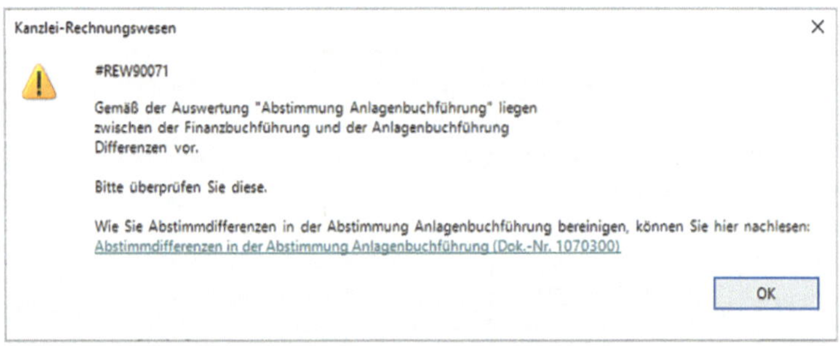

9 Zuletzt erhalten Sie einen wichtigen Hinweis (siehe Bild 8.23), den Sie mit Klick auf die Schaltfläche *Ja* bestätigen.

8.23 Hinweis

Die Buchungen werden nun übertragen und verarbeitet.

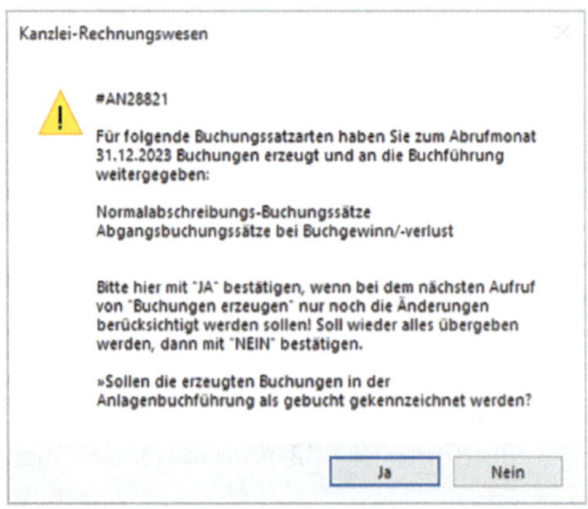

Buchungssätze kontrollieren

1 Um die Buchungssätze einzusehen, klicken Sie in der Navigationsübersicht doppelt auf den Eintrag *Belege buchen* (Bild 8.24) und öffnen anschließend den Buchungsstapel *Abschreibungsbuchungen 2023*.

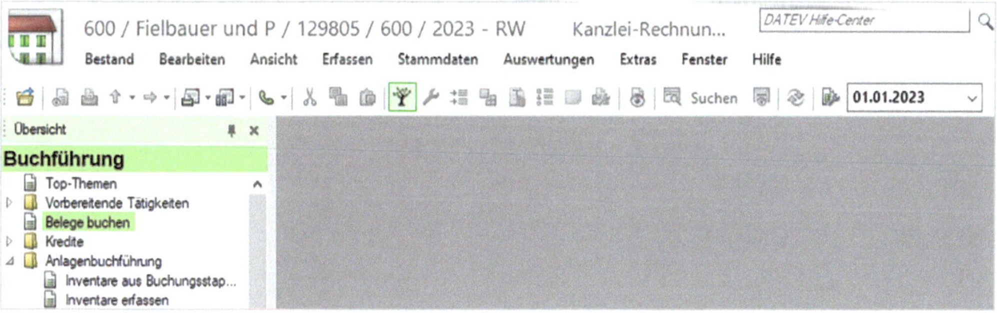

8.24 Belege buchen

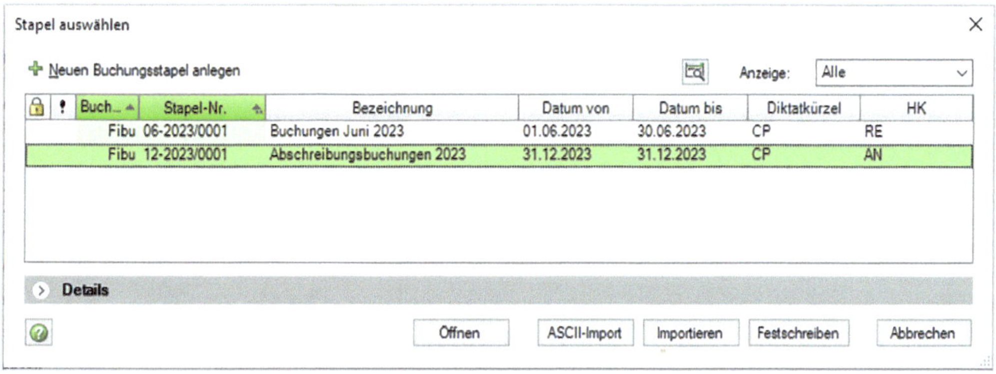

Buch...	Stapel-Nr.	Bezeichnung	Datum von	Datum bis	Diktatkürzel	HK
Fibu	06-2023/0001	Buchungen Juni 2023	01.06.2023	30.06.2023	CP	RE
Fibu	12-2023/0001	Abschreibungsbuchungen 2023	31.12.2023	31.12.2023	CP	AN

8.25 Buchungsstapel auswählen

2 Es werden nun alle Abschreibungsbuchungssätze und die Buchungssätze für die Anlagenabgänge im Buchungsstapel angezeigt.

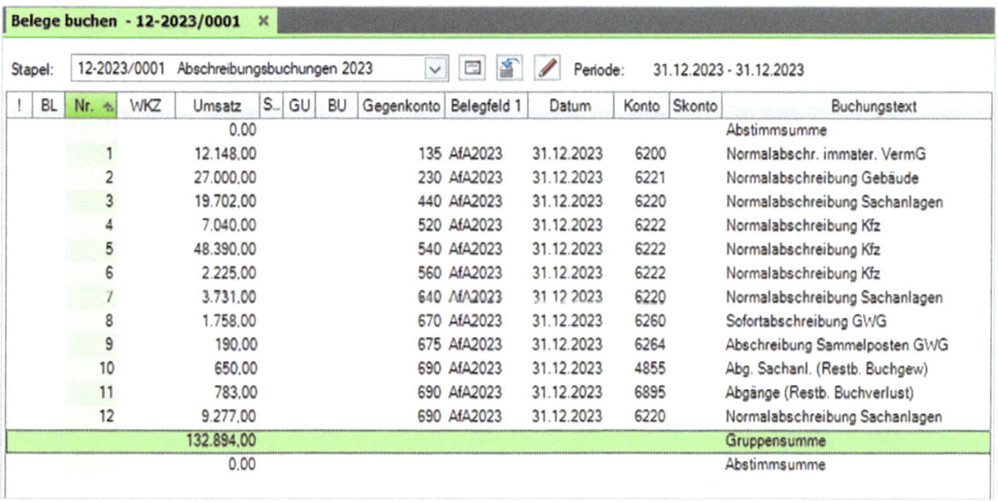

!	BL	Nr.	WKZ	Umsatz	S...	GU	BU	Gegenkonto	Belegfeld 1	Datum	Konto	Skonto	Buchungstext
				0,00									Abstimmsumme
		1		12.148,00				135	AfA2023	31.12.2023	6200		Normalabschr. immater. VermG
		2		27.000,00				230	AfA2023	31.12.2023	6221		Normalabschreibung Gebäude
		3		19.702,00				440	AfA2023	31.12.2023	6220		Normalabschreibung Sachanlagen
		4		7.040,00				520	AfA2023	31.12.2023	6222		Normalabschreibung Kfz
		5		48.390,00				540	AfA2023	31.12.2023	6222		Normalabschreibung Kfz
		6		2.225,00				560	AfA2023	31.12.2023	6222		Normalabschreibung Kfz
		7		3.731,00				640	AfA2023	31.12.2023	6220		Normalabschreibung Sachanlagen
		8		1.758,00				670	AfA2023	31.12.2023	6260		Sofortabschreibung GWG
		9		190,00				675	AfA2023	31.12.2023	6264		Abschreibung Sammelposten GWG
		10		650,00				690	AfA2023	31.12.2023	4855		Abg. Sachanl. (Restb. Buchgew)
		11		783,00				690	AfA2023	31.12.2023	6895		Abgänge (Restb. Buchverlust)
		12		9.277,00				690	AfA2023	31.12.2023	6220		Normalabschreibung Sachanlagen
				132.894,00									Gruppensumme
				0,00									Abstimmsumme

8.26 Alle Buchungssätze des Buchungsstapels

3 Um die Werte zu kontrollieren, klicken Sie auf die Ansicht *FIBU-Konto* und geben das Konto *135, EDV-Software* an (Bild 8.27).

Der Abschreibungsbetrag aus der Anlagenbuchhaltung von 12.148,00 EUR für das Geschäftsjahr 2023 wurde verbucht. Der neue Buchwert von Konto *135, EDV-Software* zum 31.12.2023 beträgt *2,00 EUR*.

8.27 FIBU-Konto 135

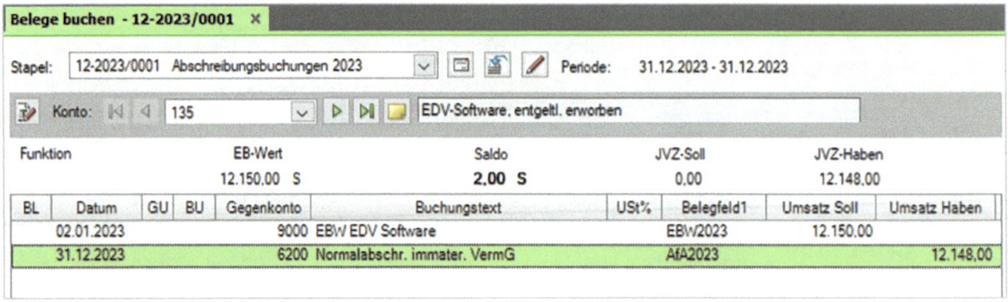

4 Geben Sie als zweites Beispiel das FIBU-Konto *690 Sonstige Betriebs- und Geschäftsausstattung* an.

Neben den Abschreibungsbeträgen für das Jahr 2023 von 9.277,00 EUR werden Ihnen die Buchungssätze der Wertabgänge der beiden Anlagegüter angezeigt.

Neuer Buchwert des Kontos *690, Sonstige Betriebs- und Geschäftsausstattung* zum 31.12.2023: 29.766,00 EUR.

8.28 FIBU Konto 690

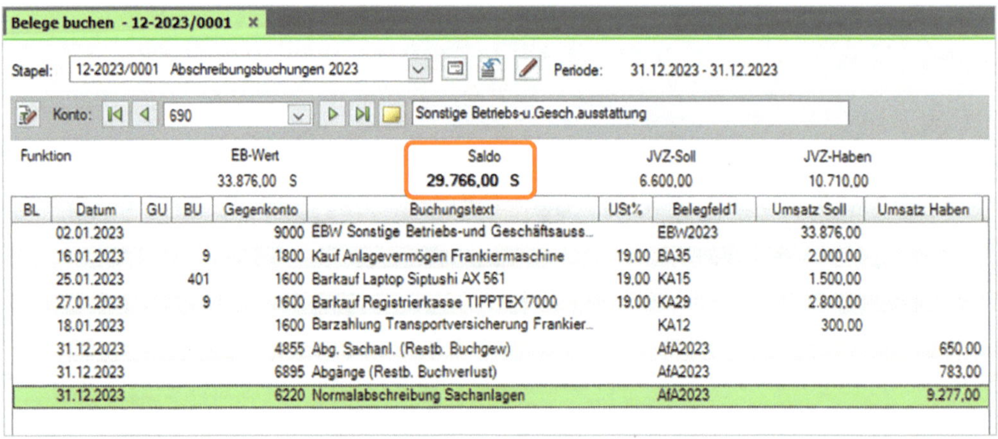

Übung: Abschreibungsbeträge prüfen

Wichtiger Hinweis zur Übung

Es ist unbedingt zu empfehlen, vor der Übergabe der Buchungen eine Sicherung durchzuführen, damit im Falle eines Fehlers oder eines Programmabsturzes während der Übergabe die Daten rückgesichert werden können.

Übungstechnisch wurde dies in diesem Lernbuch durch Ihre Sicherung im Rahmen der Übung zu Kap. 7 auf Seite 152 (Aufgabe 3) sichergestellt.

Aufgabe 1

Prüfen Sie die Abschreibungsbeträge und die neuen Buchwerte der folgenden Konten:

Die Lösungen zu den Aufgaben 1 und 2 finden Sie im Lösungsbuch.

Konto	Bezeichnung	Abschreibung	Buchwert 31.12.2023
230	Bauten auf eigenen Grundstücken	27.000,00 EUR	584.550,00 EUR
440	Maschinen	19.702,00 EUR	95.335,00 EUR
520	Pkw	7.040,00 EUR	24.779,00 EUR
540	Lkw	48.390,00 EUR	308.616,00 EUR
560	Sonstige Transportmittel	2.225,00 EUR	19.130,00 EUR
640	Ladeneinrichtung	3.731,00 EUR	36.377,00 EUR
670	Geringwertige Wirtschaftsgüter	1.758,00 EUR	0,00 EUR
675	Wirtschaftsgüter Sammelposten	190,00 EUR	570,00 EUR

Aufgabe 2

Prüfen Sie über die Ansicht FIBU-Konto anzeigen die folgenden Salden:

Konto	Bezeichnung	Betrag	Soll / Haben
4855	Abgänge Sachanlagen Restbuchwert bei BG (Buchgewinn)	650,00 EUR	Soll
6895	Abgänge Sachanlagen Restbuchwert bei BV (Buchverlust)	783,00 EUR	Soll
6200	Abschreibungen immaterielle VermG	12.148,00 EUR	Soll
6220	Abschreibungen auf Sachanlagen	31.338,00 EUR	Soll
6221	Abschreibungen auf Gebäude	27.000,00 EUR	Soll

Konto	Bezeichnung	Betrag	Soll / Haben
6222	Abschreibungen auf Kfz	57.655,00 EUR	Soll
6260	Sofortabschreibung GWG	2.250,00 EUR	Soll
6264	Abschreibungen auf WG Sammelposten	190,00 EUR	Soll

- Schließen Sie abschließend den Buchungsstapel.
- Den Buchungsstapel noch nicht festschreiben.

8.3 Anlagenbuchhaltung abstimmen

Bei der Übergabe der Abschreibungsbuchungen von der Anlagenbuchhaltung zur Finanzbuchhaltung wurden Sie durch einen Hinweis darauf aufmerksam gemacht, dass zwischen der Anlagenbuchhaltung und der Finanzbuchhaltung Differenzen vorliegen. Die Ursache sollte selbstverständlich geprüft werden. Die Anlagenbuchhaltung bietet für diese Zwecke die Möglichkeit, die Anlagenbuchhaltung mit der Finanzbuchhaltung abzustimmen. Hierbei gehen Sie wie folgt vor:

1. Wählen Sie den Menüpunkt *Auswertungen* ▶ *Anlagekonten-Auswertungen* ▶ *Abstimmung Anlagenbuchführung* oder klicken Sie in der Navigationsübersicht im geöffneten Ordner *Anlagenbuchführung* doppelt auf den Eintrag *Abstimmung Anlagenbuchführung*.
2. Sie erhalten den unten abgebildeten Hinweis, den Sie mit *OK* bestätigen.

8.29 Hinweis Abstimmung Anlagenbuchführung

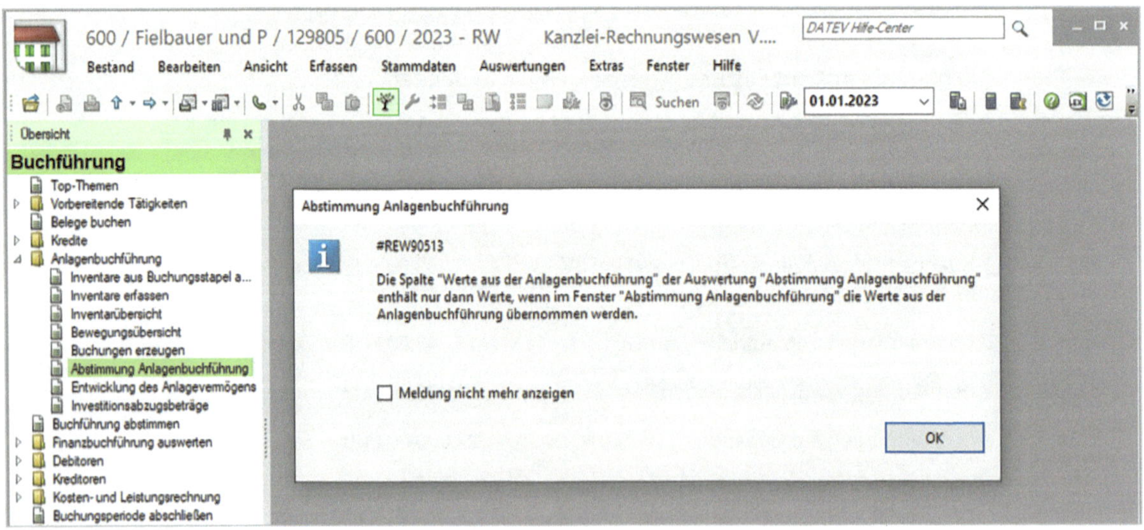

In der Folge werden die Werte aus der Finanzbuchführung den Werten aus der Anlagenbuchführung gegenübergestellt und deren Abweichungen ermittelt. Eine Differenz bedeutet, dass die Hauptbuchhaltung noch nicht mit der Nebenbuchhaltung abgestimmt wurde.

Standardmäßig werden zunächst die Konten angezeigt, bei denen eine Abweichung vorliegt. In unserem Übungsfall sind dies die Konten *440 Maschinen*, *560 Sonstige Transportmittel*.

Für das erste Konto *440 Maschinen* werden Abweichungen bei den Zu- und Abgängen angezeigt (Bild 8.30). Alle anderen Werte sind identisch und ergeben keine Abweichung.

Der Grund hierfür ist das Verbuchen von Anschaffungsminderungen in Form von Skonto. In der Schulbuchführung darf eine Anschaffungsminderung in Form von Skonto nicht auf das Konto *Skonto* gebucht werden, sondern muss auf das Anlagekonto als Anschaffungsminderung gebucht werden. Dadurch ergibt sich eine Differenz in Höhe von 300,00 EUR.

In unserem Übungsbeispiel wird das Verbuchen von Skonto bei Anlagengütern als Abgang (Anschaffungsminderung) gebucht. In der Anlagenbuchhaltung wird der Abgang automatisch dem Anlagengut zugeordnet. Dadurch ergibt sich die Differenz von 300,00 EUR. Zieht man in der Finanzbuchhaltung von den Zugängen von 34.300,00 EUR die Abgänge von 300,00 EUR ab, ergibt dies den gleichen Wert wie in der Anlagenbuchhaltung. Es ergeben sich dann keine Differenzen.

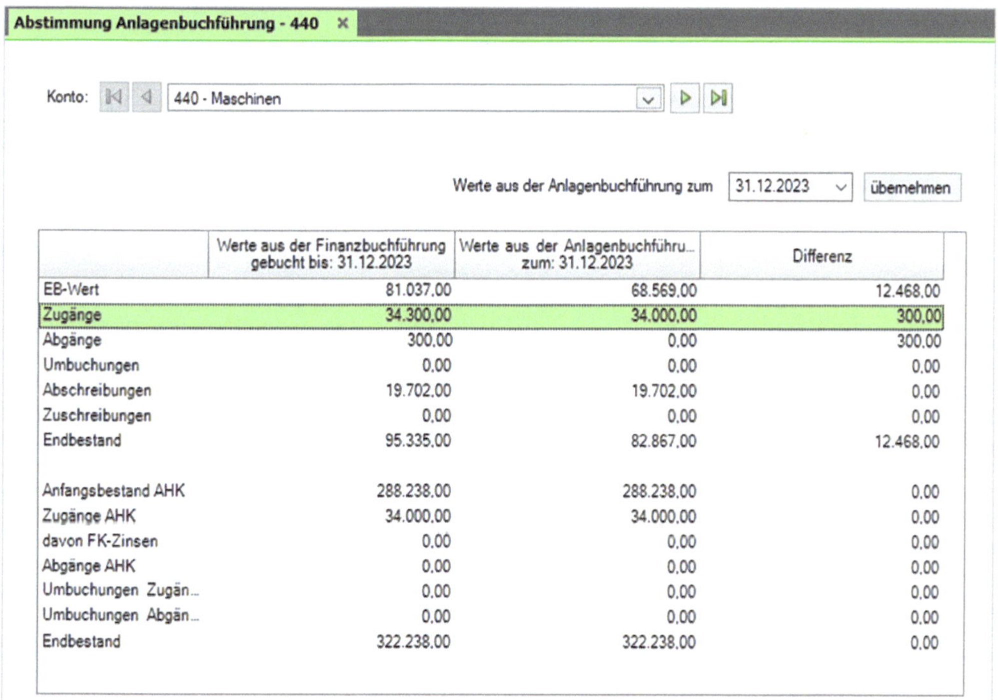

	Werte aus der Finanzbuchführung gebucht bis: 31.12.2023	Werte aus der Anlagenbuchführu... zum: 31.12.2023	Differenz
EB-Wert	81.037,00	68.569,00	12.468,00
Zugänge	34.300,00	34.000,00	300,00
Abgänge	300,00	0,00	300,00
Umbuchungen	0,00	0,00	0,00
Abschreibungen	19.702,00	19.702,00	0,00
Zuschreibungen	0,00	0,00	0,00
Endbestand	95.335,00	82.867,00	12.468,00
Anfangsbestand AHK	288.238,00	288.238,00	0,00
Zugänge AHK	34.000,00	34.000,00	0,00
davon FK-Zinsen	0,00	0,00	0,00
Abgänge AHK	0,00	0,00	0,00
Umbuchungen Zugän...	0,00	0,00	0,00
Umbuchungen Abgän...	0,00	0,00	0,00
Endbestand	322.238,00	322.238,00	0,00

8.30 Konto 440, Maschinen

Tipp: In der Praxis wird aus diesem Grund häufig der Skontoabzug bei der Buchung des Anlagegutes direkt gebucht und nicht erst bei der Zahlung.

3 Klicken Sie auf das Pfeilsymbol ▷, um zum nächsten Konto mit Differenzen zu wechseln. Es wird das Konto *560 Sonstige Transportmittel* angezeigt.

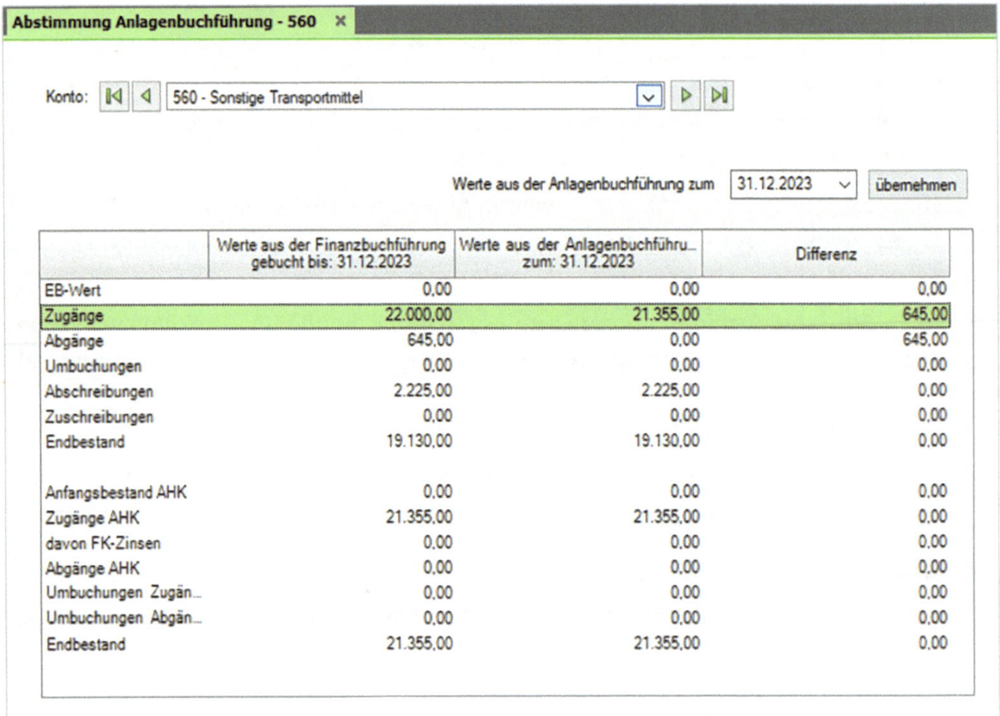

	Werte aus der Finanzbuchführung gebucht bis: 31.12.2023	Werte aus der Anlagenbuchführu... zum: 31.12.2023	Differenz
EB-Wert	0,00	0,00	0,00
Zugänge	22.000,00	21.355,00	645,00
Abgänge	645,00	0,00	645,00
Umbuchungen	0,00	0,00	0,00
Abschreibungen	2.225,00	2.225,00	0,00
Zuschreibungen	0,00	0,00	0,00
Endbestand	19.130,00	19.130,00	0,00
Anfangsbestand AHK	0,00	0,00	0,00
Zugänge AHK	21.355,00	21.355,00	0,00
davon FK-Zinsen	0,00	0,00	0,00
Abgänge AHK	0,00	0,00	0,00
Umbuchungen Zugän...	0,00	0,00	0,00
Umbuchungen Abgän...	0,00	0,00	0,00
Endbestand	21.355,00	21.355,00	0,00

8.31 Konto 560, sonstige Transportmittel

Auch in diesem Fall liegt der Grund für die Abweichung im Verbuchen von Anschaffungsminderungen in Form von Skonto. In unserem Übungsbeispiel wird das Verbuchen von Skonto bei Anlagengütern als Abgang (Anschaffungsminderung) gebucht. In der Anlagenbuchhaltung wird der Abgang automatisch dem Anlagengut zugeordnet. Dadurch ergibt sich die Differenz von 645,00 EUR (Bild 8.31).

Zieht man in der Finanzbuchhaltung von den Zugängen von 22.000,00 EUR die Abgänge von 645,00 EUR ab, ergibt dies denselben Wert wie in der Anlagenbuchhaltung. Es ergeben sich dann keine Differenzen.

4 Natürlich können auch die weiteren Anlagekonten, bei denen keine Abweichung vorliegt, eingesehen werden. Klicken Sie im rechten Zusatzbereich auf das Register *Eigenschaften*. Im Bereich *Umfang und Varianten* können Sie unter der Rubrik *Weitere Kontenkriterien* zwischen den Anzeigearten *Konten ohne Differenzen*, *Konten mit Differenzen* und *alle Konten* wählen (Bild 8.32).

5 Klicken Sie auf die Option *Konten ohne Differenzen*. Es wird Ihnen das erste Anlagekonto *135 EDV-Software* angezeigt (Bild 8.32).

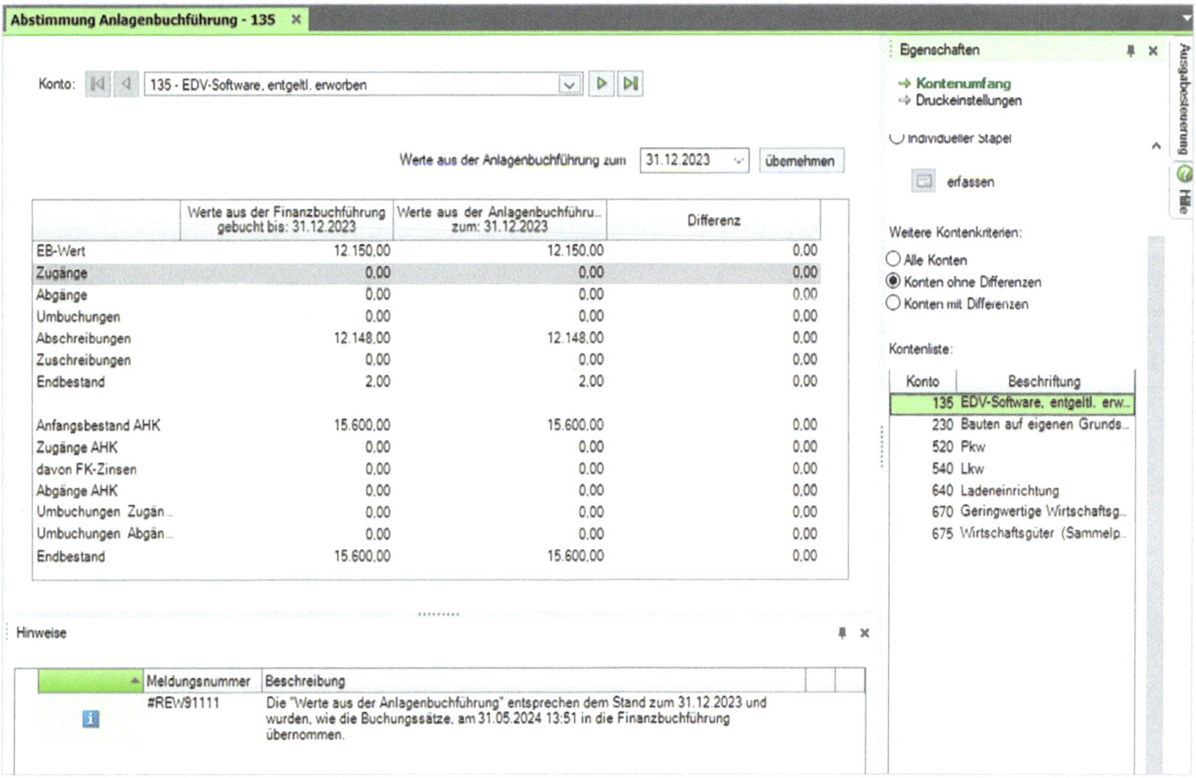

8.32 Eigenschaften

6 Schließen Sie abschließend das Arbeitsblatt *Abstimmung Anlagenbuchführung*.

Natürlich können zum Jahresende in der Anlagebuchhaltung noch weitere Auswertungen zum Anlagevermögen ausgedruckt werden.

Schlussbemerkung

Das Lernbuch endet mit der Übergabe der Abschreibungsbuchungssätze an die Finanzbuchhaltung.

In diesem Lernbuch wurden gezielt die typischsten anlagenrelevanten Buchungen aus der laufenden Buchhaltung dargestellt. Besonderheiten, wie z. B. Sonderabschreibungen, Ansparabschreibungen, Kreditbearbeitung und andere, in der Anlagenbuchhaltung vorzunehmende anlagenbezogene Möglichkeiten, sind hier nicht enthalten. Dies würde den Rahmen des Lernbuchs sprengen.

Notizen

Index